전기인의 필독서 시리즈 3
전기(공사)기사 산업기사 기술사 공무원 공기업 대비
인터넷 동영상 강의 www.cybersinhwa.co.kr

전기공사기사·산업기사 요점정리 III

- 전기수학
- 전기회로
- 자동제어
- 전력공학
- 전기자기학
- 전기기기
- 전기 설비 기술 기준
- 전기응용

원 명 수 저

▶ 본서의 특징
- 십여 년간의 학원 강의 경험을 토대로 집필
- 기사(산업기사)자격증 취득을 위한 공부 요령 수록
- 기초 및 요점정리 수록
- 시험에 자주 출제되는 요점을 엄선하여 수록
- 전기(공사) 전과목 기초 및 요점 정리 수록
- 기사/산업기사/공무원/공기업 대비
- 전기 기술사 기초 및 요점 수록

▶ 질의 응답 카페 운영
Cafe.daum.net/wonsame(원선생 전기카페)

본서로 공부하면서 내용에 있어 의문점이나 이해가 되지 않는 부분에 관하여 질의 응답을 원하시는 분은 전화나 카페로 문의하시면 항상 감사하는 마음으로 정성껏 답하여 드리겠습니다. 안산대성전기학원 www.dseta.co.kr(031)414-8847

도서출판 건기원 고객 만족 센터
http://cafe.daum.net/kkw114

머리말

PREFACE

수험생 여러분, 힘냅시다!

전세계 경제가 좋아지든 나빠지든 세계인구수는 계속 증가할 것이며 인류문명은 계속 성장하여 초대형 건물화, 공장 및 가정의 자동화·기계화 속으로 인간의 삶이 빨라지고 커질 것은 자명한 사실입니다.

앞으로 다가올 미래사회는 초대형화로 인해 전기소비량이 폭발적으로 증가할 것이므로 많은 전기기술자가 필요합니다.

수험생 여러분의 성공적인 인생을 위해 수십년간의 학원 강의 경험을 토대로 이 책을 집필하게 되었습니다.

부디, 전기의 원리를 이해하시고 핵심을 숙지하시어 진정한 전기기술자가 되시기를 바랍니다.

끝으로, 건기원 출판사 여러분께 감사드립니다.

저자 씀

CONTENTS

PART 1 전기수학

제1장	사칙 연산	11
제2장	전기에서 -값 의미	12
제3장	비례 및 반비례	13
제4장	인수분해 및 지수	16
제5장	단위환산	17
제6장	방정식	18
제7장	무리수	19
제8장	로 그	20
제9장	복소수(실수+허수)	21
제10장	삼각함수(사인 sin, 코사인 cos, 탄젠트 tan)	24
제11장	미분과 적분 공식 정리	27
제12장	행 렬	28

PART 2 전기회로

제1장	직류회로(DC)	32
제2장	교류(정현파)회로	36
제3장	교류회로(부하 종류에 따른 회로)	39
제4장	단상(1ø) 교류전력	47
제5장	상호유도 및 브리지 회로	50
제6장	다상교류	52
제7장	대칭좌표법	57
제8장	비정현파(전기의 명칭)	59
제9장	일반 선형 회로망	62

제10장	2단자 회로망	65
제11장	4단자 회로망	66
제12장	분포정수 회로	69
제13장	라플라스 변환	70
제14장	전달함수 G(S)	74
제15장	과도현상	76

PART 3 자동제어

제1장	자동제어의 종류	81
제2장	라플라스 변환	83
제3장	전달함수 G(S)	84
제4장	블록 선도	86
제5장	신호 흐름 선도	88
제6장	연산 증폭기(곱셈회로)	89
제7장	과도응답	90
제8장	영점 및 극점	91
제9장	편차와 감도	95
제10장	벡터 궤적	96
제11장	보드 선도(이득곡선)	97
제12장	안정도 판별법	98
제13장	전자회로	102
제14장	상태방정식 및 천이행렬 및 Z변환	104

PART 4 전력공학

제1장 발 전		109
	제1절 수 력	109
	제2절 화 력	115

제3절	원자력 발전	120
제4절	MHD 발전	122
제5절	태양광 발전	123
제6절	풍력 발전	124
제7절	연료전지 복합 발전	125

제2장 송 전   126

제1절	전선로	126
제2절	선로정수 및 코로나	136
제3절	송전선로의 특성값 계산	143
제4절	안정도	150
제5절	고장 해석	155
제6절	중성점 접지 방식	158
제7절	유도장해	162
제8절	외부 이상전압 및 개폐기	164
제9절	수전설비	168

제3장 배 전   173

제1절	배전 방식의 종류	173
제2절	각 전기방식 비교	175
제3절	단상 3선식(1ø3W) 전기 방식	176
제4절	각 점의 전위 V값 계산	177
제5절	부하의 종별	179
제6절	변압기 용량 계산	180
제7절	승압기 용량 계산	182
제8절	전력용 콘덴서 SC	183

제4장 GIS 변전소(SF$_6$가스 절연 변전소)   185

PART 5 전기자기학

제1장	벡터의 해석	189
제2장	진공중의 정전계	192
제3장	진공중의 도체계	201
제4장	유전체(절연체)	206
제5장	전계의 특수 해법(전기 영상법)	209
제6장	전류 I[A]	211
제7장	진공중의 정자계	214
제8장	자성체와 자기회로	222
제9장	전자유도	227
제10장	인덕턴스 L[H]	229
제11장	전자계	233

PART 6 전기기기

제1장 직류기		238
	제1절 직류 발전기	238
	제2절 직류 전동기	247
제2장 변압기(transformer)		255
제3장 동기기(synchronous machine)		267
	제1절 동기 발전기(수차 또는 증기 터빈 발전기)	267
	제2절 동기 전동기(Synchronous Motor) : SM	273
제4장 유도기		276
제5장 정류기		285
제6장 교류 정류 자기		291

PART 7 전기 설비 기술 기준

제1장 전기 설비 기술 기준   297
제2장 발전소 · 변전소 · 개폐소 시설규정   310
제3장 전선로   314
제4장 옥내 배선   335
제5장 특수 전기 시설 규정   350
제6장 전기 철도   355

PART 8 전기응용

제1장 조명공학   361
    제1절 전등과 조명   361
    제2절 백열전구   367
    제3절 방전등   369
    제4절 조명 설계   374

제2장 전열공학   377
    제1절 전열의 기초   377
    제2절 전열 계산 및 발열체 설계   382
    제3절 전열 재료   384
    제4절 전기용접   386

제3장 전동기 응용   387
    제1절 전동기 운동력학 기초   387
    제2절 전동기의 선정   389
    제3절 전동기 제어   391
    제4절 전동기 용량 계산   396

제4장 전력용 반도체   398
    제1절 다이오드   398
    제2절 특수 반도체   401

제5장 전기화학   405

제6장 전기철도   409
    제1절 전기철도의 종류 및 궤도   409
    제2절 전기운전설비 및 전기차량   413
    제3절 견인 전동차와 열차 운전   415

제7장 자동제어   418

PART 1

전기수학

[전기공사기사 · 산업기사 요점정리 Ⅲ]

제 1 장 사칙연산
제 2 장 전기에서 −값 의미
제 3 장 비례 및 반비례
제 4 장 인수분해 및 지수
제 5 장 단위환산
제 6 장 방정식
제 7 장 무리수
제 8 장 로 그
제 9 장 복소수(실수+허수)
제 10 장 삼각함수(사인 sin, 코사인 cos, 탄젠트 tan)
제 11 장 미분과 적분 공식 정리
제 12 장 행 렬

※ 항목별 과년도 출제경향 ★는 과년도 출제횟수를 표시

제1장 사칙연산

(1) 덧셈 및 뺄셈의 부호(±)처리 방법

㉠ A값 $= C$값 $+ D$값 $- B$값
㉡ B값 $= C$값 $+ D$값 $- A$값
㉢ C값 $= A$값 $+ B$값 $- D$값
㉣ D값 $= A$값 $+ B$값 $- C$값

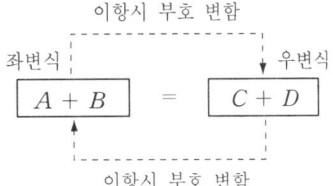

(2) 곱셈과 나눗셈의 부호처리 방법

구 분	곱셈일 때 적용	나눗셈일 때 적용
+처리 하는 경우	−가 짝수(2, 4, 6…)개 곱해진 경우 전체 부호는 +값이다.	−가 짝수(2, 4, 6…)개 분자와 분모에 곱해진 경우 전체 부호는 +값이다.
−처리 하는 경우	−가 홀수(1, 3, 5…)개 곱해진 경우 전체 부호는 −값이다.	−가 홀수(1, 3, 5…)개 분자와 분모에 곱해진 경우 전체 부호는 −값이다.

(3) 곱셈값 이항시 처리 방법

㉠ A값 $= C$값 $\times D$값 $\times \dfrac{1}{B\text{값}} = \dfrac{CD}{B}$

㉡ C값 $= A$값 $\times B$값 $\times \dfrac{1}{D\text{값}} = \dfrac{AB}{D}$

(4) 나눗셈값 이항시 처리 방법

㉠ A값 $= \dfrac{C\text{값}}{D\text{값}} \times B$값 $= \dfrac{C \times B}{D}$

㉡ C값 $= \dfrac{A\text{값}}{B\text{값}} \times D$값 $= \dfrac{A \times D}{B}$

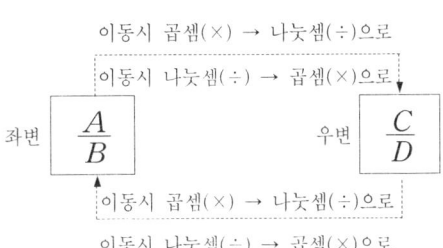

제 2 장 전기에서 −값 의미

(1) 전류 $I[A]$에서 ⊖값 의미 : 전류의 흐름 방향이 반대

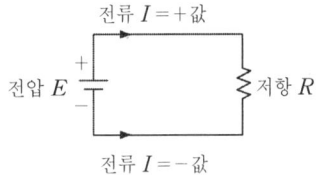

(2) 전압 $E(e)[V]$에서 ⊖값 의미 : 유도기전력 방향 의미

- 렌츠의 법칙 : 유도기전력 $e = -N\dfrac{d\phi}{dt} = -L\dfrac{di}{dt} = -M\dfrac{di}{dt}$ [V]

(3) 힘 $F[N]$에서 ⊖값 의미 : 흡인력

1) 흡인력(서로 끌어 당기는 힘 F) = ⊖값
2) 반발력(서로 밀어내는 힘 F) = ⊕값

(4) 지상 및 진상에서

부하 종류	부호 처리	값	해당 전류 및 부하 종류	작용(역할)
코일 L	지상(+)	$+jwL$	유도성(코일 L, 인덕턴스) → jwL 부하전류=단락전류 → 전압 강하 작용	전압강하작용(↓) 감자작용(↓)
콘덴서 C	진상(−)	$-j\dfrac{1}{wC}$	용량성(콘덴서 C, 정전용량) → $-j\dfrac{1}{wC}$ 무부하전류=충전전류 → 전위 상승 작용	전위상승작용(↑) 증자작용(↑)

제 3 장 비례 및 반비례

(1) 적용식

$$\boxed{몇배(비)\ A} = \frac{앞말\ B(주어: 문제에서\ 먼저\ 언급한\ 핵심\ 내용값)}{뒤말\ C(서술어: 문제에서\ 나중에\ 언급한\ 핵심\ 내용값)}$$

(2) 응용식

$$\boxed{출력\ A} = \frac{입력\ B(출력\ A와\ 비례요소값)}{입력\ C(출력\ A와\ 반비례요소값)}$$

(3) 비례관계만 적용하는 경우

★ 〔시험 문제에서 정답 형태〕

출제유형	출력 A와 입력 B관계	내 용	식 표기 방법
정답	비례 관계	출력 A는 입력 B에 비례한다.	$A \propto B$

(4) 반비례 관계만 적용하는 경우

★ 〔서술형 시험 문제에서 정답 형태〕

출제유형	출력과 입력관계	내 용	식 표기 방법
정답	반비례 관계	출력 A는 입력 C에 반비례한다.	$A \propto \dfrac{1}{C}$ (역수)

(5) 비례 및 반비례 공식정리

구 분		비례 관계식인 경우
출력 (좌변)값 계산시 적용	1승인 경우 [예] $A=\dfrac{B}{C}$ 사용	적용식 : $A \propto B$
		나중출력 $A_2 = \dfrac{\text{나중입력 } B_2}{\text{처음입력 } B_1} \times \text{처음출력 } A_1$
	2승(제곱)인 경우 [예] $A=\dfrac{B^2}{C^2}$ 사용	적용식 : $A \propto B^2$
		나중출력 $A_2 = \left[\dfrac{\text{나중입력 } B_2}{\text{처음입력 } B_1}\right]^2 \times \text{처음출력 } A_1$
입력 (우변)값 계산시 적용	$\dfrac{1}{2}$승($\sqrt{}$, 제곱근)인 경우 [예] $A=\dfrac{B^2}{C^2}$ 사용	적용식 : $B \propto \sqrt{A}$
		나중입력 $B_2 = \sqrt{\dfrac{\text{나중출력 } A_2}{\text{처음출력 } A_1}} \times \text{처음입력 } B_1$
	암기하는 방법	㉧례식 → $\dfrac{㉨중값}{㉦음값}$

구 분		반비례 관계식인 경우
출력 (좌변)값 계산시 적용	1승인 경우 [예] $A=\dfrac{B}{C}$ 사용	적용식 : $A \propto \dfrac{1}{C}$
		나중출력 $A_2 = \dfrac{\text{처음입력 } C_1}{\text{나중입력 } C_2} \times \text{처음출력 } A_1$
	2승(제곱)인 경우 [예] $A=\dfrac{B^2}{C^2}$ 사용	적용식 : $A \propto \dfrac{1}{C^2}$
		나중출력 $A_2 = \left[\dfrac{\text{처음입력 } C_1}{\text{나중입력 } C_2}\right]^2 \times \text{처음출력 } A_1$
입력 (우변)값 계산시 적용	$\dfrac{1}{2}$승($\sqrt{}$, 제곱근)인 경우 [예] $A=\dfrac{B^2}{C^2}$ 사용	적용식 : $C \propto \dfrac{1}{\sqrt{A}}$
		나중입력 $C_2 = \sqrt{\dfrac{\text{처음출력 } A_1}{\text{나중출력 } A_2}} \times \text{처음입력 } C_1$
	암기하는 방법	㉫비례식 → $\dfrac{㉦음값}{㉨중값}$

(6) 분수의 사칙연산 정리

구 분	분모값이 서로 다른 경우	분모값이 서로 같은 경우
덧셈인 경우	$\dfrac{A}{B} + \dfrac{C}{D} = \dfrac{A \times D + B \times C}{B \times D}$	$\dfrac{A}{B} + \dfrac{C}{B} = \dfrac{A+C}{B}$
뺄셈인 경우	$\dfrac{A}{B} - \dfrac{C}{D} = \dfrac{A \times D - B \times C}{B \times D}$	$\dfrac{A}{B} - \dfrac{C}{B} = \dfrac{A-C}{B}$
곱셈인 경우	$\dfrac{A}{B} \times \dfrac{C}{D} = \dfrac{A \times C}{B \times D}$	$\dfrac{A}{B} \times \dfrac{C}{B} = \dfrac{A \times C}{B^2}$
나눗셈인 경우	$\dfrac{\frac{A}{B}}{\frac{C}{D}} = \dfrac{A}{B} \times \dfrac{D}{C} = \dfrac{AD}{BC}$	$\dfrac{\frac{A}{B}}{\frac{C}{B}} = \dfrac{A}{C}$

제 4 장 인수분해 및 지수

1. 인수분해

(1) 1승인 경우 : $m(a-b+c) = ma-mb+mc$

(2) 2승의 덧셈인 경우 : $(a+b)^2 = a^2+2ab+b^2$

(3) 2승의 뺄셈인 경우 : $(a-b)^2 = a^2-2ab+b^2$

(4) 덧셈과 뺄셈이 동시에 있는 경우 : $(a+b)(a-b) = a^2-b^2$

2. 지수

구 분	처리방법(공식)		예
곱셈인 경우	① $a^m \times a^n = a^{m+n}$		$a^3 \times a = a^{3+1} = a^4$
지수처리	② $(a^m)^n = a^{m \cdot n}$		$(a^2)^2 = a^{2 \times 2} = a^4$
나눗셈인 경우	③ $a^m \div a^n$ $= \dfrac{a^m}{a^n}$ $= a^{m-n}$	a^{m-n} ($m>n$인 경우)	$a^4 \div a^2 = \dfrac{a^4}{a^2} = a^4 \cdot a^{-2} = a^{4-2} = a^2$
		$a^0 = 1$ ($m=n$인 경우)	$a^4 \div a^4 = \dfrac{a^4}{a^4} = a^{4-4} = a^0 = 1$
		a^{m-n} ($m<n$인 경우)	$a^3 \div a^4 = \dfrac{a^3}{a^4} = a^3 \times a^{-4} = a^{3-4} = a^{-1} = \dfrac{1}{a}$
주의사항 (성질)	④ $(ab)^n = a^n b^n$ $\left(\dfrac{a}{b}\right)^n = \dfrac{a^n}{b^n}$		① $(ab)^2 = a^2 b^2$ ② $\left(\dfrac{a}{b}\right)^2 = a^2 \cdot b^{-2}$
특징	⑤ $a^0 = 1$ 처리 $= 1$ ⑥ $a^{-n} = \dfrac{1}{a^n}$		① $a^0 = 1$ ② $a^{-2} = \dfrac{1}{a^2}$
계산시 주의사항	상수는 상수끼리 곱하고, 문자는 같은 문자끼리 곱한다.		
	$a^0 = 1 = 10^{+3} \times 10^{-3} = 10^{+6} \times 10^{-6} = 10^{+9} \times 10^{-9} = 10^{+12} \times 10^{-12}$		

제 5 장 단위환산

1) **기준 단위** : 전기의 모든 값
   ① 전류 I [A] ② 전압 E [V] ③ 임피던스 Z [Ω]
   ④ 길이 l [m] ⑤ 전력 P [W]

2) **단위환산표**

	약 자	읽기(명칭)	환산 값(크기)	예 제
큰값 (大) ↑	G	기가	10^{+9}	주파수 $1[\text{GHz}] = 10^{+9}[\text{Hz}]$
	M	메가	10^{6}	절연저항 $0.4[\text{M}\Omega] = 4 \times 10^{5}[\Omega]$
	K	킬로	10^{3}	길이 $3[\text{km}] = 3 \times 10^{3}[\text{m}]$
기준 값1 (10^0)	m	미터	1(기준값)	[예] 1[A], 1[Ω], 10[Ω], 10[V], 2[F], 3[C], 10[m], 5[H]…등…
	cm	센티	$10^{-2} = 0.01$	면적 $2[\text{cm}^2] = 2 \times 10^{-4}[\text{m}^2]$
	mm	밀리	$10^{-3} = 0.001$	간격 $5[\text{mm}] = 5 \times 10^{-3}[\text{m}]$
작은 값 (小) ↓	μ	마이크로	$\dfrac{1}{10^6} = 10^{-6} = 0.000001$	콘덴서 $200[\mu\text{F}] = 2 \times 10^{-4}[\text{F}]$
	n	나노	$\dfrac{1}{10^9} = 10^{-9}$	콘덴서 $200[\text{nF}] = 2 \times 10^{-7}[\text{F}]$
	P	피코	$\dfrac{1}{10^{12}} = 10^{-12}$	콘덴서 $300[\text{pF}] = 3 \times 10^{-10}[\text{F}]$

제 6 장 방정식

(1) 1차 방정식에서 해(근)계산 방법

가감법	두 식을 좌변은 좌변끼리 우변은 우변끼리 덧셈하거나 뺄셈처리하여 해를 계산하는 방법
대입법	두 식 중에 계산하기 쉬운 식에 다른 식 값을 대입해서 해를 구하는 계산방법

(2) 2차방정식에서 해(근)계산 방법

1) 2차 방정식이 "$(ax-b)(cx-d)=0$ 형태"로 해를 구하는 법

$$근(해) = 답 \begin{cases} ax-b=0 \;\rightarrow\; 근\; x=\dfrac{b}{a} \\ cx-d=0 \;\rightarrow\; 근\; x=\dfrac{d}{c} \end{cases}$$

2) 완전제곱식 적용 방법

2차 방정식을 "$(x+A)^2=B$ 꼴(형태)"로 변형시키는 방법

$(x+A)^2=B$ 양변을 $\sqrt{}=(\;\;)^{\frac{1}{2}}$ 취하면 $\rightarrow\; x+A=\pm\sqrt{B}$
∴ 해 $x=-A+\sqrt{B},\quad x=-A-\sqrt{B}$

3) 2차 근의 공식을 이용하는 방법

식 $ax^2+bx+c=0\;\rightarrow\;$ 근의 공식 $x=\dfrac{-b\pm\sqrt{b^2-4ac}}{2a}$

제 7 장 무리수

(1) 성질(주의사항)

구 분	성 질
곱셈	$\sqrt{a}\sqrt{b} = \sqrt{a \times b} = \sqrt{ab}$
나눗셈	$\dfrac{\sqrt{a}}{\sqrt{b}} = \sqrt{\dfrac{a}{b}}$
★★★ 꼭 암기해야 할 공식	$\sqrt{x^2} = (\sqrt{x})^2 = (-\sqrt{x})^2 = x$

(2) 응용공식

1) $(\sqrt{a}+\sqrt{b}) \times (\sqrt{a}-\sqrt{b}) = a - b$

2) $(\sqrt{a}+\sqrt{b})^2 = a + 2\sqrt{ab} + b$

3) $(\sqrt{a}-\sqrt{b})^2 = a - 2\sqrt{ab} + b$

(3) 분모의 유리화

1) $\dfrac{b}{\sqrt{a}}$ 인 경우 유리화(분모에 $\sqrt{}$ 가 1개인 경우)

$$\dfrac{b}{\sqrt{a}} = \dfrac{b \times \sqrt{a}}{\sqrt{a} \times \sqrt{a}} = \dfrac{b\sqrt{a}}{(\sqrt{a})^2} = \dfrac{b\sqrt{a}}{a}$$

2) $\dfrac{c}{\sqrt{a}+\sqrt{b}}$ 인 경우 유리화(분모에 $\sqrt{}$ 가 2개인 경우)

$$\dfrac{c}{\sqrt{a}+\sqrt{b}} = \dfrac{c}{(\sqrt{a}+\sqrt{b})} \times \dfrac{(\sqrt{a}-\sqrt{b})}{(\sqrt{a}-\sqrt{b})} = \dfrac{c(\sqrt{a}-\sqrt{b})}{(\sqrt{a})^2-(\sqrt{b})^2} = \dfrac{c(\sqrt{a}-\sqrt{b})}{a-b}$$

제 8 장 로 그

(1) 표기 방법: $\ln{}^{진수}_{밑}$ 또는 $\log{}^{진수}_{밑}$

(2) 종 류

종 류	내 용(밑사용값)	표기 방법(기호)	계산기 적용
자연로그	밑이 $e = 2.718\cdots$ 사용 로그	$\ln_e = \ln$	$\ln_e$ 또는 $\log_e$ → $\ln$ 사용
상용로그	밑이 10 사용 로그	$\log_{10} = \log$	$\log_{10}$ 또는 $\ln_{10}$ → $\log$ 사용

(3) 기본 공식(성질): 전기 자기학에서 많이 쓰인다.

구 분	공 식	예 제
성질	① $\log_a^a = 1$, $\log_a^1 = 0$	$\log_{10}^{10} = 1$, $\log_{10}^{1} = 0$
지수 처리 방법	② $\log_a^{x^n} = n \cdot \log_a^x = \dfrac{n}{\log_x^a}$	$\log_2^{4^2} = 2\log_2^4 = 2\log_2^{2^2} = 2 \times 2\log_2^2 = 4$
	③ $\log_{x^m}^{y^n} = \dfrac{n}{m} \cdot \log_x^y$	$\log_{10^3}^{2^4} = \dfrac{4}{3} \cdot \log_{10}^2 = \dfrac{4}{3} \cdot \log^2$
덧셈처리	④ $\log_a^x + \log_a^y = \log_a^{xy}$	$\log_{10}^2 + \log_{10}^3 = \log_{10}^{2\times 3} = \log_{10}^6$
뺄셈처리	⑤ $\log_a^x - \log_a^y = \log_a^{\frac{x}{y}}$	$\log_{10}^2 - \log_{10}^3 = \log_{10}^{\frac{2}{3}}$

제 9 장 복소수(실수+허수)

복소수(전기값) 구분		내 용	주파수 f 적용 방법	벡터도
직류	실수 또는 유효분	주파수 f에 영향 받지 않음	$f=0$ 처리	실수축에 표기
교류	허수 또는 무효분	주파수 f에 영향 받음	$f \neq 0$ 처리 (주어진 주파수 f 사용)	허수축에 표기

(1) 적용 : 전기의 모든 값

① 전압 V = 실수(유효분) 전압 V_R + j허수(무효분) 전압 V_L [V]

② 전류 I = 실수(유효분) 전류 I_R + j허수(무효분) 전류 I_c [A]

③ 전력 P_a = 실수(유효분) 전력 P + j허수(무효분) 전력 P_r [VA]

④ 임피던스 Z = 실수(유효분) 저항 R + j허수(무효분) 리액턴스 X_L [Ω]

(2) 허수의 표기 방법 ⇒ $j=\sqrt{-1}$ 사용한다.

① $j = +1 \times j =$ 크기∠위상 $= 1∠+90°$

② $-j = -1 \times j =$ 크기∠위상 $= 1∠-90°$

★★ ③ $j^2 = (\sqrt{-1})^2 = -1 =$ 크기∠위상 $= 1∠\pm 180°$

(3) 복소수의 크기(실효값)와 위상

① 크기=절대값 $|Z| = \sqrt{실수^2 + 허수^2} = \sqrt{밑변^2 + 높이^2} =$ 피타고라스 정리

   ┌ 실수값(유효분)$=\sqrt{크기^2 - 허수(무효분)^2}$
   └ 허수값(무효분)$=\sqrt{크기^2 - 실수(유효분)^2}$

② 위상 $\theta = \tan^{-1}\dfrac{허수}{실수} = \tan^{-1}\dfrac{무효분}{유효분} = \tan^{-1}\dfrac{높이}{밑변}$

복소수(부하)	실수값	허수값	크기 $|Z|$	암기법
$Z = 3 + j4$	3	4	$5 = \sqrt{3^2 + 4^2}$	▶ 3, 4, 5
$Z = 6 + j8$	6	8	$10 = \sqrt{6^2 + 8^2}$	▶ 6, 8, 10
$Z = 0.6 + j0.8$	0.6	0.8	$1 = \sqrt{0.6^2 + 0.8^2}$	0.681
$Z = 0.3 + j0.4$	0.3	0.4	$0.5 = \sqrt{0.3^2 + 0.4^2}$	0.345

③ 극좌표 표기법 = 크기 $\angle$ 위상 $\theta = \sqrt{실수^2 + 허수^2} \angle \tan^{-1} \dfrac{허수}{실수}$

④ 지수함수 표기법 = 크기 $e^{j\,위상\,\theta} = \sqrt{실수^2 + 허수^2}\ e^{j\tan^{-1}\frac{허수}{실수}}$

⑤ 삼각 함수 표기법 = 크기 $\times (\cos 위상\,\theta + j\sin 위상\,\theta)$

$$= \sqrt{실수^2 + 허수^2} \times [\cos 위상\,\theta + j\sin 위상\,\theta]$$

(4) 복소수의 사칙 연산 ──목적→ "크기와 위상" 계산

1) 덧셈

$$A + B = a + jb + c + jd = \sqrt{(a+c)^2 + (b+d)^2} \angle \tan^{-1} \frac{b+d}{a+c}$$

2) 뺄셈(차)

$$A - B = a + jb - c - jd = \sqrt{(a-c)^2 + (b-d)^2} \angle \tan^{-1} \frac{b-d}{a-c}$$

3) 곱셈

$$A \times B = (a + bj) \times (c + dj) = \underbrace{(a+jb) \times (c+jd)}_{실수\,②}^{실수\,①} + \underbrace{(a+jb) \times (c+jd)}_{허수\,④}^{허수\,③}$$

$$= \sqrt{(ac - bd)^2 + (ad + bc)^2} \angle \tan^{-1} \frac{ad + bc}{ac - bd}$$

4) 나눗셈

$\dfrac{A}{B} = \dfrac{a+jb}{c+jd}$ ┬→ 분모의 j을 소거해야 실수와 허수로 구분되므로
　　　　　　　　　└→ $c+jd$의 공액 복소수 $c-jd$를 분자와 분모에 곱한다.

★★ $j^2 = -1$ (실수 의미)

(5) 응용문제 공식

① $(a+b)(a-b) = a^2 - b^2$
② $(a+jb)(a-jb) = a^2 + b^2$
③ $(\sqrt{a}+\sqrt{b})(\sqrt{a}-\sqrt{b}) = a - b$
④ $(\sqrt{a}+j\sqrt{b})(\sqrt{a}-j\sqrt{b}) = a + b$

(6) 복소수 정리

복소수 표기 종류	직각좌표	극좌표	지수	삼각함수
식 표기	실수$+j$허수	크기$\angle$위상	크기 $e^{j 위상}$	크기$(\cos 위상 + j \sin 위상)$
[예] $Z=3+j4$	$3+j4$ ≒	$5\angle 53.1°$ ≒	$5\,e^{j53.1°}$ ≒	$5(\cos 53.1° + j \sin 53.1°)$

제 10 장

삼각함수(사인 sin, 코사인 cos, 탄젠트 tan)

• 전압표기방법

전압 명칭	사용 공식	적용 과목
기전력(전압)	$e = vBl\sin\theta[V]$	자기학, 전기기기
전압(순시값, 정현파)	$e = V_m\sin\theta$ 또는 $\sqrt{2}V\sin\theta$ 또는 $V\angle 0°$	회로이론, 자동제어
유기(도) 기전력	$E = \dfrac{P}{a}Z\phi\dfrac{N}{60}$	전기기기
송전단 전압	$V_s = $ 수전단 전압 $V_R +$ 전압강하 e	전력공학

(1) 전기 파형의 종류

1) **정현파형**(sin파, 기함수, 원점 대칭) ──암기──> 정 싸 기 원

> **주의**
> 파이(π)
> ① 각 $\theta = \pi = 180°$ 적용 ② 기타 $\pi = 3.14\cdots$ 사용

• 전압 $e = V_m\sin\theta[V]$인 경우

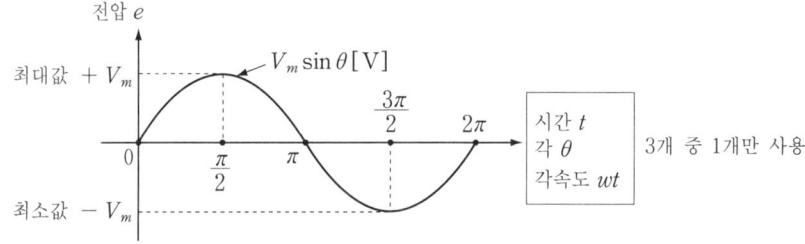

| 실제 사용 전압 크기 | $V = \dfrac{\text{최대전압 } V_m}{\sqrt{2}}[V] = 0.707V_m$ |

2) 여현파형(cos파, 우함수, y축 대칭)

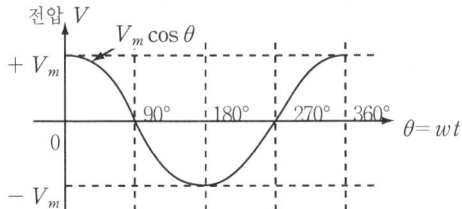

3) 탄젠트(tan 파형, 경사, 기울기값 의미) = $\frac{높이}{밑변}$

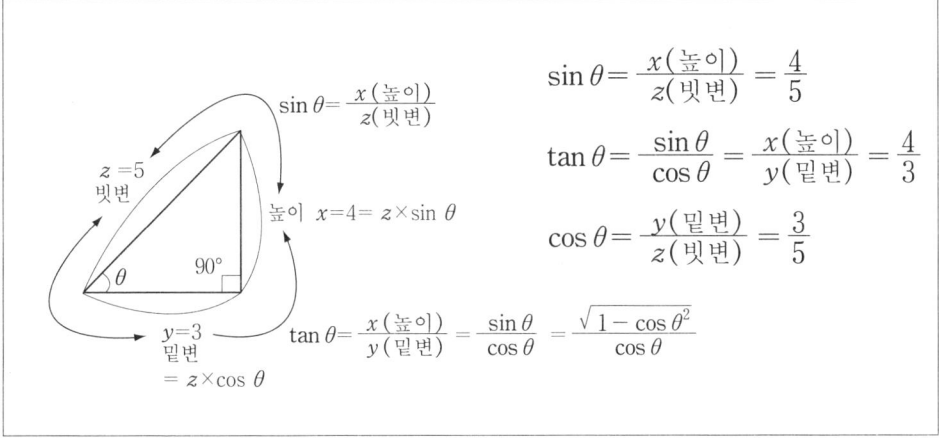

4) 피타고라스 정리

$$빗변 = 대각선\ 길이 = \sqrt{밑변^2 + 높이^2} = \sqrt{실수^2 + 허수^2}$$

빗변(크기) $Z = \sqrt{x^2 + y^2} = \sqrt{3^2 + 4^2} = 5$

(2) 공 식

1) 제곱식 ★★★

공 식	내 용
$\sin^2\theta + \cos^2\theta = 1$	무효율 $\sin\theta = \sqrt{1-\cos^2\theta}$ ☆☆☆ 2차 실기도 적용 역률 $\cos\theta = \sqrt{1-\sin^2\theta}$

★ 콘덴서 용량 Q_c 계산시 적용 : $\tan\theta = \dfrac{\sin\theta}{\cos\theta} = \dfrac{\sqrt{1-\cos\theta^2}}{\cos\theta}$

2) 정현파 $\sin\theta$와 여현파 $\cos\theta$의 관계 ☆☆

① $+\cos\theta = \sin\left(\theta + \dfrac{\pi}{2}\right) = \sin(\theta + 90°)$ (+90° 추가)

② $-\cos\theta = \sin\left(\theta - \dfrac{\pi}{2}\right) = \sin(\theta - 90°)$ (−90° 추가)

3) 2배각 공식

구 분	각 θ에서 적용식	시간 t에서 적용식
2배각 공식	$2\sin\theta\cos\theta = \sin 2\theta$	$2\sin t\cos t = \sin 2t$

4) sin의 분배각 식

$\sin(A \pm B) = \sin A\cos B \pm \cos A\sin B$ ▶ 암기법 : 싸, 코 ± 코, 싸

5) cos의 분배각 식

$\cos(A \pm B) = \cos A\cos B \mp \sin A\sin B$ ▶ 암기법 : 코, 코 ∓ 싸, 싸

6) 2차식을 1차식으로 변환식

$\sin^2\theta = \dfrac{1-\cos 2\theta}{2}$, $\cos^2\theta = \dfrac{1+\cos 2\theta}{2}$

제 11 장 미분과 적분 공식 정리

구분		미분 공식	적분 공식
1. 정의		전기의 순간값을 측정하는 것	전기량(크기)을 축적하는 것
2. 이유		코일 $L[H]$ 때문에 → 코일전압 $V_L = L\dfrac{di}{dt}[V]$	콘덴서 $C[F]$ 때문에 → 콘덴서전압 $V_c = \dfrac{1}{C}\int i\,dt[V]$
3. 기본공식		$\dfrac{dx^m}{dx}(기준) = m \times x^{m-1}$	부정적분: $\int x^m dx(기준) = \dfrac{1}{m+1} \times x^{m+1}$ 정적분: $\int_A^B x^n dx = \dfrac{1}{n+1}[B^{n+1} - A^{n+1}]$
	1승인 경우	$\dfrac{d10x'}{dx}(기준) = 10(상수)$	$\int 10x'dx(기준) = 10 \times \dfrac{1}{2} \times x^2 = 5x^2$
	상수인 경우	$\dfrac{d10(상수)}{dx} = 0$	$\int 10 dx = 10x$
4. 정현파 sin형		$\dfrac{d\sin x}{dx}(기준) = \cos x = \sin(x + 90°)$ $= \sin\left(x + \dfrac{\pi}{2}\right)$	$\int \sin x\,dx(기준) = -\cos x = \sin(x - 90°)$ $= \sin\left(x - \dfrac{\pi}{2}\right)$
기본형	시간 t인 경우	$\dfrac{d\sin t}{dt}(기준) = \cos t = \sin(t + 90°)$	$\int \sin t\,dt(기준) = -\cos t = \sin(t - 90°)$
	wt인 경우	$\dfrac{d100\sin wt}{dwt}(기준) = 100 \times \cos wt$ $= 100\sin(wt + 90°)$	$\int 100\sin wt\,dwt(기준) = -100\cos wt$ $= 100\sin(wt - 90°)$
응용형	시간 t인 경우	$\dfrac{d\sin 10t}{dt}(기준) = 10 \times \cos 10t$ $= 10\sin(10t + 90°)$	$\int \sin 10t\,dt = -\dfrac{1}{10} \times \cos 10t$ $= \dfrac{1}{10} \times \sin(10t - 90°)$
5. 여현파 cos형		$\dfrac{d\cos x}{dx}(기준) = -\sin x$	$\int \cos x\,dx(기준) = \sin x$

제 12 장 행렬

(1) 행렬의 크기 값 계산 : ✕ 로 계산

행렬 $A = \begin{pmatrix} a & b \\ c & d \end{pmatrix}$의 크기 $|A| = a \times d - b \times c$: 대각선끼리 곱해서 뺀다.

(2) 행렬의 곱의 계산 ★

1) 계산방법 : 앞쪽 행렬의 행(→)×뒤쪽 행렬의 열(↓)

2) 계산

방법 ① $A \times B = \begin{pmatrix} 1 & 2 \\ 3 & 4 \end{pmatrix} \times \begin{pmatrix} a & b \\ c & d \end{pmatrix} = \begin{pmatrix} 1 & 2 \\ 3 & 4 \end{pmatrix} \begin{pmatrix} a & b \\ c & d \end{pmatrix} = \begin{pmatrix} 1 \times a + 2 \times C & 1 \times b + 2 \times d \end{pmatrix}$

⊕

방법 ② $A \times B = \begin{pmatrix} 1 & 2 \\ 3 & 4 \end{pmatrix} \begin{pmatrix} a & b \\ c & d \end{pmatrix} = \begin{pmatrix} 1 & 2 \\ 3 & 4 \end{pmatrix} \begin{pmatrix} a & b \\ c & d \end{pmatrix} = \begin{pmatrix} & & \\ 3 \times a + 4 \times C & 3 \times b + 4 \times d \end{pmatrix}$

두 행렬 곱 $A \times B = ① + ② = \begin{pmatrix} 1 & 2 \\ 3 & 4 \end{pmatrix} \begin{pmatrix} a & b \\ c & d \end{pmatrix} = \begin{pmatrix} 1 \cdot a + 2 \cdot C & 1 \cdot b + 2 \cdot d \\ 3 \cdot a + 4 \cdot C & 3 \cdot b + 4 \cdot d \end{pmatrix}$

(3) 역행렬 구하기

2행렬 $x = \begin{vmatrix} A & B \\ C & D \end{vmatrix}$ 일 때

역행렬 $x^{-1} = \dfrac{1}{|x|} \begin{vmatrix} D & -B \\ -C & A \end{vmatrix} = \dfrac{1}{AD - BC} \begin{vmatrix} D & -B \\ -C & A \end{vmatrix}$

PART 2 전기회로

[전기공사기사 · 산업기사 요점정리 Ⅲ]

제 1 장 직류회로(DC)
제 2 장 교류(정현파)회로
제 3 장 교류회로(부하 종류에 따른 회로)
제 4 장 단상(1ø) 교류전력
제 5 장 상호유도 및 브리지 회로
제 6 장 다상교류
제 7 장 대칭좌표법
제 8 장 비정현파(전기의 명칭)
제 9 장 일반 선형 회로망
제 10 장 2단자 회로망
제 11 장 4단자 회로망
제 12 장 분포정수 회로
제 13 장 라플라스 변환
제 14 장 전달함수 G(S)
제 15 장 과도현상

●전기의 종류●

1. 직류(DC)

(1) 정의 : 시간 t의 변화에 관계없이 일정한 전기값을 갖는다.

예 건전지(축전지)

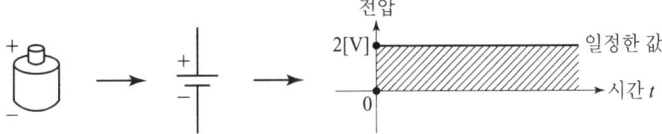

(2) 직류 장점 및 단점

장 점	단 점
① 선로 절연계급을 낮게 할 수 있다. (직류전압=교류최고전압 $\times \frac{1}{\sqrt{2}}$ 이므로) ② 송전효율이 우수하다. (무효전력과 표피효과가 없으므로) ③ 안정도가 우수하다. (리액턴스나 위상이 0이기 때문에) ④ 차단기 용량이 경감된다.(무효전력이 0이기 때문에) ⑤ 비동기 연계 가능하다.	① 고조파 발생.(필터 설치 필요) ② 직류 차단이 곤란하다. ③ 전압변성(승압↑, 강압↓)이 안된다. ④ 무효전력 보상설비 필요하다. ⑤ 경제성이 없다. (직류변환장치가 고가이다.)

2. 교류(AC)

(1) 정의 : 시간 t의 변화에 따라 전기값(크기)도 변한다.

예 발전기

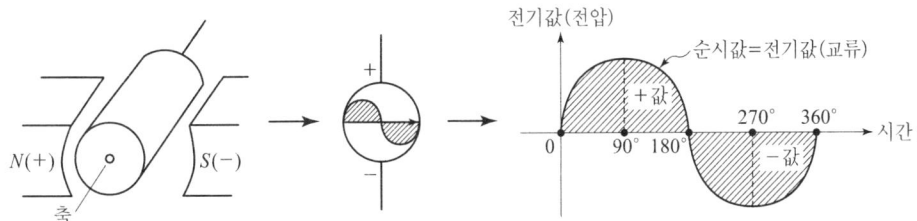

(2) 교류 장점 및 단점

장 점	단 점
① 전압의 변성(승압, 강압)이 용이하다.(변압기 사용) ② 회전자계를 쉽게 얻을 수 있다.(교류발전기 사용) ③ 일관된 운용 가능. (발전, 송전, 배전이 모두 AC 사용하므로) ④ 교류차단이 우수하다.(직류차단보다, 전류 0점 소호)	① 송전손실이 크다. (무효전력과 표피효과 때문에) ② 비동기 연계 불가능. (주파수가 서로 다른 계통인 경우) ③ 통신선에 유도장해 발생시킴. (지락사고 및 선로정수 불평형시)

제1장 직류회로(DC)

1. 전류 I [A] : 시간 t초 동안 이동한 전기량 q(전하 또는 전자)

심 벌	공식 및 단위	과 년 도
화살표로 표기 + ———→ − − ←——— +	$i = \dfrac{dq}{dt}$ [C/S 또는 A]	전하 $q = \int_0^t i\, dt$ [C] $= \int_0^2 3000(2t+3t^2)dt$ $= 36000$ [C]

2. 전압 E 또는 V [V] : 전하 q가 이동하면서 한 일(에너지) w

전압 심벌	전압 공식 및 단위	일 계 산
직류 교류	$V = \dfrac{dw}{dQ}$ [J/C 또는 V]	일 $w = \int v\, dq$ [J]

3. 저항 R [Ω] : 전하 q가 이동하는 데 방해되는 것.(전기 소비자 또는 부하)

종 류	등(전구)	전동기(모터)	콘덴서(축전지)
심벌 (그림)	→ $R[Ω]$	→ $L[H]$	→ $C[F]$
부하값 표기	저항 R [Ω]	코일 $X_L = \omega L = 2\pi f L$ [Ω]	콘덴서 $X_c = \dfrac{1}{\omega C}$ [Ω]

4. (소비)전력 $P\,[\text{W}]$: 시간 t초 동안에 전기에너지가 일을 한 양 ($P = \dfrac{\text{일}\,W}{\text{시간}\,t}$)

$$P = VI = I^2 R = \dfrac{V^2}{R}\,[\text{J/S 또는 w}] \rightarrow \text{일}\quad W[\text{J}] = P \times t\,[\text{W}\cdot\text{S}]$$

5. 콘덕턴스 $G\,[\mho] = \dfrac{1}{R}$ (전기를 잘 흘려주는 정도)

6. 옴의 법칙

회로에 흐르는 전류 I는 저항 R에 반비례하고 인가한 전압 V에 비례한다.

실무 회로	전기 회로도	전류 공식
		$I = \dfrac{V}{R} = GV\,[\text{A}]$

7. 고유저항 $e\,[\Omega \cdot \text{m}]$

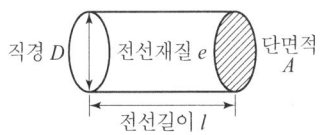

전기저항	전선 자체 저항값	도전율 $\delta[\mho/\text{m}]$
공식	$R = e \cdot \dfrac{l}{A} = \dfrac{1}{\delta}\dfrac{l}{A}\,[\Omega]$	$\delta(k) = \dfrac{1}{\text{고유저항}\,e}\,[\mho/\text{m}]$

8. 키르히호프의 법칙

(1) 제1법칙 - 전류평형의 법칙(kcL)

병렬회로에 적용	적용 식
(회로도)	유입전류 I = 유출전류 $I_1 + I_2 + I_3$ ⇒ $\sum_{k=1}^{n} I_k = 0$ ★ $I - I_1 - I_2 - I_3 = 0$

(2) 제2법칙 - 전압 평형의 법칙(KVL)

직렬회로에 적용	적용 식 및 전류 I값
(회로도: 저항 R_1, 저항 R_2, 전압 E_1, E_2전압)	인가전압 합 = 전압강하 합 ★ 전류 $I = \dfrac{E_1 - E_2}{R_1 + R_2}$ [A]
(회로도: R_1, R_2, E_1, E_2)	★ 전류 $I = \dfrac{E_1 + E_2}{R_1 + R_2}$ [A]

9. 줄의 법칙

공식 : 전력량(W) = 발열량(H)

$$= P \times t = VIt = I^2Rt [\text{J}] \xrightarrow{1[\text{cal}]=4.186[\text{J}]} = 0.24I^2Rt [\text{cal}] \xrightarrow{\times 3600초} = 860\eta Pt [\text{kcal}]$$

$$= CM(T_2 - T_1) [\text{kcal}]$$

10. 저항 접속(연결) 방법

종류	직렬연결인 경우	병렬연결인 경우
특징	각 저항의 흐르는 전류 I는 같다.(전류 일정)	각 저항(부하)에 걸리는 전압이 같다.(전압 일정)
회로도	전류 I 일정, 저항 R_1, $V_1=IR_1$, 전압 V, R_2, $V_2=IR_2$, 전류 I 일정	접속점, I, I_1, I_2, 전압일정 V, 전압일정 V, 전압일정 V, R_1, R_2, 접속점
합성 저항값 R_o	직렬인 경우 : $R_o = R_1 + R_2 \cdots$ (★ 합+한다) 병렬인 경우 ① 저항이 2개일 때 $R_o = \dfrac{R_1 \cdot R_2}{R_1 + R_2}$ (★ 나눈다) ② 저항이 3개일 때 $R_o = \dfrac{R_1 R_2 R_3}{R_1 R_2 + R_2 R_3 + R_3 R_1}$ ③ 저항이 모두 같은 경우 $R_o = \dfrac{저항\ 1개값}{주어진\ 개수} \dfrac{R}{n}$ ★	
전체 전류 I	$I = \dfrac{V}{R_o} = \dfrac{V}{R_1 + R_2}$ [A] 또는 $\dfrac{V_1}{R_1} = \dfrac{V_2}{R_2}$	$I = \dfrac{V}{R_o}$
특징	저항이 많을수록 전체 전류 I는 감소한다.	저항이 많을수록 전체 전류 I는 증가한다.
전압 및 전류 분배식	① 저항 R_1의 소비전압 $V_1 = \dfrac{R_1}{R_1 + R_2} \times V$ 또는 IR_1 ② 저항 R_2의 소비전압 $V_2 = \dfrac{R_2}{R_1 + R_2} \times V$ 또는 IR_2	① 저항 R_1에 흐르는 전류값 I_1 $I_1 = \dfrac{R_2}{R_1 + R_2} \times I = \dfrac{R_2}{R_1 + R_2} \times \dfrac{V}{R_o}$ [A] ② 저항 R_2에 흐르는 전류 I_2 $I_2 = \dfrac{R_1}{R_1 + R_2} \times I = \dfrac{R_1}{R_1 + R_2} \times \dfrac{V}{R_o}$ [A]
콘덴서 회로	콘덴서 C_1, C_2 직렬회로(전하 Q가 같다) $V_1 = \dfrac{C_2}{C_1 + C_2} \times V$ [V] $V_2 = \dfrac{C_1}{C_1 + C_2} \times V$ [V] 합성 정전용량 $C_o = \dfrac{C_1 C_2}{C_1 + C_2}$ [F]	콘덴서 C_1, C_2 병렬회로(전압이 같다) $Q_1 = \dfrac{C_1}{C_1 + C_2} \times Q$, $Q_2 = \dfrac{C_2}{C_1 + C_2} \times Q$ 합성 정전용량 $C_o = C_1 + C_2 + \cdots$

제 2 장 교류(정현파)회로

1. 정현파 교류

(1) 순시값 (전기값, 교류)

$$\boxed{전기값 = 최대값 \times \sin(wt + 위상\ \theta)} = \sqrt{2} \times 실효값 \times \sin(\omega t + \theta)$$

[예] ┌ 전압순시값 : $e = E_m(V_m)\sin wt = \sqrt{2}\,V(실효값)\,\sin 2\pi ft\,[V]$
    └ 전류순시값 : $i = I_m \sin wt$ 또는 $\sqrt{2}\,I(실효값)\,\sin 2\pi ft\,[A]$

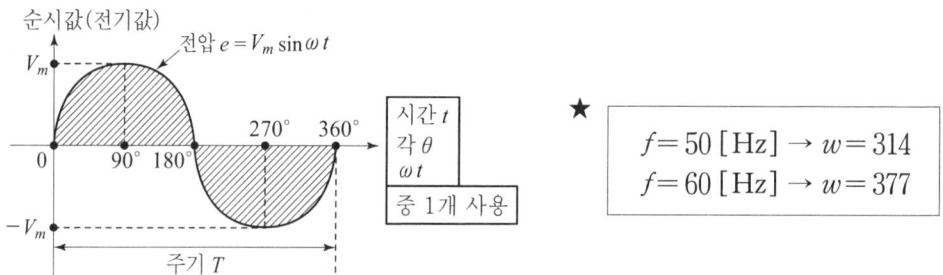

★ $f = 50\,[Hz] \rightarrow w = 314$
　$f = 60\,[Hz] \rightarrow w = 377$

$$\boxed{각주파수\ w = 2\pi f\,[rad/sec],\ 주파수\ f[Hz] = \frac{w}{2\pi},\ 주기\ T = \frac{2\pi}{w} = \frac{1}{f}\,[sec]}$$

(2) 위상차 : 전압 e와 전류 i의 시간차.(비교 대상이 같을 것.)

★ "전력공학 및 전기기기" 과목에서는 전류를 기준으로 적용한다.

(3) 평균값 (직류 DC값 : 가동코일형 계기 측정값)

$$\boxed{평균값 = \frac{한\ 주기의\ 면적}{한\ 주기\ T}} \xrightarrow{과년도} 평균전압\ V_a = \frac{1}{T}\int_0^T v\,dt$$

(4) 실효값 (정격전압, 정격전류 : 열선형 계기로 측정한 값) ★ **기준값**

$$실효값 = \sqrt{순시값\ 제곱(2승)의\ 한\ 주기의\ 평균값} = \sqrt{\frac{1}{T}\int_0^T v^2 d\theta}$$

(5) 각 파형의 실효값·평균값·파고율·파형률 값

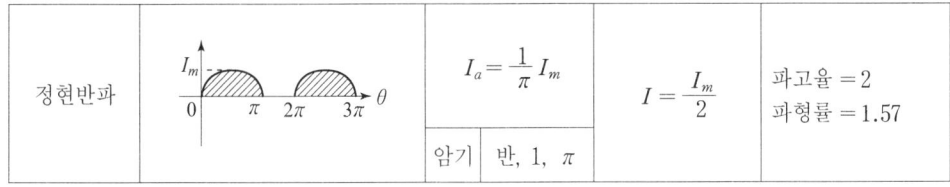

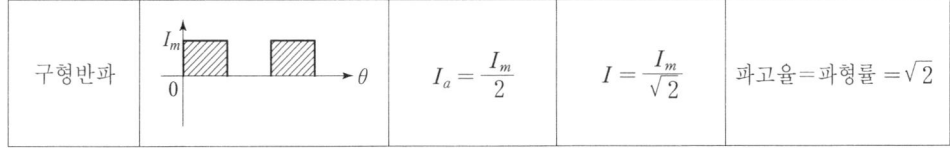

4) 파고율 및 파형률 공식

| 파고율 = $\dfrac{최대값}{실효값}$ | 파형률 = $\dfrac{실효값}{평균값}$ | ← 암기

2. 복소수 (전기값) : 실수 + 허수

1) 직각좌표법 = 실수 + 허수 = $50 + j50\sqrt{3}\,[V]$

2) 극좌표표기법 = 크기∠위상 = $\sqrt{실수^2 + 허수^2}$　　$\tan^{-1}\dfrac{허수}{실수}$

　　　　　　　 = $\sqrt{50^2 + (50\sqrt{3})^2}$　　$\theta = \tan^{-1}\dfrac{50\sqrt{3}}{50}$ = $100∠60°$

3) 지수표기법 = 크기 $e^{j위상}$ = $100e^{j60}$ 또는 $100\varepsilon^{j60}\,[V]$

4) 삼각함수 표기법 = 크기$(\cos 위상\theta + j\sin 위상\theta))$
　　　　　　　　 = $100(\cos 60 + j\sin 60)\,[V]$
　　　　　　　　 = $50 + j50\sqrt{3}$ (직각좌표법과 일치한다.)

●정리●

전기값 표기	전기값(복소수) = 실수값 + j허수값 = 크기∠위상 = 크기 $e^{j위상}$ = 크기$(\cos$위상 + $j\sin$위상$)$ 예) 전압 $V = 50 + j50\sqrt{3} = 100∠60° = 100e^{j60} = 100(\cos 60° + j\sin 60°)\,[V]$
기준	실효값(기계기구에 실제 사용되는 전기값) = $\dfrac{최대값}{\sqrt{2}}$ 을 사용한다.
순시값 표기	전기값 = 최대값 $\sin(\omega t + 위상)$, $f = 60\,[Hz] \to w = 377$, $f = 50\,[Hz] \to w = 314$

제 3 장
교류회로 (부하 종류에 따른 회로)

★ 기준 : 전기값은 실효값 을 의미한다.

1. $R.L.C$ 기본 회로 (각 개별 부하 회로)

(1) 저항 R만의 회로 (동위상 부하)

유형	전류순시값 i	최대전류 I_m	실효값(정격)전류 I	위상관계
계산 공식	$i = I_m \sin\omega t$ $= \sqrt{2} I \sin\omega t$	$I_m = \dfrac{V_m}{R} = \dfrac{\sqrt{2}\,V}{R}$	$I = \dfrac{V}{R}$	동위상 역률 $\cos\theta = 1$

(2) 코일 L만의 회로 (지상 부하)

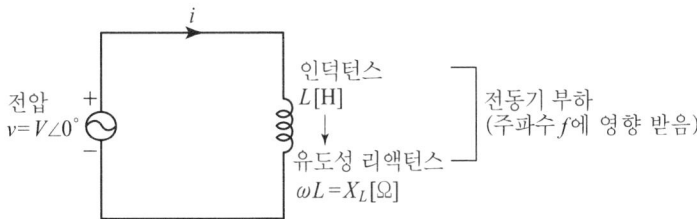

유형	전류순시값 i	최대전류 I_m	실효값(정격)전류 I	위상관계
계산 공식	$i = I_m \sin(\omega t - 90°)$ $= \sqrt{2} I \sin(\omega t - 90°)$	$I_m = \dfrac{V_m}{\omega L} \text{ 또는 } X_L = \dfrac{\sqrt{2}\,V}{X_L}$	$I = \dfrac{V}{\omega L}$	지상

전류가 전압보다 위상이 90° 뒤진다.(지상) → 무효율 $\sin 90° = 1$

(3) 콘덴서 C만의 회로 (진상 부하)

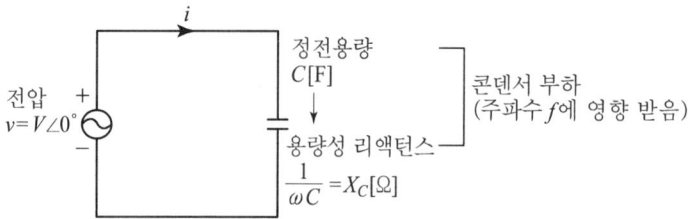

유형	전류순시값 i	최대전류 I_m	실효값(정격)전류 I	위상관계
계산 공식	$i = I_m \sin(\omega t + 90°)$ $= \sqrt{2} I \sin(\omega t + 90°)$	$I_m = \dfrac{V_m}{\dfrac{1}{\omega C}} \text{ 또는 } X_c = \dfrac{\sqrt{2}\,V}{X_c}$ $= \omega C V_m = \omega C \sqrt{2}\,V$	$I = \dfrac{V}{X_c} = \omega C V$	진상

전류가 전압보다 위상이 90° 앞선다.(진상) → 무효율 $\sin(-90°) = -1$

2. $R/L/C$ 직렬회로

(1) $R-L$ 직렬회로

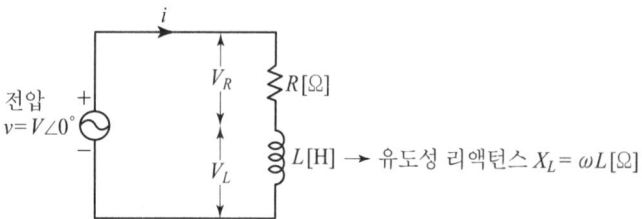

① 임피던스 $Z = R + jwL = \sqrt{R^2 + (wL \text{ 또는 } X_L)^2} \angle$ 위상 $\theta \to \tan^{-1}\dfrac{wL}{R}$

② 전류순시값

유형	전류순시값 i	최대전류 I_m	실효값(정격)전류 I	위상관계
계산 공식	$i = I_m \sin(\omega t - \theta)$ $= \sqrt{2} I \sin(\omega t - \theta)$	$I_m = \dfrac{V_m}{|Z|} = \dfrac{\sqrt{2}\,V}{|Z|}$ $= \dfrac{V_m}{\sqrt{R^2 + X_L^2}}$	$I = \dfrac{V}{|Z|} = \dfrac{V}{\sqrt{R^2 + X_L^2}}$	전류가 θ 만큼 뒤지는 (지상)

③ 전압 $V =$ 저항전압 $V_R + j$코일전압 $V_L = \sqrt{V_R^2 + V_L^2}$ [V] (실효값) $= I \times Z$

④ 역률 $\cos\theta = \dfrac{R}{|Z|} = \dfrac{\text{실수 } R}{\sqrt{R^2 + X_L^2}}$

⑤ 무효율 $\sin\theta = \dfrac{X_L}{|Z|} = \dfrac{\text{허수 } X_L}{\sqrt{R^2 + X_L^2}}$

(2) $R-C$ 직렬회로

① 임피던스 $Z = R - j\dfrac{1}{wC} = \sqrt{R^2 + \left(\dfrac{1}{wC}\right)^2} \;\Big/\; \theta = -\tan^{-1}\dfrac{1}{RwC}$

② 전류순시값

유형	전류순시값 i	최대전류 I_m	실효값(정격)전류 I	위상관계
계산 공식	$i = I_m \sin(\omega t + \theta)$ $= \sqrt{2} I \sin(\omega t + \theta)$	$I_m = \dfrac{V_m}{|Z|} = \dfrac{\sqrt{2}\,V}{|Z|}$ $= \dfrac{V_m}{\sqrt{R^2 + X_c^2}}$	$I = \dfrac{V}{|Z|} = \dfrac{V}{\sqrt{R^2 + X_c^2}}$	전류가 θ 만큼 앞서는 (진상)

③ 전압 $V =$ 저항전압 $V_R - j$콘덴서전압 $V_c = \sqrt{V_R^2 + V_c^2} = I \times Z$

④ 역률 : $\cos\theta = \dfrac{R}{|Z|} = \dfrac{\text{실수 } R}{\sqrt{R^2 + X_c^2}}$

⑤ 무효율 : $\sin\theta = \dfrac{X_c}{|Z|} = \dfrac{\text{허수 } X_c}{\sqrt{R^2 + X_c^2}}$

(3) $R-L-C$ 직렬회로

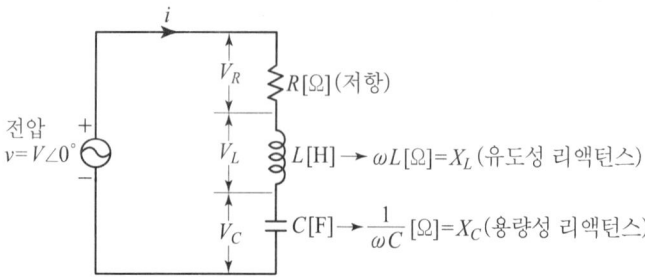

① $Z = R + j\left(wL - \dfrac{1}{wC}\right) = \sqrt{R^2 + \left(wL - \dfrac{1}{wC}\right)^2}\bigg/\theta \to \tan^{-1}\dfrac{\left(wL - \dfrac{1}{wC}\right)}{R}$

② 전류순시값

유형	전류순시값 i	최대전류 I_m	실효값(정격)전류 I	위상관계
계산 공식	$i = I_m \sin(\omega t \pm \theta)$ $= \sqrt{2}I\sin(\omega t \pm \theta)$	$I_m = \dfrac{V_m}{|Z|}$ $= \dfrac{V_m \text{ 또는 } \sqrt{2}V}{\sqrt{R^2 + (X_L - X_c)^2}}$	$I = \dfrac{V}{\sqrt{R^2 + (X_L - X_c)^2}}$	$+\theta$ (진상) $-\theta$ (지상)

③ 전압 $V = V_R + j(V_L - V_c) = \sqrt{V_R^2 + (V_L - V_c)^2}$

④ 역률 $\cos\theta = \dfrac{R}{|Z|} = \dfrac{R}{\sqrt{R^2 + \left(wL - \dfrac{1}{wC}\right)^2}}$

3. $R/L/C$ 병렬회로

(1) $R-L$ 병렬회로

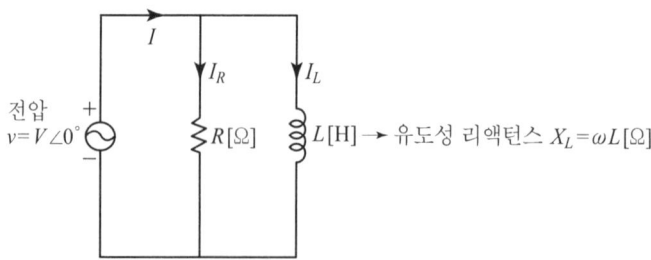

① 어드미턴스 $Y = \dfrac{1}{R} - j\dfrac{1}{wL} = \sqrt{\dfrac{1}{R^2} + \dfrac{1}{X_L^2}} \angle \theta \to -\tan^{-1}\dfrac{R}{wL}$

② 전류 순시값

유형	전류순시값 i	최대전류 I_m	실효값(정격)전류 I	위상관계
계산 공식	$i = I_m \sin(\omega t - \theta)$ $= \sqrt{2} I \sin(\omega t - \theta)$	$I_m = Y \times V_m = Y \times \sqrt{2} V$ $= \sqrt{\dfrac{1}{R^2} + \dfrac{1}{X_L^2}} \times V_m$	$I = Y \times V$ $= \sqrt{\dfrac{1}{R^2} + \dfrac{1}{X_L^2}} \times V$	지상

③ 전류실효값 $I = I_R - jI_L = \sqrt{I_R^2 + I_L^2}$ [A] = YV

④ 역률 $\cos\theta = \dfrac{G}{|Y|} = \dfrac{허수\ X_L}{\sqrt{R^2 + X_L^2}}$

⑤ 무효율 $\sin\theta = \dfrac{B}{|Y|} = \dfrac{실수\ R}{\sqrt{R^2 + X_L^2}}$

(2) $R-C$ 병렬회로

전압 $v = V\angle 0°$, $R[\Omega]$, $C[F]$ → 용량성 리액턴스 $X_C = \dfrac{1}{\omega C}[\Omega]$

① 어드미턴스 $Y = \dfrac{1}{R} + jwC = \sqrt{\dfrac{1}{R^2} + \dfrac{1}{X_c^2}} \angle 위상\ \theta \to \tan^{-1} RwC$

② 전류 순시값

유형	전류순시값 i	최대전류 I_m	실효값(정격)전류 I	위상관계
계산 공식	$i = I_m \sin(\omega t + \theta)$ $= \sqrt{2} I \sin(\omega t + \theta)$	$I_m = Y \times V_m = Y \times \sqrt{2} V$ $= \sqrt{\dfrac{1}{R^2} + \dfrac{1}{X_c^2}} \times V_m$	$I = Y \times V$ $= \sqrt{\dfrac{1}{R^2} + \dfrac{1}{X_c^2}} \times V$	진상

③ 전류 실효값 $I = I_R + jI_c = \dfrac{V}{R} + j\dfrac{V}{X_c} = \sqrt{I_R^2 + I_c^2}$ [A]

④ 역률 $\cos\theta = \dfrac{G}{|Y|} = \dfrac{허수\ X_c}{\sqrt{R^2+X_c^2}}$

⑤ 무효율 $\sin\theta = \dfrac{B}{|Y|} = \dfrac{실수\ R}{\sqrt{R^2+X_c^2}}$

(3) $R-L-C$ 병렬회로

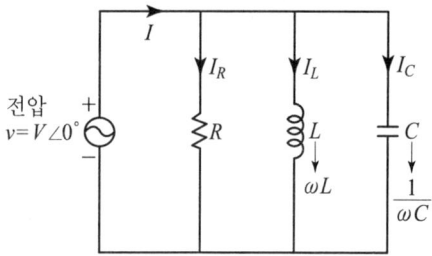

① $Y = \dfrac{1}{R} + j\left(wC - \dfrac{1}{wL}\right) = \sqrt{\dfrac{1}{R^2} + \left(wC - \dfrac{1}{wL}\right)^2} \angle \theta \to \tan^{-1}\dfrac{wC - \dfrac{1}{wL}}{\dfrac{1}{R}}$

② 전류 $i = Y \cdot v = |Y|\angle\theta \times V\angle 0° = Y \cdot V\angle\theta = I_m \cdot \sin(wt \pm \theta)\,[\mathrm{A}]$

위상관계

　　$\theta > 0$ 인 경우 : $wC > \dfrac{1}{wL}$ (용량성)

　　$\theta < 0$ 인 경우 : $wC < \dfrac{1}{wL}$ (유도성)

③ 전류 실효값 $I = I_R + j(I_c - I_L) = \sqrt{I_R^2 + (I_c - I_L)^2}$

Key Point ● 정리 ●

	직렬회로 ($R-L$ 직렬, $R-C$ 직렬)	병렬회로 ($R-L$ 병렬, $R-C$ 병렬)
부하	임피던스 $Z=$ 저항 $R \pm j$리액턴스 $X\,[\Omega]$ 크기 $\|Z\| = \sqrt{R^2 + X^2}$ X값 ┌ 유도성 리액턴스 $X_L \to +jX_L$ (코일일 때) └ 용량성 리액턴스 $X_c \to -jX_c$ (콘덴서일 때)	어드미턴스 $Y=$ 컨덕턴스 $G \pm j$서셉턴스 $B\,[\mho]$ $\quad = \dfrac{1}{R} \pm j\dfrac{1}{X}$ 크기 $\|Y\| = \sqrt{\dfrac{1}{R^2} + \dfrac{1}{X^2}}$ B값 ┌ 유도성 X_L인 경우 $\to -j\dfrac{1}{X_L}$ (코일일 때) └ 용량성 X_c인 경우 $\to +j\dfrac{1}{X_c}$ (콘덴서일 때)
전류 계산	① 순시값 $i = I_m \sin(wt \pm \theta)\,[\text{A}]$ ② 최대값 $I_m = \dfrac{V_m}{\|Z\|} = \dfrac{\sqrt{2}\,V}{\sqrt{R^2 + X^2}}$ ③ 실효값 $I = \dfrac{V}{\|Z\|} = \dfrac{V}{\sqrt{R^2 + X^2}}$ ④ 위상 θ 처리 ┌ $+\theta = \tan^{-1}\dfrac{X_c}{R}$ 일 때: $R-C$ 직렬(진상) └ $-\theta = \tan^{-1}\dfrac{X_L}{R}$ 일 때: $R-L$ 직렬(지상)	① 순시값 $i = I_m \sin(wt \pm \theta)\,[\text{A}]$ ② 최대전류 $I_m = YV_m = \sqrt{\dfrac{1}{R^2} + \dfrac{1}{X^2}} \times \sqrt{2}\,V\,[\text{A}]$ ③ 실효값 전류 $I = YV = \sqrt{\dfrac{1}{R^2} + \dfrac{1}{X^2}} \times V\,[\text{A}]$ ④ 위상 처리 ┌ $+\theta = \tan^{-1}\dfrac{R}{X_c}$ 일 때: $R-C$ 병렬(진상) └ $-\theta = \tan^{-1}\dfrac{R}{X_L}$ 일 때: $R-L$ 병렬(지상)
전압 및 전류 계산	① $R-L$ 직렬시 전체전압 $V=$ 저항 $V_R + j$코일 V_L $\quad = \sqrt{V_R^2 + V_L^2}\,[\text{V}]$ ② $R-C$ 직렬시 전체전압 $V=$ 저항 $V_R - j$콘덴서 V_C $\quad = \sqrt{V_R^2 + V_c^2}\,[\text{V}]$	① $R-L$ 병렬시 전체전류 $I=$ 저항 $I_R - j$코일 I_L $\quad = \sqrt{I_R^2 + I_L^2}\,[\text{A}]$ ② $R-C$ 병렬시 전체전류 $I=$ 저항 $I_R + j$콘덴서 I_C $\quad = \sqrt{I_R^2 + I_C^2}\,[\text{A}]$
역률 값	$\cos\theta = \dfrac{\text{실수}\,R}{\sqrt{R^2 + X^2}}$	$\cos\theta = \dfrac{\text{허수}\,X}{\sqrt{R^2 + X^2}}$
무효 율값	$\sin\theta = \dfrac{\text{허수}\,X}{\sqrt{R^2 + X^2}}$	$\sin\theta = \dfrac{\text{실수}\,R}{\sqrt{R^2 + X^2}}$

4. 공진회로

① 허수부=0 ② 동위상 ③ 역률 $\cos\theta = 1$값

구 분	$R-L-C$ 직렬공진	$R-L-C$ 병렬공진
회로도 및 부하	임피던스 $Z = R + j\left(\omega L - \dfrac{1}{\omega C}\right)$ [Ω]	어드미턴스 $Y = \dfrac{1}{R} + j\left(\omega C - \dfrac{1}{\omega L}\right)$ [℧]
공진조건 (허수부=0)	$\omega L - \dfrac{1}{\omega C} = 0 \rightarrow \omega^2 LC = 1$	$\omega C - \dfrac{1}{\omega L} = 0 \rightarrow \omega^2 LC = 1$
동일값	공진(동상) 주파수 $f = \dfrac{1}{2\pi\sqrt{LC}}$ [Hz]	각속도 $\omega = \dfrac{1}{\sqrt{LC}}$ [rad/s]
공진효과	최소 : 임피던스 $Z =$ 저항 R(최소값) 최대 : 전류 $I(\uparrow 증가) = \dfrac{V}{Z(\downarrow 감소)}$	최소 ┌ 어드미턴스 $Y = \dfrac{1}{R}$ [℧] └ 전류 $I = YV$ [A]
공진도 Q	$\dfrac{V_L}{V} = \dfrac{V_c}{V} = \dfrac{\omega L}{R} = \dfrac{1}{\omega CR} = \dfrac{1}{R}\sqrt{\dfrac{L}{C}}$	$\dfrac{I_L}{I} = \dfrac{I_c}{I} = \dfrac{R}{\omega L} = \omega CR = R\sqrt{\dfrac{L}{C}}$
공진영향	과전류 발생(단락상태)	지락전류 완전 제거
적용	고조파 제거용	소호리액터 접지용

제 4 장 단상(1φ) 교류전력

1. 유효(소비, 평균)전력 $P[\text{W}]$ 저항 R이 소비하는 전력

적용 방법	역률 $\cos\theta$ 주어진 경우	$\cos\theta$ 안 주어진 경우	다른 전력값 주어진 경우
사용 공식 P	$= VI\cos\theta$	$= I^2R$ 또는 $\dfrac{V^2}{R}$	$= \sqrt{P_a^2 - P_r^2}\,[\text{W}]$

[주의] V와 I는 실효값 적용, 전압과 전류의 위상차 θ = 전압위상 − 전류위상.
① 실효값 $(V, I) = \dfrac{\text{최대값}(V_m, I_m)}{\sqrt{2}}$ ② 순시값 (V, I) = 최대값 $(V_m, I_m)\sin(wt \pm \text{위상})$

2. 무효전력 $P_r[\text{Var}]$ 코일 L 또는 콘덴서 C가 소비하는 전력

적용 방법	역률 $\cos\theta$ 주어진 경우	$\cos\theta$ 안 주어진 경우	다른 전력값 주어진 경우
사용 공식 P_r	$= VI\sin\theta$	$= I^2X$ 또는 $\dfrac{V^2}{X}$	$= \sqrt{P_a^2 - P^2}\,[\text{Var}]$

[주의] V와 I는 실효값 적용, 전압과 전류의 위상차 θ = 전압위상 − 전류위상.
무효율 $\sin\theta = \sqrt{1 - \cos^2\theta}$

3. 피상전력 $P_a[\text{VA}]$ 임피던스 Z가 소비하는 전력

기본 식	$P_a = VI = I^2Z = \dfrac{V^2}{Z} = \dfrac{P}{\cos\theta}\,[\text{VA}]$
타전력 주어진 경우	$P_a =$ 유효전력 $P + j$무효전력 $P_r = \sqrt{P^2 + P_r^2}$

Key Point ● 정리 ●

전력의 종류	식	직렬회로	병렬회로	단위	응용 문제식
유효전력	$P = VI\cos\theta$	$= I^2R$	$= \dfrac{V^2}{R}$	[w]	$= \sqrt{P_a^2 - P_r^2}$
무효전력	$P_r = VI\sin\theta = \dfrac{P}{\cos\theta} \times \sin\theta$	$= I^2X$	$= \dfrac{V^2}{X}$	[Var]	$= \sqrt{P_a^2 - P^2}$
피상전력	$P_a = VI = \dfrac{P}{\cos\theta}$	$= I^2Z$	$= \dfrac{V^2}{Z}$	[VA]	$= \sqrt{P^2 + P_r^2}$

4. 역률

$$\cos\theta = \frac{실수 R}{|Z|} = \frac{실수 G}{|Y|} = \frac{유효전력\ P}{피상전력\ P_a} = \frac{P}{\sqrt{P^2 + P_r^2}}$$

5. $R-L$ 직렬 및 $R-C$ 병렬시 전력

구 분	$R-L$ 직렬회로	$R-C$ 병렬회로
회로도 및 특징	$I = \dfrac{V}{Z} = \dfrac{V}{\sqrt{R^2 + X_L^2}}$ 직렬은 전류가 같다	병렬은 전압이 같다
유효전력	$P = I^2 R = \dfrac{V^2}{R^2 + X_L^2} R\,[\mathrm{W}]$	$P = \dfrac{V^2}{R}\,[\mathrm{W}]$
무효전력	$P_r = I^2 X_L = \dfrac{V^2}{R^2 + X_L^2} X_L\,[\mathrm{Var}]$	$P_r(콘덴서\ 충전\ 용량) = \dfrac{V^2}{X_c}$ $= \omega C V^2 = 2\pi f C V^2\,[\mathrm{Var}]$

6. 전압계 Ⓥ와 전류계 Ⓐ를 사용한 "유효전력"과 "역률" 계산

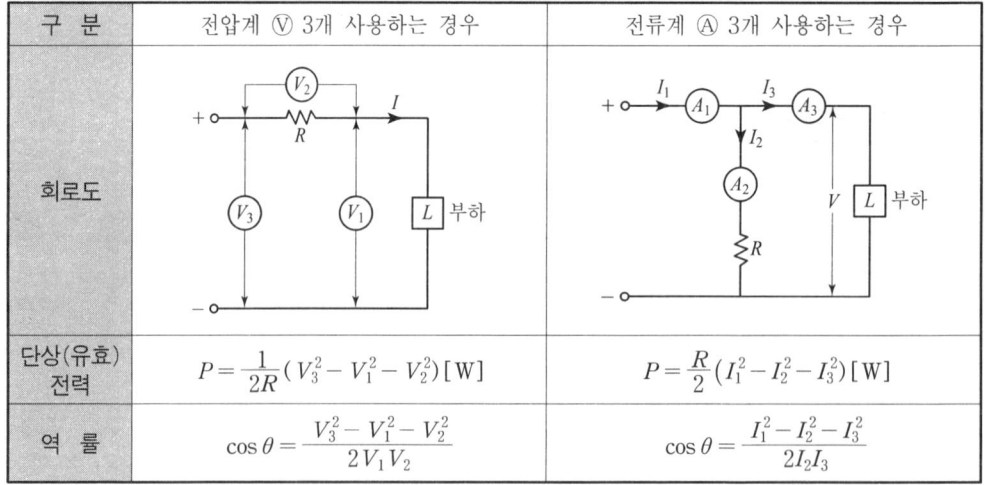

구 분	전압계 Ⓥ 3개 사용하는 경우	전류계 Ⓐ 3개 사용하는 경우
단상(유효)전력	$P = \dfrac{1}{2R}(V_3^2 - V_1^2 - V_2^2)\,[\mathrm{W}]$	$P = \dfrac{R}{2}(I_1^2 - I_2^2 - I_3^2)\,[\mathrm{W}]$
역 률	$\cos\theta = \dfrac{V_3^2 - V_1^2 - V_2^2}{2V_1 V_2}$	$\cos\theta = \dfrac{I_1^2 - I_2^2 - I_3^2}{2I_2 I_3}$

7. 복소(피상)전력 $P_a = \overline{V}I = $ 유효(실수)전력 $P + j$무효(허수)전력 P_r

★ ┌ 무효전력 $P_r > 0$ 의미 : 용량성(앞선 무효분)
  └ 무효전력 $P_r < 0$ 의미 : 유도성(뒤진 무효분)

8. 최대전력 P_m

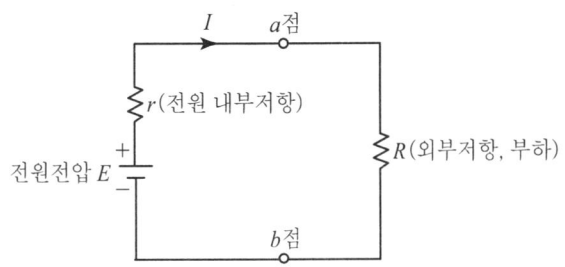

최대전력 조건	최대전력 P_{max} 공식
외부(부하)저항 $R = $ 내부(전원)저항 r ※ 실효값 전압 $E = $ 최대전압 $V_m/\sqrt{2}$	$P_m = \dfrac{E^2}{4R}$ [W]
외부(부하) $Z_L = $ 내부(전원) $\overline{Z_s}$ ※ $Z_s = 6 + j8 \;\rightarrow\; Z_L(\overline{Z_s}) = 6 - j8$	$P_m = \dfrac{E^2}{4R}$

제 5 장 상호유도 및 브리지 회로

1. 유기(유도) 기전력 : 전압 $e[V]$값

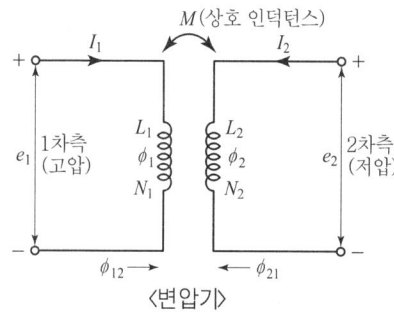
〈변압기〉

[용어]
- 자기 인덕턴스 : $L_1, L_2[H]$
- 상호 인덕턴스 : $M[H]$
- 권수 : 1차 권수 N_1, 2차 권수 N_2[회]
- 자속 : 1차 자속 ϕ_1, 2차 자속 ϕ_2[Wb]

$$1차측(유도)\ 전압\ e_1 = -L_1\frac{di_1}{dt} = -M\frac{di_2}{dt} = -N_1\frac{d\phi_1}{dt}\ [V]$$

$$2차측(유도)\ 전압\ e_2 = -L_2\frac{di_2}{dt} = -M\frac{di_1}{dt} = -N_2\frac{d\phi_2}{dt}\ [V]$$

2. 상호 인덕턴스 M

상호인덕턴스 $M = k\sqrt{L_1 L_2}\ [H]$ (단, k는 결합계수)

3. 합성 인덕턴스 L_o

(1) 직렬 접속인 경우 합성 인덕턴스 L_o

구분	가동접속인경우 L_o 大	차동접속인 경우 L_o 小	주의사항
회로도			① 문제에서 아무 조건이 없으면 직렬 가동접속 의미. ② 상호 인덕턴스 M 안 주어지면 $M = k\sqrt{L_1 \cdot L_2}$ 사용할 것.
합성값 L_o	$L_o = L_1 + L_2 + 2M$ [H]	$L_o = L_1 + L_2 - 2M$ [H]	

(2) 병렬접속인 경우 합성 인덕턴스 L_o

1) 가동접속 (합성 L_o값이 크다)　　2) 차동접속 (합성 L_o값이 작다)

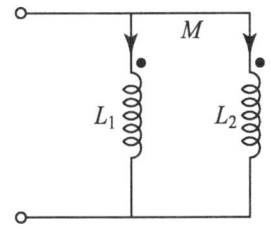　　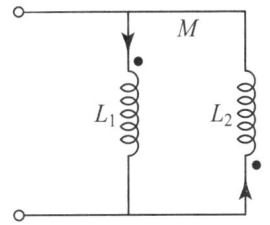

합성 $L_o = \dfrac{L_1 L_2 - M^2}{L_1 + L_2 - 2M}$ [H]　　합성 $L_o = \dfrac{L_1 \cdot L_2 - M^2}{L_1 + L_2 + 2M}$ [H]

4. 브리지 평형회로

검류계 ⓖ에 흐르는 전류값 $I_g = 0$인 회로.

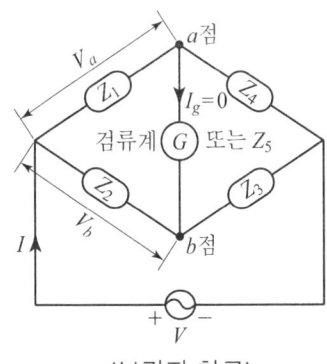

〈브리지 회로〉

구 분	내용 및 적용 식
브리지 회로	$V_a = V_b$가 성립시 검류계 전류가 0인 회로
공　　식	$Z_1 Z_3 = Z_2 Z_4$일 때 브리지 회로가 된다.
합성저항계산 방　　법	검류계 ⓖ자리에 있는 저항(Z_5)은 생략하고 계산한다.
응　　용	케이블 1선지락사고시 지락점까지 거리계산에 적용

제5장 상호유도 및 브리지 회로 | 51

제 6 장 다상교류

★ 기준 : 선간전압 V_l, 선전류 I_l을 의미한다.

1. 3상(3∅)인 경우

(1) ⊿(환상)결선인 경우 : 단락결선

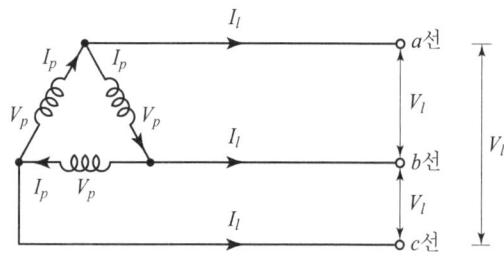

① 3상인 경우	선간전압 V_l = 상전압 V_p 선전류 $I_l = \sqrt{3}$ 상전류 $I_P \angle -\frac{\pi}{6}$ (선전류가 위상이 30° 뒤진다.) ⊿결선 장점 : 상전류 I_p가 선전류 I_l보다 $\frac{1}{\sqrt{3}}$ 배 작다. $\left(I_p = \frac{I_l}{\sqrt{3}}\right)$
② n상인 경우	선간전압 $V_l = V_p$ 상전압 n상일 때 크기 선전류 $I_l = \boxed{2 \times \sin\frac{\pi}{n} \times I_p} \angle -\frac{\pi}{2}\left(1 - \frac{2}{n}\right)$ ← n상의 위상차값 ★ $n = 6$상인 경우 : 선전류 I_l = 상전류 I_p
③ 선전류 계산	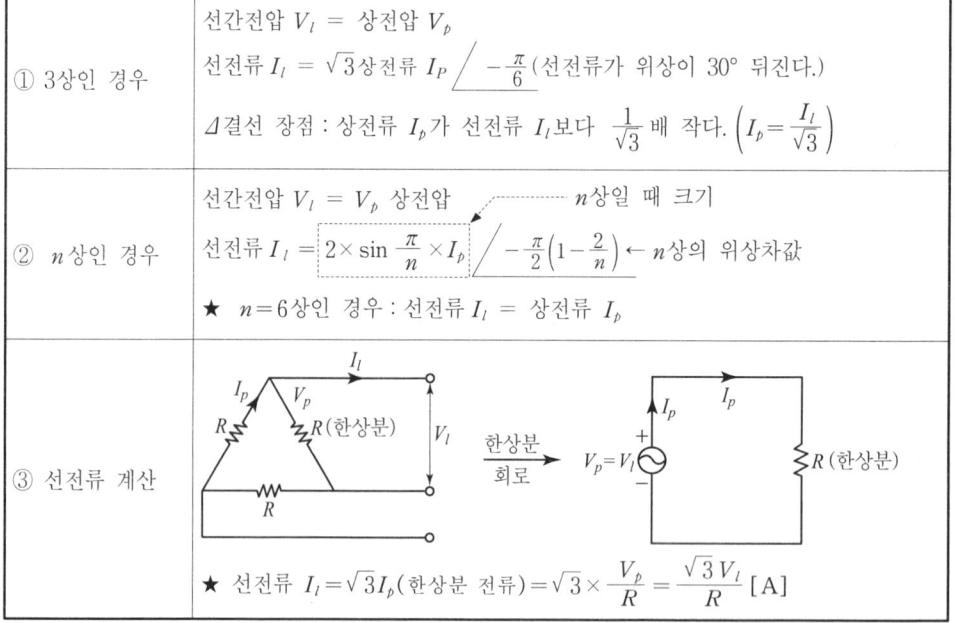 ★ 선전류 $I_l = \sqrt{3} I_p$(한상분 전류)$= \sqrt{3} \times \frac{V_p}{R} = \frac{\sqrt{3} V_l}{R}$ [A]

(2) Y(성형)결선인 경우 : 개방결선

① 3상인 경우	선간전압 $V_l = \sqrt{3} \times$ 상전압 $V_P \big/ +\frac{\pi}{6}$ (선간전압이 30° 위상이 앞선다) 선전류 $I_l = I_P$ 상전류 ★ Y결선 장점 : 상전압 V_p가 선간전압 V_l보다 $\frac{1}{\sqrt{3}}$ 배 작다. $\left(V_p = \frac{V_l}{\sqrt{3}}\right)$
② n상인 경우	선간전압 $V_l = 2 \cdot \sin\frac{\pi}{n} V_P \big/ \frac{\pi}{2}\left(1 - \frac{2}{n}\right)$ 선전류 $I_l = I_P$ 상전류
③ 선전류 계산	(회로도) ★ 선전류 $I_l = $ 상전류 I_P(한상분 전류) $= \dfrac{V_P}{R} = \dfrac{V_l/\sqrt{3}}{R} = \dfrac{V_l}{\sqrt{3}R}$ [A]

2. "Δ결선 부하 ⇌ Y결선 부하" 상호간 임피던스 변환 방법

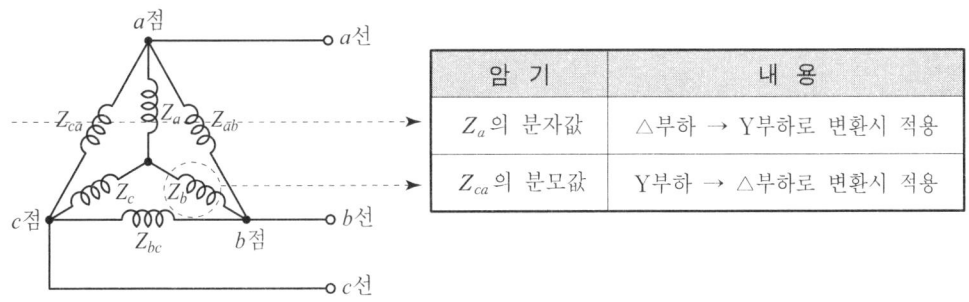

암 기	내 용
Z_a의 분자값	△부하 → Y부하로 변환시 적용
Z_{ca}의 분모값	Y부하 → △부하로 변환시 적용

구 분	Δ부하 → Y부하로 환산	Y부하 → Δ부하로 환산
환산공식	$Z_a = \dfrac{Z_{ca} \cdot Z_{ab}}{Z_{ab} + Z_{bc} + Z_{ca}}$ [Ω] $Z_b = \dfrac{Z_{ab} \cdot Z_{bc}}{Z_{ab} + Z_{bc} + Z_{ca}}$ [Ω] $Z_c = \dfrac{Z_{bc} \cdot Z_{ca}}{Z_{ab} + Z_{bc} + Z_{ca}}$ [Ω]	$Z_{ab} = \dfrac{Z_a \cdot Z_b + Z_b \cdot Z_c + Z_c \cdot Z_a}{Z_c}$ $Z_{bc} = \dfrac{Z_a \cdot Z_b + Z_b \cdot Z_c + Z_c \cdot Z_a}{Z_a}$ $Z_{ca} = \dfrac{Z_a \cdot Z_b + Z_b \cdot Z_c + Z_c \cdot Z_a}{Z_b}$

3. 다상($n\phi$) 전력 (부하전류는 상전류 사용)

(1) 3상(3ϕ)인 경우 전력 계산 방법

① 유효전력 P

적용 방법	역률 $\cos\theta$가 주어진 경우	역률 $\cos\theta$가 안 주어진 경우
3상 사용 공식	$P=\sqrt{3}\,V_l I_l \cos\theta$	$P=3I_p^2 R\,[\text{W}]$
단 상	$P=VI\cos$	$P=I^2 R\,[\text{W}]$
직 류	$P=VI=I^2 R=\dfrac{V^2}{R}\,[\text{W}]$	

② 무효전력 P_r

적용 방법	무효율 $\sin\theta$가 주어진 경우	무효율 $\sin\theta$가 안 주어진 경우
3상 사용 공식	$P_r=\sqrt{3}\,V_l I_l \sin\theta$	$P_r=3I_p^2 X\,[\text{Var}]$
단 상	$P_r=VI\sin\theta$	$P_r=I^2 X\,[\text{Var}]$

③ 피상전력 $P_a=\sqrt{3}\,V_l I_l=3I_P^2 Z\,[\text{VA}]$

　단) 단상인 경우 : $P_a=VI=I^2 Z\,[\text{VA}]$

④ 역률 $\cos\theta=\dfrac{P(\text{유효전력})}{P_a(\text{피상전력})}=\dfrac{P}{P+jP_r}=\dfrac{P}{\sqrt{P^2+P_r^2}}$

(2) 2전력계법 사용 3상전력 계산 방법

전력종류	사용공식
① 유효전력	$P=P_1+P_2=\sqrt{3}\,VI\cos\theta\,[\text{W}]$
② 무효전력	$P_r=\sqrt{3}\,(P_1-P_2)=\sqrt{3}\,VI\sin\theta\,[\text{Var}]$
③ 피상전력	$P_a=2\sqrt{P_1^2+P_2^2-P_1\cdot P_2}=\sqrt{P^2+P_r^2}\,[\text{VA}]$
④ 역 률	$\cos\theta=\dfrac{\text{유효전력}\,P}{\text{피상전력}\,P_a}=\dfrac{P_1+P_2}{2\sqrt{P_1^2+P_2^2-P_1 P_2}}$

[과년도]

역률 $\cos\theta$ 값	전력값으로 주어진 경우	전력비로 주어진 경우
0.866일 때	$P_1 = 2P_2$인 경우	1 : 2인 경우
0.75일 때	$P_1 = 3P_2$인 경우	1 : 3인 경우
0.5일 때	$P_1 \neq 0$이고 $P_2 = 0$인 경우	

(3) V결선 시 전력 계산

- 정의 : 변압기 3상 3대 운전 중 1대 고장 결선

① V결선 출력 P_v

적용 방법	역률 $\cos\theta$ 주어진 경우	변압기 용량이 주어진 경우
사용식 P_v	$\sqrt{3}\, V_l I_l \cos\theta\ [\mathrm{W}]$	$\sqrt{3} \times$ 변압기 1대 용량 $[\mathrm{VA}]$

② 출력비 $= \dfrac{\text{고장 후 출력}}{\text{고장 전 출력}} = \dfrac{\sqrt{3}\,VI}{3VI} = 0.577$ 또는 57% ★

③ 이용률 $= \dfrac{V\text{결선 출력}}{2\text{대 사용분}} = \dfrac{\sqrt{3}\,VI}{2VI} = 0.866$ 또는 86.6% ★

4. 다상($n\phi$) 전력 (계통도)

●전력 계통도●

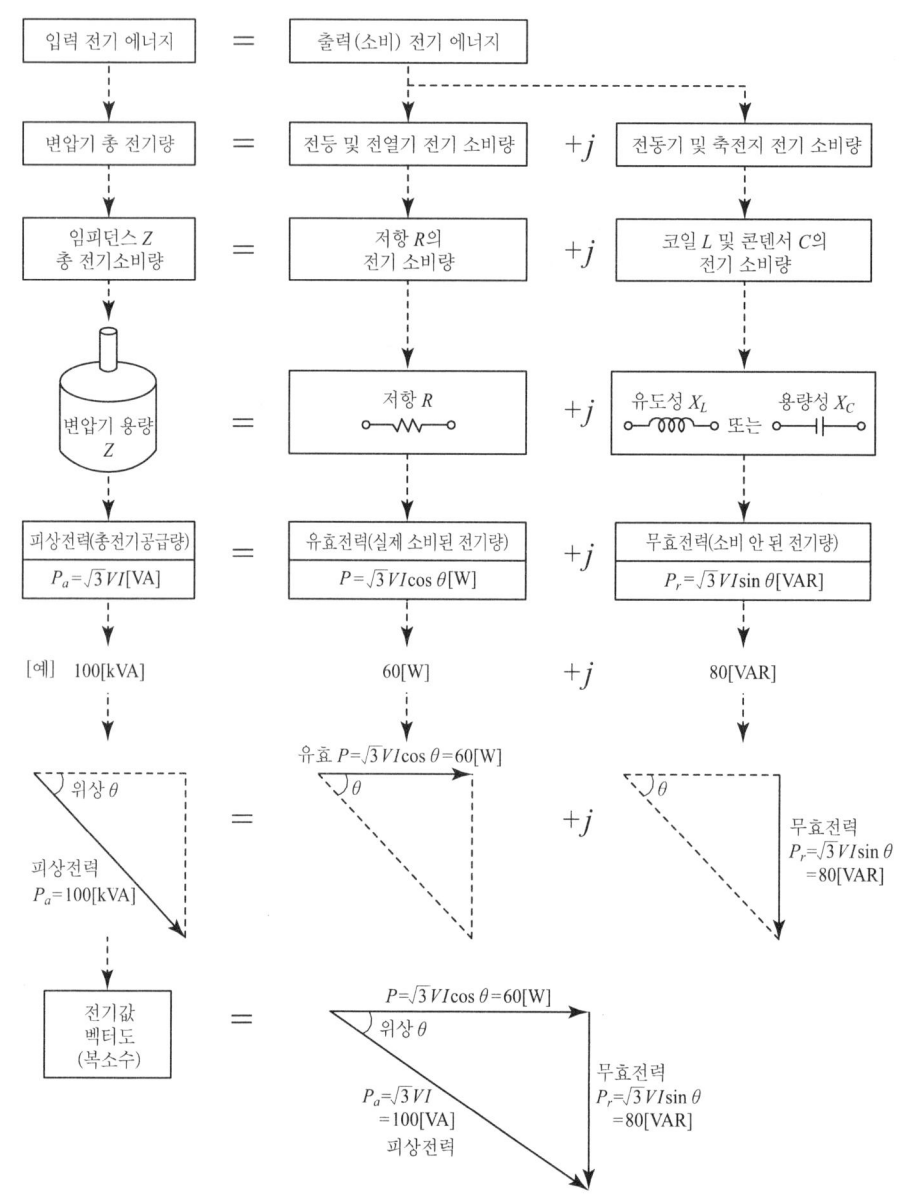

피상전력 P_a^2 = 유효전력 P^2 + 무효전력 P_r^2

제 7 장 대칭좌표법

선로 ┬ 정상운전시(사고가 없을 때) : "정상분"만 존재한다.
└ 전기사고시 : "영상분 + 정상분 + 역상분" 3가지 동시 존재
  ★ ┬→ 접지식(3상4선식)에만 존재한다
      └→ 비접지식에는 존재하지 않는다.

1. 각 상의 전압

- a상 전압 $V_a = V_0 + V_1 + V_2$
- b상 전압 $V_b = V_0 + a^2 V_1 + a V_2$
- c상 전압 $V_c = V_0 + a V_1 + a^2 V_2$

2. 영상분, 정상분, 역상분

구 분	영상분	정상분	역상분
전압 V	$V_o = \dfrac{1}{3}(V_a + V_b + V_c)$	$V_1 = \dfrac{1}{3}(V_a + aV_b + a^2V_c)$	$V_2 = \dfrac{1}{3}(V_a + a^2V_b + aV_c)$
전류 I	$I_o = \dfrac{1}{3}(I_a + I_b + I_c)$	$I_1 = \dfrac{1}{3}(I_a + aI_b + a^2I_c)$	$I_2 = \dfrac{1}{3}(I_a + a^2I_b + aI_c)$
임피던스 Z	$Z_o = \dfrac{1}{3}(Z_a + Z_b + Z_c)$	$Z_1 = \dfrac{1}{3}(Z_a + aZ_b + a^2Z_c)$	$Z_2 = \dfrac{1}{3}(Z_a + a^2Z_b + aZ_c)$
어드미턴스 Y	$Y_o = \dfrac{1}{3}(Y_a + Y_b + Y_c)$	$Y_1 = \dfrac{1}{3}(Y_a + aY_b + a^2Y_c)$	$Y_2 = \dfrac{1}{3}(Y_a + a^2Y_b + aY_c)$

〈위상〉 $a = 1\angle 120° = -\dfrac{1}{2} + j\dfrac{\sqrt{3}}{2}$, $a^2 = 1\angle 240° = -\dfrac{1}{2} - j\dfrac{\sqrt{3}}{2}$

3. 불평형률 = $\dfrac{\text{역상분 전압 } V_2}{\text{정상분 전압 } V_1} \times 100\,[\%] = \dfrac{\dfrac{1}{3}(V_a + a^2V_b + aV_c)}{\dfrac{1}{3}(V_a + a^1V_b + a^2V_c)} \times 100\,[\%]$

4. 발전기의 기본 식

발전기 전압 E = 단자전압 V + 전압강하 IZ → $V = E - I \cdot Z\,[\text{V}]$

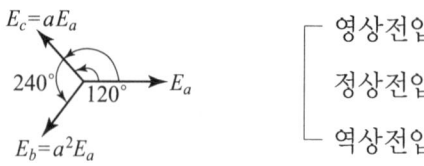

- 영상전압 $V_o = -I_o Z_o$
- 정상전압 $V_1 = E_a - I_1 Z_1$
- 역상전압 $V_2 = -I_2 Z_2$

5. (피상)전력

$P_a = 3\overline{V}I = 3\overline{V_o}I_o + 3\overline{V_1}I_1 + 3\overline{V_2}I_2\,[\text{VA}]$

6. 1선 지락 사고시

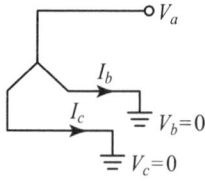

지락전류 $= \dfrac{3E_a}{Z_o + Z_1 + Z_2}\,[\text{A}]$

조건 : $\begin{bmatrix} V_a = 0 \\ I_b = I_c = 0 \end{bmatrix}$ → $I_o = I_1 = I_2 = \dfrac{I_a}{3}$ 이므로

∴ 지락전류 $I_a = 3I_0$

7. 2선 지락 사고시

① 조건 : $V_b = V_c = 0$ 적용

② 영상분 V_0 = 정상분 V_1 = 역상분 $V_2 = \dfrac{V_a}{3}$

제 8 장 비정현파 (전기의 명칭)

1. 푸리에 급수에 의한 해석

비정현파(전기값) $f(t) =$ 직류분 $a_o +$ 기본파 $\sum_{n=1}^{\infty} a_n \cos n\omega t +$ 고조파 $\sum_{n=1}^{\infty} b_n \sin n\omega t$

[고조파]

정 의	전압 및 전류의 파형을 일그러뜨리는 원인이 되는 안 좋은 전기 성분 즉, 기본파 60[Hz]에 들어있는 정수배 주파수를 갖는 파(2~50고조파)
발생 원인	① 각종 전력변환장치(정류기, 변환기)에 의해 발생. ② 회전기(발전기, 전동기) 및 변압기의 자기포화에 의해 발생. ③ 아크로 및 전기로의 비선형 기기에 의해 발생. ④ TV, 형광등 사무용 기기 및 역률 개선용 콘덴서에 의해 발생.
영 향	① 회전기 및 변압기의 손실 및 소음 증가 ② 케이블에 고조파 전류로 인한 과열 발생 ③ 각종 계전기의 오동작 및 계기의 오차 증가

★ 비정현파의 구성요소 = 직류분+기본파+고조파
★ 구형파=무수히 많은 주파수합의 성분

2. 비정현파의 종류 (대칭)

(1) 정현대칭 (기함수·원점대칭) → sin파형

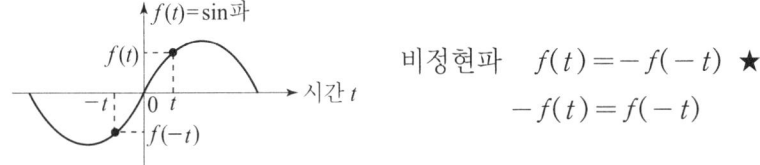

비정현파 $f(t) = -f(-t)$ ★
           $-f(t) = f(-t)$

(2) 여현대칭 (우함수 · y축대칭) → cos파형

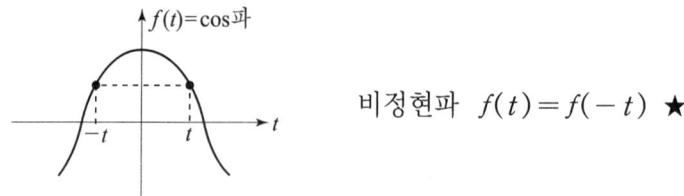

비정현파 $f(t) = f(-t)$ ★

(3) 반파대칭 : 반 주기마다 파형이 반복되고 부호의 변화가 있다.

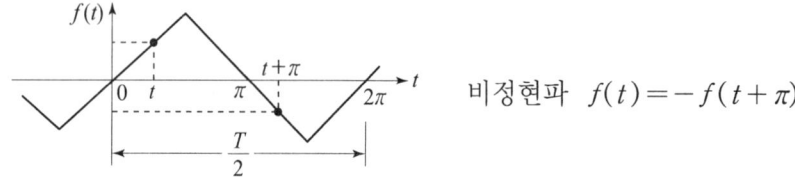

비정현파 $f(t) = -f(t+\pi)$

(4) 정현반파대칭 (정현파 + 반파)

식	비정현파 $f(t) = \sum_{n=1}^{\infty} b_n \cdot \sin n\omega t$ (단, $n = 1, 3, 5, 7, \cdots$ 홀수)
★ 과년도	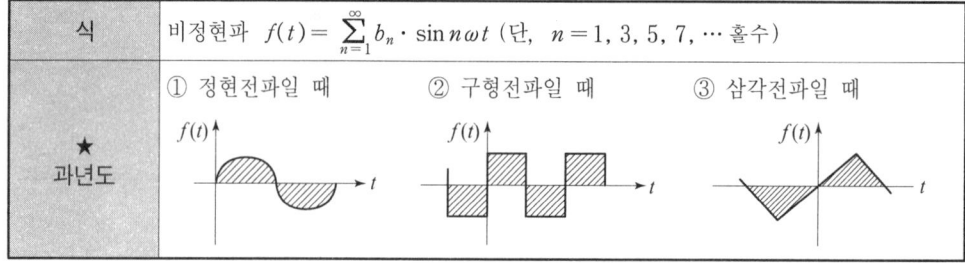

(5) 여현반파대칭 (여현파 + 반파)

비정현파 $f(t) = \sum_{n=1}^{\infty} a_n \cdot \cos n\omega t$ (단, $n = 1, 3, 5, \cdots$ 홀수)

3. 비정현파의 실효값

유 형	비정현파 실효값 전압식=각 파의 실효값 제곱의 합의 제곱근
직류분이 주어진 경우	$V = \sqrt{V_0^2 + V_1^2 + V_2^2} = \sqrt{V_0^2 + \left(\dfrac{V_{m_1}}{\sqrt{2}}\right)^2 + \left(\dfrac{V_{m_2}}{\sqrt{2}}\right)^2 + \cdots}$ [V]
직류분이 안 주어진 경우	$V = \sqrt{V_1^2 + V_2^2 + \cdots} = \sqrt{\left(\dfrac{V_{m_1}}{\sqrt{2}}\right)^2 + \left(\dfrac{V_{m_2}}{\sqrt{2}}\right)^2 + \cdots}$ [V]

비정파 실효값 전류식도 동일하다.

4. 왜형률 D : 전기 파형(sin파)의 일그러짐 정도

$$D = \frac{\text{전고조파(2고조파부터)의 실효값(최대값도 가능)}}{\text{기본파(1고조파)의 실효값(최대값도 가능)}} = \frac{\sqrt{V_2^2 + V_3^2 + \cdots}}{V_1}$$

5. $R-L$ 직렬 비정현파

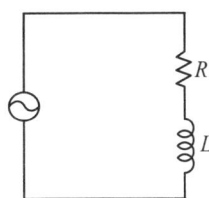

제3고조파 전류 $I_3 = \dfrac{V_3}{\sqrt{R^2 + (3\omega L)^2}}$ [A]

제5고조파 전류 $I_5 = \dfrac{V_5}{\sqrt{R^2 + (5\omega L)^2}}$ [A]

6. 비정현파 전력 계산

(1) 유효전력 $P = V_o I_o + \sum\limits_{n=1}^{\infty} V_n \cdot I_n \cos\theta = I^2 R$ [W]

역률(위상차)이 주어진 경우 사용 식	역률이 안 주어진 경우 사용 식
$P = \sum\limits_{n=1}^{\infty} V_n \cdot I_n \cos\theta$ [W] 사용 $= V_1 I_1 \cos\theta_1 + V_2 I_2 \cos\theta_2 + V_3 I_3 \cos\theta_3 + \cdots$ $= \dfrac{V_{m_1}}{\sqrt{2}} \times \dfrac{I_{m_1}}{\sqrt{2}} \times \cos\theta_1 + \dfrac{V_{m_2}}{\sqrt{2}} \times \dfrac{I_{m_2}}{\sqrt{2}} \times \cos\theta_2 + \cdots$ $= \dfrac{V_{m_1} I_{m_1}}{2} \times \cos\theta_1 + \dfrac{V_{m_2} I_{m_2}}{2} \times \cos\theta_2 + \cdots$	$P = I^2 R$ [W] 사용 전류 실효값 $I = \sqrt{I_o^2 + I_1^2 + I_2^2 + \cdots}$ 직류분 전류 $I_o = \dfrac{V}{R}$ 1고조파 전류 $I_1 = \dfrac{V_1}{\sqrt{R^2 + (1\omega L)^2}}$ 2고조파 전류 $I_2 = \dfrac{V_2}{\sqrt{R^2 + (2\omega L)^2}}$

(2) 무효전력 $P_r = \sum\limits_{n=1}^{\infty} V_n I_n \sin\theta = I^2 X$ [Var]

(3) 피상전류 $P_a = V \cdot I = \sqrt{V_0^2 + V_1^2 + \cdots + V_n^2} \times \sqrt{I_0^2 + I_1^2 + \cdots I_n^2}$ [VA]

(4) 역률 $\cos\theta = \dfrac{\text{유효전력 } P}{\text{피상전력 } P_a} = \dfrac{V_o I_o + \sum\limits_{n=1}^{\infty} VI\cos\theta}{\sqrt{V_0^2 + V_1^2 + \cdots} \times \sqrt{I_0^2 + I_1^2 + \cdots}}$

제 9 장 일반 선형 회로망

	옴의 법칙	전압 분배식	전류 분배식
기초 사항	전류 $I = \dfrac{\text{전압 } V}{\text{합성저항 } R_o}$	$V_1 = \dfrac{R_1}{R_1+R_2} \times V$ $V_2 = \dfrac{R_2}{R_1+R_2} \times V$	$I_1 = \dfrac{R_2}{R_1+R_2} \times I$, $I_2 = \dfrac{R_1}{R_1+R_2} \times I$

1. 중첩의 원리 ★

한 회로망 내에 전압원( 또는 ⊕) 또는 전류원(↑ 또는 ↓)이 다수(2개 이상) 존재할 경우

전류 I : ┌전압원＝단락시키고┐ 각각 단독으로 존재시 흐르는 전류를 합한다.
　　　　└전류원＝개방시키고┘

[과년도] 가운데 저항 50[Ω]에 흐르는 전류 I값 및 전압 V_{ab} 값은?

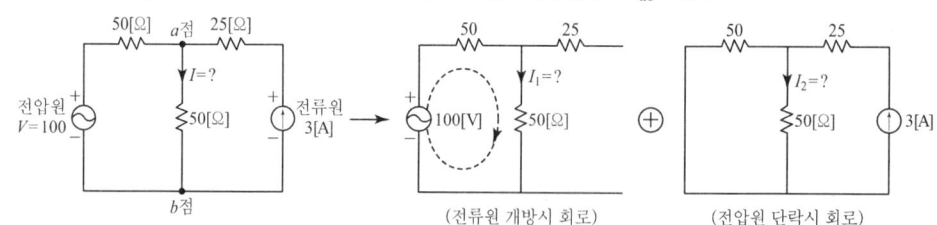

(전류원 개방시 회로)　　(전압원 단락시 회로)

[풀이] ① 저항 50[Ω]에 흐르는 전류 I

＝ 전압원만 존재시(전류원 개방시킴) 전류 I_1
　⊕ 전류원 존재시(전압원 단락시킴) 전류 I_2

$= \left(I_1 \rightarrow \dfrac{100}{50+50} = 1\,[A] \right) \oplus \left(I_2 \rightarrow \dfrac{50}{50+50} \times 3 = 1.5\,[A] \right)$

$= 1 + 1.5 = 2.5\,[A]$

② a점과 b점 사이의 전압 : $V_{ab} = I \times R = (I_1 + I_2)R = 2.5 \times 50 = 125\,[\text{V}]$

2. 테브난(낭)의 정리 ★

(1) 정의

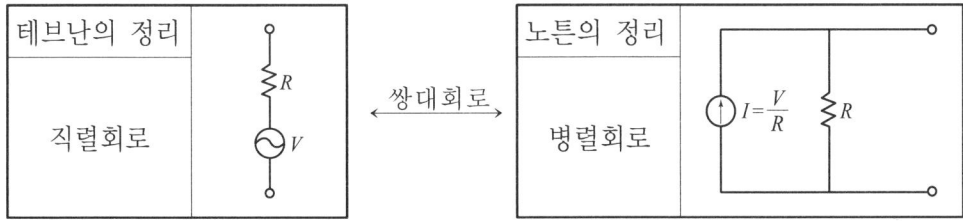

(2) 계산 방법

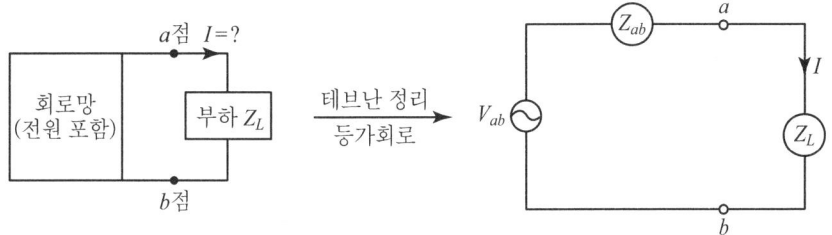

① 부하전류 $I = \dfrac{V_{ab}}{Z_{ab} + Z_L}\,[\text{A}]$

② 합성 임피던스 Z_{ab} 계산 : ┌• 전압원 단락┐시킨 후 합성저항값
　　　　　　　　　　　　　　　└• 전류원 개방┘

③ a, b점에서 전원측을 본 등가 단자전압 : V_{ab}

〔과년도 1〕 테브난 정리를 이용하여 Z_{ab}와 V_{ab}를 계산하시오.

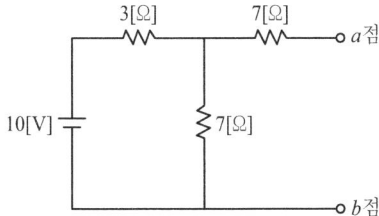

[풀이] ① 합성저항 Z_{ab} : 전압원은 단락시키고 전류원은 개방시킨다.(없으면 생략함.)

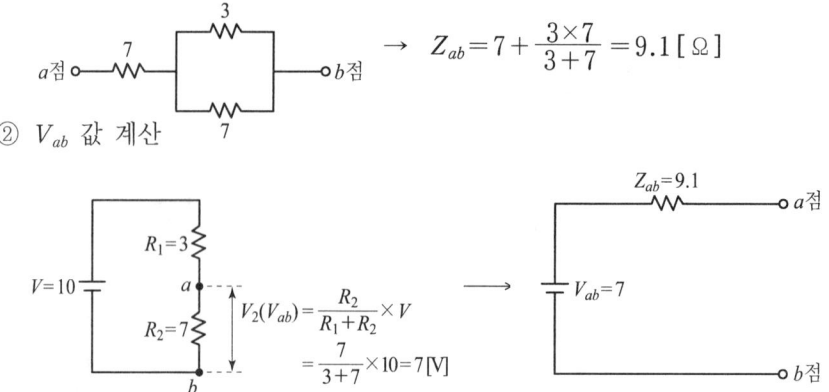

② V_{ab} 값 계산

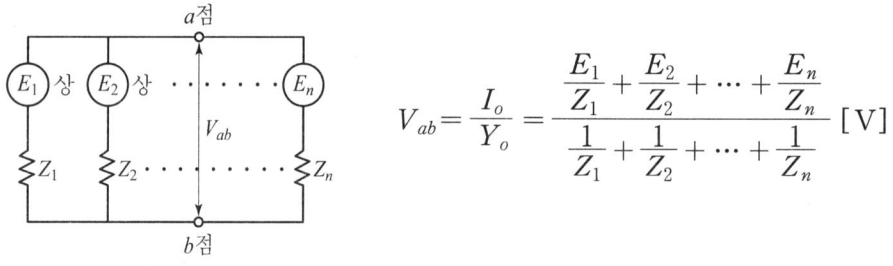

〈테브난 정리 회로〉

3. 밀만의 정리 : 중성점 전위 V_{ab} 계산

$$V_{ab} = \frac{I_o}{Y_o} = \frac{\dfrac{E_1}{Z_1} + \dfrac{E_2}{Z_2} + \cdots + \dfrac{E_n}{Z_n}}{\dfrac{1}{Z_1} + \dfrac{1}{Z_2} + \cdots + \dfrac{1}{Z_n}} \, [\text{V}]$$

[주의] 전류방향이 다른 경우는 ⊖처리해야 한다.

제10장 2단자 회로망

1. 구동점(합성) 임피던스 $Z(S)$

$$Z(S) = \frac{영점(단락상태\,;\,Z=0\ \ 전류가\ 잘\ 흐름)}{극점(개방상태\,;\,Z=\infty\ \ 전류가\ 못\ 흐름)}$$

부하 변형 방법
① 저항 $R[\Omega]$ 그대로 사용
② 코일 $L[H] \rightarrow SL[\Omega]$ 사용
③ 콘덴서 $C[F] \rightarrow \dfrac{1}{SC}[\Omega]$ 사용

2. 역회로(조건) : 주어진 값이나 회로를 반대로 하는 것

역회로 적용 방법	역회로 성립식
① 저항 $R \rightleftarrows G$ 컨덕턴스 ② 코일 $L \rightleftarrows C$ 콘덴서 ③ 직렬연결 $\rightleftarrows$ 병렬연결	$\dfrac{R_1}{G_1} = \dfrac{L_2}{C_2} = \dfrac{L_3}{C_3}$, $Z_1Z_2 = K^2$

3. 정저항 회로 (주파수에 무관회로)

임피던스의 허수부가 주파수에 관해서 0이고, 실수부가 일정한 회로.

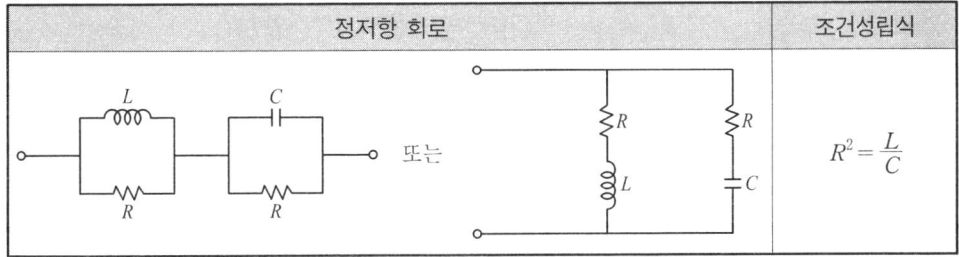

정저항 회로	조건성립식
	$R^2 = \dfrac{L}{C}$

제 11 장 4단자 회로망

1. 임피던스 파라미터 및 어드미턴스 파라미터

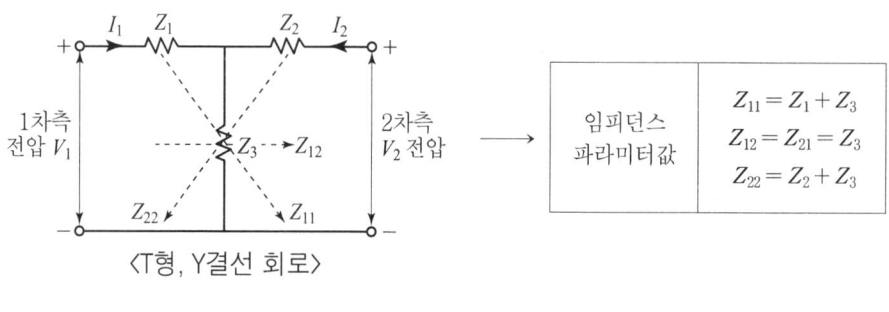

〈T형, Y결선 회로〉

→ 임피던스 파라미터값

$Z_{11} = Z_1 + Z_3$
$Z_{12} = Z_{21} = Z_3$
$Z_{22} = Z_2 + Z_3$

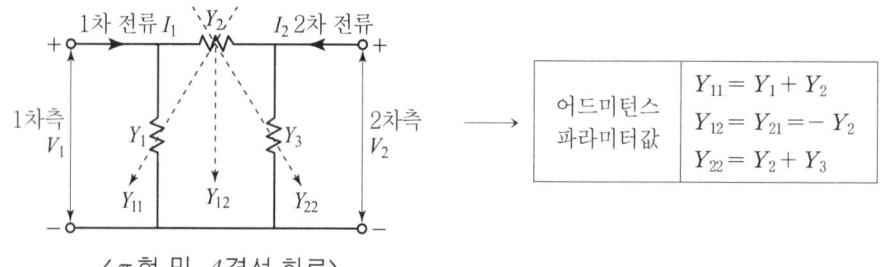

〈π형 및 ⊿결선 회로〉

→ 어드미턴스 파라미터값

$Y_{11} = Y_1 + Y_2$
$Y_{12} = Y_{21} = -Y_2$
$Y_{22} = Y_2 + Y_3$

2. 4단자 정수 (A, B, C, D 정수) ★★

A 정수 $= \dfrac{V_1}{V_2}\bigg|_{I_2=0(출력측 개방)}$ → 전압이득값

B 정수 $= \dfrac{V_1}{I_2}\bigg|_{V_2=0(출력측 단락)}$ → (전달)임피던스 Z 차원값

C 정수 $= \dfrac{I_1}{V_2}\bigg|_{I_2=0(출력측 개방)}$ → (전달)어드미턴스 Y 차원값

D 정수 $= \dfrac{I_1}{I_2}\bigg|_{V_2=0(출력측 단락)}$ → 전류이득값

[과년도] 다음 회로의 A, B, C, D 정수값을 행렬로 표기하시오.

①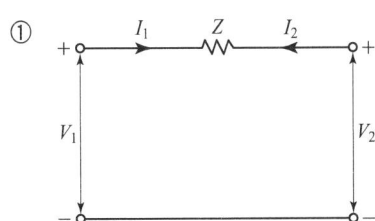

$$\therefore \begin{bmatrix} A & B \\ C & D \end{bmatrix} = \begin{bmatrix} 1 & Z \\ 0 & 1 \end{bmatrix}$$

②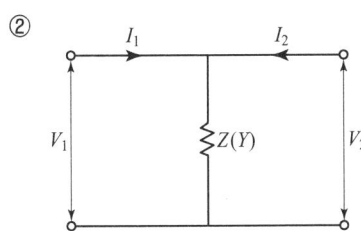

$$\therefore \begin{bmatrix} A & B \\ C & D \end{bmatrix} = \begin{bmatrix} 1 & 0 \\ \dfrac{1}{Z}(Y) & 1 \end{bmatrix}$$

③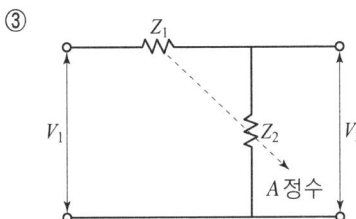

$$\begin{bmatrix} A & B \\ C & D \end{bmatrix} = \begin{bmatrix} 1+\dfrac{Z_1}{Z_2} & Z_1 \\ \dfrac{1}{Z_2} & 1 \end{bmatrix}$$

④ T형 회로

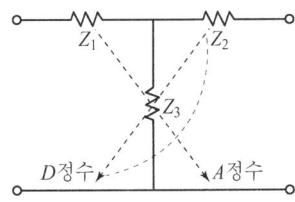

$$\begin{bmatrix} A & B \\ C & D \end{bmatrix} = \begin{bmatrix} 1+\dfrac{Z_1}{Z_3} & Z_1+Z_2+\dfrac{Z_1 \cdot Z_2}{Z_3} \\ \dfrac{1}{Z_3} & 1+\dfrac{Z_2}{Z_3} \end{bmatrix}$$

⑤ π형 회로

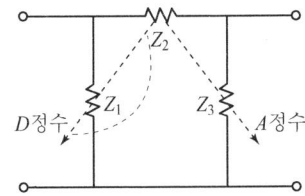

$$\begin{bmatrix} A & B \\ C & D \end{bmatrix} = \begin{bmatrix} 1+\dfrac{Z_2}{Z_3} & Z_2 \\ \dfrac{Z_1+Z_2+Z_3}{Z_1 \cdot Z_3} & 1+\dfrac{Z_2}{Z_1} \end{bmatrix}$$

3. 이상변압기의 4단자(A, B, C, D) 정수

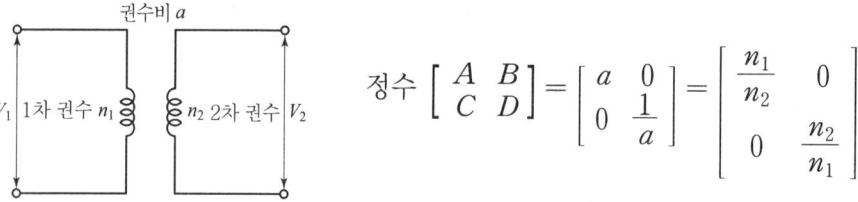

정수 $\begin{bmatrix} A & B \\ C & D \end{bmatrix} = \begin{bmatrix} a & 0 \\ 0 & \frac{1}{a} \end{bmatrix} = \begin{bmatrix} \frac{n_1}{n_2} & 0 \\ 0 & \frac{n_2}{n_1} \end{bmatrix}$

4. 영상 임피던스

① 입력측(1차측) 영상 임피던스 $Z_{01} = \sqrt{\dfrac{AB}{CD}}\,[\Omega]$

　출력측(2차측) 영상 임피던스 $Z_{02} = \sqrt{\dfrac{DB}{CA}}\,[\Omega]$

② [응용식] $Z_{01} \times Z_{02} = \dfrac{B}{C}$, $\dfrac{Z_{01}}{Z_{02}} = \dfrac{A}{D}$

③ 좌·우 대칭부하인 경우($A = D$) $\longrightarrow$

　영상 임피던스 $Z_{01} = Z_{02} = \sqrt{\dfrac{B}{C}}\,[\Omega]$

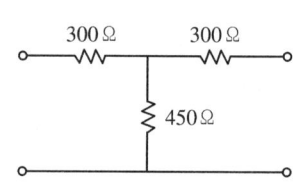

5. 전달정수 θ

$$\theta = \log_e(\sqrt{AD} + \sqrt{BC}) = \cos h^{-1}\sqrt{AD} = \sin h^{-1}\sqrt{BC}$$

제 12 장 분포정수 회로

1. 분포정수 회로

(1) 특성(파동) 임피던스 $Z_o = \sqrt{\dfrac{Z}{Y}} = \sqrt{\dfrac{R+j\omega L}{G+j\omega C}}$ [Ω], 길이 l 에 무관

(2) 전파정수 $r = \sqrt{Z \times Y} = \sqrt{RG} + j\omega\sqrt{LC}$

　　감쇠정수 $\alpha = \sqrt{RG}$, 위상정수 $\beta = \omega\sqrt{LC}$

2. 무손실 선로 ($R = G = 0$일 때 손실이 0인 선로)

(1) 특성 임피던스 $Z_o = \sqrt{\dfrac{L}{C}}$ [Ω]

(2) 전파정수 $r = j\omega\sqrt{LC}$ (감쇠정수 $\alpha = 0$, 위상정수 $\beta = \omega\sqrt{LC}$)

(3) 파장 $\lambda = \dfrac{2\pi}{\text{위상정수 } \beta} = \dfrac{1}{f\sqrt{LC}} = \dfrac{v}{f}$ [m]

(4) 전파(위상)속도 $V = \dfrac{\omega}{\beta} = \dfrac{1}{\sqrt{LC}}$ [m/sec]

3. 무왜형 선로 ((전기)파형이 일그러짐이 없는 선로)

조건 : $\boxed{RC = LG} \xrightarrow{\text{동일값}} \boxed{\dfrac{R}{L} = \dfrac{G}{C}}$

제 13 장

라플라스 변환

1. 정 의 : 시간의 함수 $f(t)$를 주파수 함수 $F(S)$로 변환시키는 것.

[식] $F(S) = \int_0^\infty f(t)e^{-st}dt$

2. 각 파형의 라플라스 변환값

(1) 시간의 함수 $f(t)$ = 단위계단함수 $u(t) = 1$

$F(S) = \mathcal{L}[u(t)] = \dfrac{1}{S}$

(2) 시간의 함수 $f(t)$ = 단위 임펄스(충격)함수 $f(t) = \delta(t)$

$F(S) = 1$

(3) 시간의 함수 $f(t)$ = 지수함수 e^{+at}

$F(S) = \mathcal{L}[e^{+at}] = \dfrac{1}{s-a}$

(4) 시간함수 $f(t)$ = 경사함수 t

경사함수 $f(t)$ 종류	라플라스 변환값 $F(S)$
$f(t) = t$ 일 때(1승)	$F(S) = \pounds[t] = \dfrac{1}{S^{1+1}} = \dfrac{1}{S^2}$
$f(t) = t^2$ 일 때(2승)	$F(S) = \pounds[t^2] = \dfrac{2!}{S^{2+1}} = \dfrac{2 \times 1}{S^3} = \dfrac{2}{S^3}$
$f(t) = t^3$ 일 때(3승)	$\dfrac{3!}{S^{3+1}} = \dfrac{3 \times 2 \times 1}{S^4} = \dfrac{6}{S^4}$

(5) 시간함수 $f(t)$ = 삼각함수(sin, cos)인 경우

$$\pounds[\cos \omega t] = \frac{S}{S^2 + \omega^2}, \quad \pounds[\sin \omega t] = \frac{\omega}{S^2 + \omega^2}$$

[주의] ω = 상수(숫자) $S = j2\pi f$

3. 기본 공식

① 선형성의 정리 : $\pounds[(af(t) + bg(t))] = aF(s) + bG(s)$

② 실미분 정리 : $\pounds\left(\dfrac{d}{dt}f(t)\right) = sF(s) - f(0)$

③ 실적분 정리 : $\pounds[\int f(t)dt] = \dfrac{1}{s}[F(s) + f(0)]$

④ 복소 미분 정리 : $\pounds[t^n f(t)] = (-1)^n \cdot \dfrac{d}{ds}F(s)$

⑤ 복소 추이 정리 : $\pounds[f(t)e^{at}] = F(s-a), \quad \pounds[f(t)e^{-at}] = F(s+a)$

⑥ 시간 추이 정리 : $\pounds[f(t-a)] = F(s)e^{-as}, \quad \pounds[f(t+a)] = F(s)e^{as}$

⑦ 초기값 정리 : $\lim\limits_{t \to 0} f(t) = \lim\limits_{s \to \infty} sF(s)$

⑧ 최종값(정상값) : $\lim\limits_{t \to \infty} f(t) = \lim\limits_{s \to 0} sF(s)$ ☆☆

⑨ 상사의 정리 : $\pounds[f(at)] = \dfrac{1}{a}F\left(\dfrac{s}{a}\right), \quad \pounds\left[f\left(\dfrac{t}{a}\right)\right] = aF(as)$

4. 시간 추이 정리(과년도 문제 출제 유형)

(1) 유형 1 : 단위계단함수 $u(t)=1$

① 위상이 다른 경우

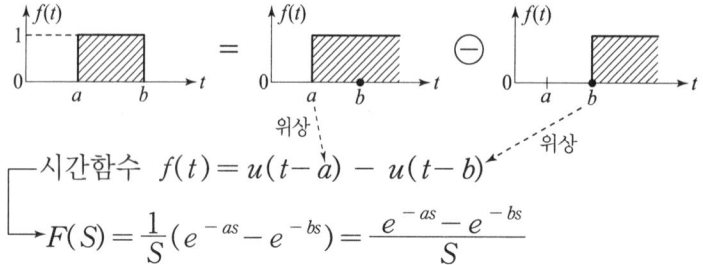

- 시간함수 $f(t) = u(t-a) - u(t-b)$
- $F(S) = \dfrac{1}{S}(e^{-as} - e^{-bs}) = \dfrac{e^{-as} - e^{-bs}}{S}$

② 위상이 중복된 경우

- 시간함수 $f(t) = u(t) - 2개\, u(t-T) + 2개 \times u(t-2T) - 1개 \times u(t-3T)$
- 라플라스 변환값 $F(S) = \dfrac{1}{S}(1 - 2e^{-TS} + 2e^{-2TS} - e^{-3TS})$

(2) 유형 2 : 경사함수 → 기울기 $\times\, t = \dfrac{높이}{밑변} \times t$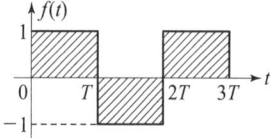

① 일부분 그래프 값만 적용하는 경우

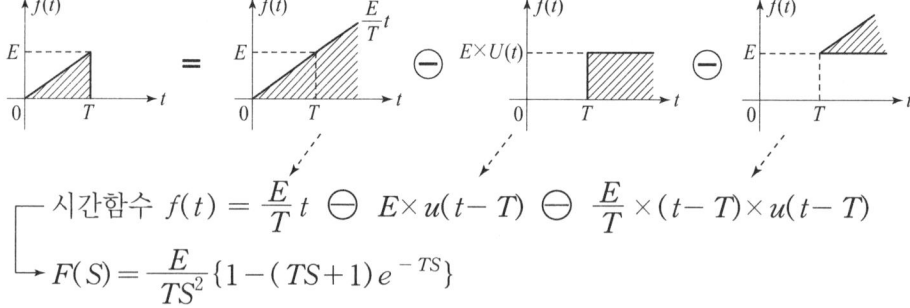

- 시간함수 $f(t) = \dfrac{E}{T}t \ominus E \times u(t-T) \ominus \dfrac{E}{T} \times (t-T) \times u(t-T)$
- $F(S) = \dfrac{E}{TS^2}\{1 - (TS+1)e^{-TS}\}$

(3) 유형 3 : 삼각함수(sin파)

① 일부분 그래프 값만 적용하는 경우(위상이 다른 경우)

$$F(S) = \frac{E\omega}{S^2 + \omega^2}(1 + e^{-\frac{\pi}{2}S})$$

5. 역라플라스 변환

"시간의 함수 $f(t) = \mathcal{L}^{-1}[\text{라플라스 변환값 } F(S)]$" 2개 중 1개로 표기.

▶ 라플라스 변환표 정리

시간함수 $f(t)$ 종류	라플라스 변환값 $F(S)$	시간함수 $f(t)$ 종류	라플라스 변환값 $F(S)$
임펄스 함수 $\delta(t)$	1	te^{at}	$\dfrac{1}{(S-a)^2}$
단위계단함수 $u(t)=1$	$\dfrac{1}{S}$	te^{-at}	$\dfrac{1}{(S+a)^2}$
경사함수 t	$\dfrac{1}{S^2}$	$t\cos\omega t$	$\dfrac{S^2-\omega^2}{(S^2+\omega^2)^2}$
경사함수 t^2	$\dfrac{2!}{S^3}$	$t\sin\omega t$	$\dfrac{2\omega S}{(S^2+\omega^2)^2}$
경사함수 t^n	$\dfrac{n!}{S^{n+1}}$	$e^{-at}\cos\omega t$	$\dfrac{S+a}{(S+a)^2+\omega^2}$
지수함수 e^{at}	$\dfrac{1}{S-a}$	$e^{-at}\sin\omega t$	$\dfrac{\omega}{(S+a)^2+\omega^2}$
지수함수 e^{-at}	$\dfrac{1}{S+a}$	$te^{-at}\cos\omega t$	$\dfrac{(S+a)^2-\omega^2}{\{(S+a)^2+\omega^2\}^2}$
삼각함수 $\cos\omega t$	$\dfrac{S}{S^2+\omega^2}$	$te^{-at}\sin\omega t$	$\dfrac{2\omega(S+a)}{\{(S+a)^2+\omega^2\}^2}$
삼각함수 $\sin\omega t$	$\dfrac{\omega}{S^2+\omega^2}$	$t^n e^{-at}$	$\dfrac{n!}{(S+a)^{n+1}}$
$\dfrac{d}{dt}\sin\omega t$	$\dfrac{\omega S}{S^2+\omega^2}$	$\dfrac{d}{dt}\cos\omega t$	$\dfrac{-\omega^2}{S^2+\omega^2}$
쌍곡선함수 $\cos h\omega t$	$\dfrac{S}{S^2-\omega^2}$	쌍곡선함수 $\sin h\omega t$	$\dfrac{\omega}{S^2-\omega^2}$ / $\dfrac{\sin h\omega t}{t}$ / $\tan^{-1}\dfrac{\omega}{S}$ / $J.(at)$ / $\dfrac{1}{\sqrt{S^2+a^2}}$

제 14 장 전달함수 G(S)

1. 전달함수 $G(S)$ 종류

종류	비례요소	미분요소	적분요소	1차 지연요소	부동작 시간요소
$G(S)$값	상수 k	kS	$\dfrac{k}{S}$	$\dfrac{k}{TS+1}$	$ke^{-LS} = \dfrac{k}{e^{LS}} = k/e^{LS}$

2. 전달함수 $G(S)$ 계산

부하 변형 방법	전달함수 계산 방법
R부하 그대로 사용. L부하 → $SL[\Omega]$로 변형 사용. C부하 → $\dfrac{1}{SC}[\Omega]$로 변형 사용.	$G(S) = \dfrac{출력전압\ V_o(S)}{입력전압\ V_i(S)} = \dfrac{출력부하(저항)\ 합}{입력부하(저항)\ 합}$

3. 미분(진상)회로 및 적분회로

회로 명칭	회로도	입·출력 위상 관계	암기
미분 회로	입력 V_i — C — R — 출력 V_o	출력전압 $V_o(S)$이 입력전압 $V_i(S)$보다 위상이 θ만큼 앞선다.(진상회로)	왼·진·미
적분 회로	입력 V_i — R — C — 출력 V_o	출력전압 $V_o(S)$이 입력전압 $V_i(S)$보다 위상이 θ만큼 뒤진다.(지상회로)	오·지·적

4. 합성(종속) 전달함수 $G(S)$ 계산

(1) 직렬 접속인 경우 : 곱셈(×) 처리

$$\therefore G(S) = G_1 \times G_2$$

(2) 병렬 접속인 경우 : 각 출력값을 덧셈(+) 처리

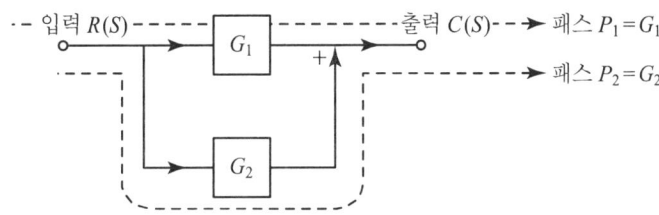

합성 전달함수 $G(S) = P_1 + P_2 = G_1 + G_2$

(3) 피드백(feedback)인 경우

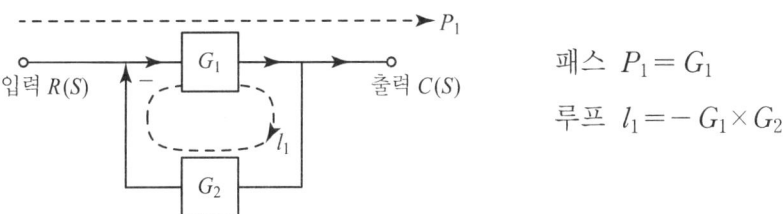

패스 $P_1 = G_1$

루프 $l_1 = -G_1 \times G_2$

합성전달함수공식	회로 합성전달함수 $G(S)$값
$G(S) = \dfrac{P_1 + P_2 + \cdots}{1 - (l_1 + l_2 + \cdots)}$	$\dfrac{P_1}{1 - l_1} = \dfrac{G_1}{1 + G_1 G_2}$

제 15 장 과도현상

1. $R-L$ 직렬회로 및 $R-C$ 직렬회로

구 분	$R-L$ 직렬회로	$R-C$ 직렬회로
회로	스위치 S, 전원 E, R, L, E_R, E_L, $i(t)$	S, E, R, C, E_R, E_C, $i(t)$
전류	$i(t) = \dfrac{E}{R}\left(1 - e^{-\frac{R}{L}t}\right)$ [A]	$i(t) = \dfrac{E}{R} e^{-\frac{1}{RC}t}$ [A]
	스위치 열 때 $i(t) = \dfrac{E}{R} e^{-\frac{R}{L}t}$ [A] 순간 전류 증가율 $\dfrac{di(t)}{dt} = \dfrac{E}{L} e^{-\frac{R}{L}t}$ [A]	전기량 $q(t) = CE\left(1 - e^{-\frac{1}{RC}t}\right)$ [C]
전압	저항전압 $E_R = E(1 - e^{-\frac{R}{L}t})$ [V] 코일전압 $E_L = E e^{-\frac{R}{L}t}$ [V]	저항전압 $E_R = E e^{-\frac{1}{RC}t}$ [V] 콘덴서 전압 $E_c = E\left(1 - e^{-\frac{1}{RC}t}\right)$ [V]
시정수	$\tau = \dfrac{L}{R}$ [sec]	$\tau = RC$ [sec](과도현상 지속정도시간)
특성근	$S = -\dfrac{R}{L}$	$S = -\dfrac{1}{RC}$

(1) 시정수 τ

　┌ 시정수가 크다 大 의미 → 과도현상이 오래 지속된다.
　└ 시정수가 크다 大 의미 → 과도현상이 천천히 사라진다.

　① 시간 $t=\tau[\sec]$인 경우(정상분의 63.2% 도달시간)
　② 시간 $t=3\tau$인 경우(정상분의 95% 도달시간)

(2) 특성근 $S=-\dfrac{R}{L}$ (시정수 역의 절대값과 같다)

2. $L-C$ 직렬회로

(1) 전류 $i(t)=\dfrac{E}{\sqrt{\dfrac{L}{C}}}\sin\omega t\,[A]$ $\left(각속도\ \omega=\dfrac{1}{\sqrt{LC}}\right)$

(2) 방전전류 : 불변하는 진동전류 ★

(3) 각속도 $\omega=\dfrac{1}{\sqrt{LC}}\,[\text{rad/sec}]$

(4) 콘덴서 C 양단의 최대전압 $E_c=2E$ ★

3. $R-L-C$ 직렬회로 ★

구 분	성립조건	파형형태
진동 조건	$R^2-4\dfrac{L}{C}<0\ \rightarrow\ R<2\sqrt{\dfrac{L}{C}}$	
비진동 조건	$R^2-4\dfrac{L}{C}>0\ \rightarrow\ R>2\sqrt{\dfrac{L}{C}}$	
임계진동	$R^2-4\dfrac{L}{C}=0\ \rightarrow\ R=2\sqrt{\dfrac{L}{C}}$	

PART 3

자동제어

[전기공사기사 · 산업기사 요점정리 Ⅲ]

제 1 장   자동제어의 종류
제 2 장   라플라스 변환
제 3 장   전달함수 G(S)
제 4 장   블록 선도
제 5 장   신호 흐름 선도
제 6 장   연산 증폭기(곱셈회로)
제 7 장   과도응답
제 8 장   영점 및 극점
제 9 장   편차와 감도
제 10 장   벡터 궤적
제 11 장   보드 선도(이득곡선)
제 12 장   안정도 판별법
제 13 장   전자회로
제 14 장   상태방정식 및 천이행렬 및 Z변환

제 1 장 자동제어의 종류

1. 개회로 제어계 (1순 전달함수 open loop)

[특징] ┬ 장점 : 설치비가 저렴하다.
       └ 단점 : 설정값이 부정확하고 신뢰성이 나쁘다.

2. 폐회로 제어계 (feedback 회로 close loop)

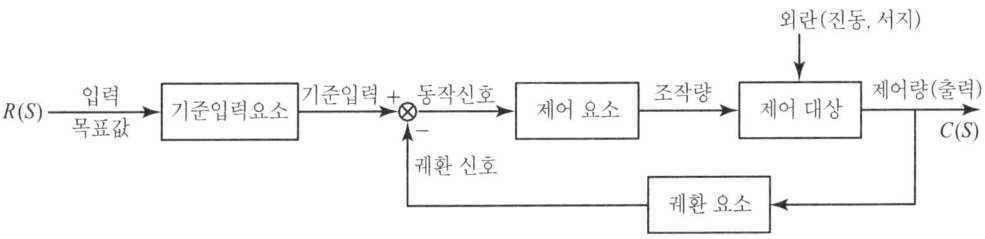

[특징] ┬ 장점 : 설정값이 정확하다.
       └ 단점 : 설치비가 많이 든다.

※ feedback 제어에서 반드시 필요한 장치 : 입력과 출력을 비교하는 장치.
  제어요소는 동작신호를 조작량(제어대상에 가해지는 양, 즉 입력)을 변화시키는 요소이다.

[자동제어의 분류]

(1) 제어량에 의한 분류(종류)

- 서보 기구 : 물체의 위치, 자세, 방향, 방위를 제어량으로 하는 것
  - 예 대공포 포신 제어, 미사일 유도기구, 인공위성의 추적레이더
- 프로세스 제어 : 압력, 액위, 농도, 온도, 유량을 제어하는 것
  - 예 압력제어장치, 온도제어장치
- 자동조정 : 전압, 주파수, 속도를 제어하는 것
  - 예 자동전압조정기 AVR

(2) 목표치에 의한 분류(종류)

- 정치 제어 : 시간에 관계없이 목표값, 목표치가 일정한 제어.
  - 예 프로세스 제어, 자동조정, 연속식 압연기
- 추치 제어
  - 추종 제어   예 서보 기구(위치, 자세, 방향, 방위 제어)
  - 프로그램 제어 : 시간을 미리 설정해 놓고 제어
    - 예 로봇 운전 제어, 열차의 무인운전
  - 비율 제어   예 보일러의 연소 제어

(3) 제어 동작에 의한 분류(종류)

1) 연속 제어

종류(제어=동작)	특징(과년도)
• P 제어(비례제어)	offset, 잔류편차를 발생시킴.(오차 수반)
• I 제어(적분제어)	잔류편차 제거
• D 제어(미분제어)	진동을 억제시키는 데 가장 효과적(오차를 미리 방지)
• PI 제어(비례적분제어)	응답의 진동시간이 길다.(단점)
• PD 제어(비례미분제어)	응답의 속응성 계산
• PID 제어(비례적분·미분제어)	동작속응도와 정상편차에서 최적제어

2) 불연속 제어 : on-off 제어 또는 사이클링 제어

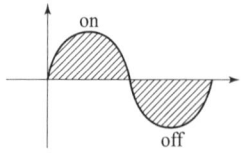

제 2 장 라플라스 변환

시간함수 $f(t)$ 종류	라플라스 변환값 $F(S)$	시간함수 $f(t)$ 종류	라플라스 변환값 $F(S)$
임펄스 함수 $\delta(t)$	1	te^{at}	$\dfrac{1}{(S-a)^2}$
단위계단함수 $u(t)=1$	$\dfrac{1}{S}$	te^{-at}	$\dfrac{1}{(S+a)^2}$
경사함수 t	$\dfrac{1}{S^2}$	$t\cos\omega t$	$\dfrac{S^2-\omega^2}{(S^2+\omega^2)^2}$
경사함수 t^2	$\dfrac{2!}{S^3}$	$t\sin\omega t$	$\dfrac{2\omega S}{(S^2+\omega^2)^2}$
경사함수 t^n	$\dfrac{n!}{S^{n+1}}$	$e^{-at}\cos\omega t$	$\dfrac{S+a}{(S+a)^2+\omega^2}$
지수함수 e^{at}	$\dfrac{1}{S-a}$	$e^{-at}\sin\omega t$	$\dfrac{\omega}{(S+a)^2+\omega^2}$
지수함수 e^{-at}	$\dfrac{1}{S+a}$	$te^{-at}\cos\omega t$	$\dfrac{(S+a)^2-\omega^2}{\{(S+a)^2+\omega^2\}^2}$
삼각함수 $\cos\omega t$	$\dfrac{S}{S^2+\omega^2}$	$te^{-at}\sin\omega t$	$\dfrac{2\omega(S+a)}{\{(S+a)^2+\omega^2\}^2}$
삼각함수 $\sin\omega t$	$\dfrac{\omega}{S^2+\omega^2}$	$t^n e^{-at}$	$\dfrac{n!}{(S+a)^{n+1}}$
$\dfrac{d}{dt}\sin\omega t$	$\dfrac{\omega S}{S^2+\omega^2}$	$\dfrac{d}{dt}\cos\omega t$	$\dfrac{-\omega^2}{S^2+\omega^2}$
쌍곡선함수 $\cos h\omega t$	$\dfrac{S}{S^2-\omega^2}$	쌍곡선함수 $\sin h\omega t$	$\dfrac{\omega}{S^2-\omega^2}$
$\dfrac{\sin h\omega t}{t}$	$\tan^{-1}\dfrac{\omega}{S}$	$J.(at)$	$\dfrac{1}{\sqrt{S^2+a^2}}$

제3장 전달함수 G(S)

1. 전달함수 $G(S)$ 종류

전달함수 $G(S)$ 종류	$G(S)$값	적용부하	부하별 $G(S)$값
비례요소	상수 k	저항 R 부하	$R[\Omega]$ 사용
미분요소	kS	코일 L 부하	$SL[\Omega]$ 사용
적분요소	$\dfrac{k}{S}$	콘덴서 C 부하	$\dfrac{1}{SC}[\Omega]$ 사용
1차 지연 요소	$\dfrac{k}{TS^1+1}$		
2차 지연 요소	$\dfrac{\omega_n^2}{S^2+2\delta\omega_n S+\omega_n^2}$		
부동작시간요소	ke^{-LS}		

2. 미분회로 및 적분회로

(1) 적분회로 (지상회로)

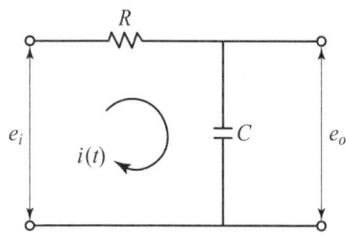

출력전압 e_o가 입력전압 e_i보다 위상이 θ 만큼 뒤지는 회로이다. (지상회로)

(2) 미분회로 (진상회로)

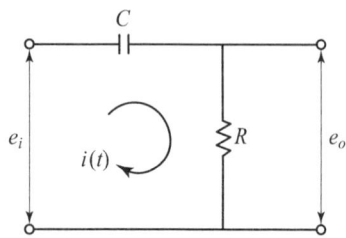

출력전압 e_o가 입력전압 e_i보다 위상이 θ 만큼 앞서는 회로이다. (진상회로)

(3) 지상회로

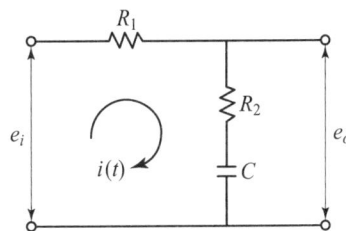

출력 e_o가 입력 e_i보다 위상이 θ만큼 뒤지는 회로

(4) 진상보상기 (미분회로)

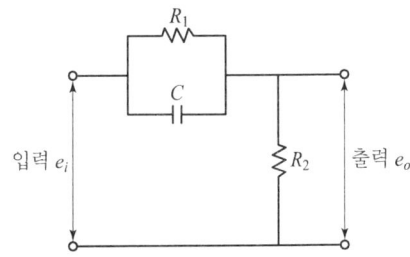

출력이 입력보다 위상이 앞선다.(진상)

(5) 진상 및 지상 보상기(미분 적분회로)

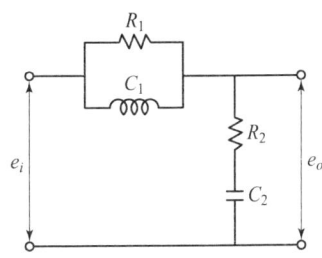

제 4 장 블록 선도

1. 직렬접속인 경우 : 곱셈(×) 처리

∴ 전달함수 $G(S) = G_1 \times G_2$

2. 병렬접속인 경우 : 덧셈(+) 처리

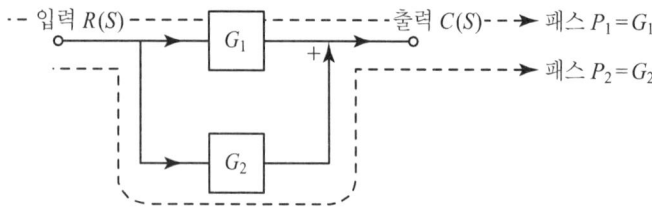

전달함수 $G(S) = P_1 + P_2 = G_1 + G_2$

3. 피드백(feedback)인 경우

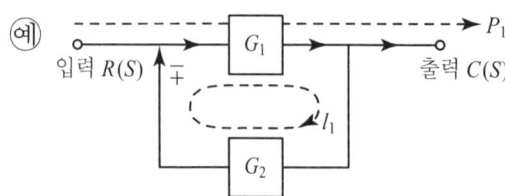

패스 $P_1 = G_1$, 루프 $l_1 = -G_1 \times G_2$

합성전달함수 공식	회로합성전달함수 $G(S)$값
$G(S) = \dfrac{P_1 + P_2 + \cdots}{1 - (l_1 + l_2 + \cdots)}$	$\dfrac{P_1}{1 - l_1} = \dfrac{G_1}{1 \pm G_1 G_2}$

4. 전달함수 $G(S)$ 계산값 정리

개루프 전달함수인 경우(루프가 없다)		폐루프 전달함수인 경우(루프가 있다)
직렬접속일 때	병렬접속일 때	
곱셈(×) 처리한다. 예 $G(S) = G_1 \cdot G_2$	덧셈(+) 처리한다. 예 $G(S) = G_1 + G_2$	공식 $\dfrac{P_1 + P_2 + \cdots}{1 - (l_1 + l_2 + \cdots)}$ 에 대입한다.

제 5 장 신호 흐름 선도

1. 용어

(1) **패스(pass)** : 입력에서 출력으로 가는 회로값(방법) → P

(2) **루프(loop)** : 피드백(feedback) 회로값 → l

2. 전달함수 $G(S)$ 계산 방법

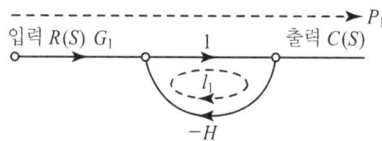

$$G(S) = \frac{P_1}{1-l_1} = \frac{G_1}{1-(\mp G_1 G_2)} = \frac{G_1}{1 \pm G_1 G_2}$$

공 식	전달함수 $G(S) = \dfrac{출력\ C(S)}{입력\ R(S)} = \dfrac{패스\ 합성값\ P}{1-루프\ 합성값\ l}$ $= \dfrac{P_1 + P_2 + P_3 + \cdots}{1-(l_1 + l_2 + l_3 + \cdots)}$

제 6 장 연산 증폭기 (곱셈회로)

1. 기본회로

 → 출력 $X_3 = -a_1 X_1 - a_2 X_2$

2. 미분기(진상) 회로

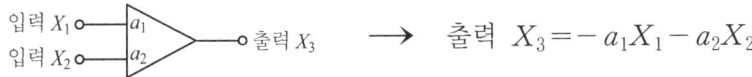

미분기 회로	진상회로 : 출력전압 V_o가 입력전압 V_i보다 위상이 앞선다.
	출력전압 $V_o = -RC\dfrac{dV_i}{dt}$ [V]

3. 적분기(지상) 회로

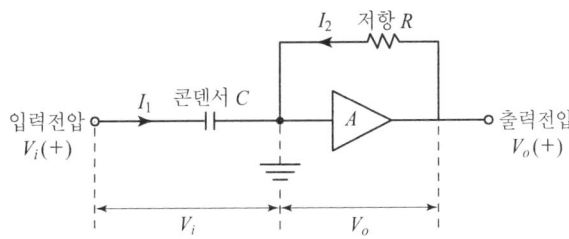

적분기 회로	지상회로 : 출력전압 V_o가 입력전압 V_i보다 위상이 뒤진다.
	출력전압 $V_o = -\dfrac{1}{RC} \int V_i \, dt$ [V]

제 7 장 과도응답

1. 정의

전달함수 $G(S) = \dfrac{출력\ C(S)}{입력\ R(S)}$ → 출력 $C(S) = G(S) \times 입력\ R(S)$

역라플라스 변환시키면 : 출력(응답, 반응) $C(t) = \mathcal{L}^{-1}[G(S) \times R(S)]$

2. 입력 $R(S)$의 종류

① 단위 입력

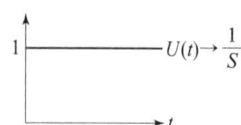

② 등속도 입력

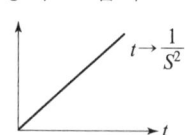

③ 등가속도 입력

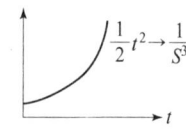

④ 임펄스 입력

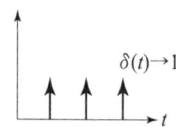

3. 용어

용어	정의
정정시간(응답시간)	안정되기까지 요하는 시간(목표값의 ±5[%] 구간)
지연시간	응답이 최대로 희망값의 50%까지 도달하는 데 요하는 시간
상승시간	목표값(희망값)의 10%~90% 사이의 시간
시정수 τ	희망값(목표값)의 63.2%에 도달시간
최대오버슈트	제어량이 목표값을 초과하여 나타내는 최대 편차량
오버슈트	자동제어계에서 안정도의 척도
제동비 δ	과동응답이 소멸되는 정도 = $\dfrac{제2오버슈트}{최대오버슈트}$

제 8 장 영점 및 극점

1. 영점 및 극점

전달함수 $G(S) = \dfrac{(S+Z_1)}{(S+P_1)(S+P_2)}$

→ 영점(○ 표기) : $S = -Z_1$

→ 극점(× 로 표기) : $S = -P_1,\ -P_2$

2. 극점의 안정성 판별 방법

(1) 극점이 "좌측"에 존재하는 경우

극점(X)이 0에서 "좌측"으로 멀어질수록 안정성이 빨라진다. → 안정 상태

(2) 극점이 "우측"에 존재하는 경우

극점(X)이 0에서 "우측"으로 멀어질수록 불안정하다. → 불안정 상태

3. 극점의 위치에 따른 안정성 판별 방법

(1) 극점이 허수축 위에 존재 : 임계진동

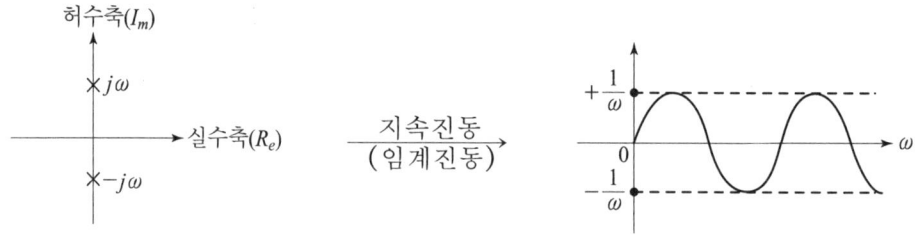

(2) 극점이 좌측 에 존재 : 감폭진동

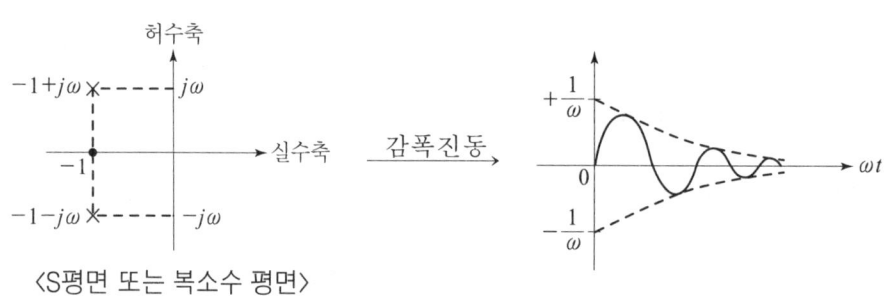

(3) 극점이 우측 에 존재 : 비진동(진동이 점점 커짐)

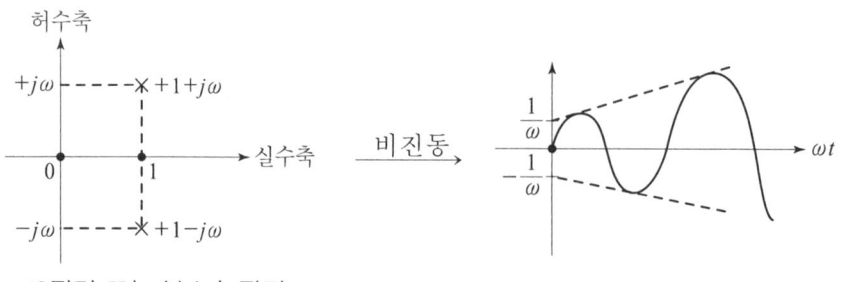

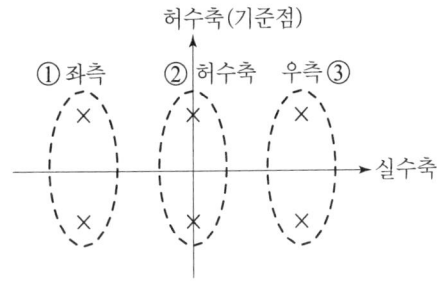

구 분	안정도 판별	시간함수	파 형
① 좌측일 때	안정(감폭진동)	$\frac{1}{\omega}e^{-t}\sin\omega t$	
② 허수축일 때	임계진동	$\frac{1}{\omega}\times\sin\omega t$	
③ 우측일 때	불안정(비진동)	$\frac{1}{\omega}e^{+t}\sin\omega t$	

●특성 방정식 계산 방법●

구 분	폐루프 전달함수 $G(S)$	개루프 전달함수 $G(S)H(S)$
회로도		
특성방정식	전달함수의 분모=0	전달함수의 분모+분자=0

〔과년도 1〕 다음 폐루프 전달함수 $G(S) = \dfrac{2S}{S^2+1}$ 의 특성방정식 및 그 해를 계산하시오.

특성방정식 $\begin{bmatrix} 분모=0 \\ S^2+1=0 \end{bmatrix}$ → $\begin{bmatrix} S^2+1=0 \\ \sqrt{S^2}=\sqrt{-1} \end{bmatrix}$ → $S^2=-1$ 양변에 $\sqrt{\;}$ 취함. → $S=\pm j$

[과년도 2] 개루프 전달함수가 $\dfrac{S+2}{(S+1)(S+3)}$ 일 때 특성방정식은?

특성방정식 ─ 분모+분자=0
　　　　　└ $(S+1)(S+3)+S+2=0 \rightarrow S^2+5S+5=0$

●2차 지연 요소●

- 전달함수　$G(S) = \dfrac{\omega_m^2}{S^2+2\delta\omega_m S+\omega_m^2}$

- 특성 방정식 : $S^2+2\delta\omega_m S+\omega_m^2 = 0$

1. 제동비 δ(감쇠비) : 과도응답이 소멸되는 정도 = $\dfrac{\text{제2오버슈트}}{\text{최대오버슈트}}$

2. 제동비 δ 조건

① 과제동조건 : $\delta > 1$일 때
② 부족(감쇠) 제동조건 : $\delta < 1$일 때
③ 임계제동조건 : $\delta = 1$일 때
④ 무제동조건 : $\delta = 0$일 때
⑤ 부제동조건 : $\delta < 0$일 때

3. 제동비 δ 그래프 값

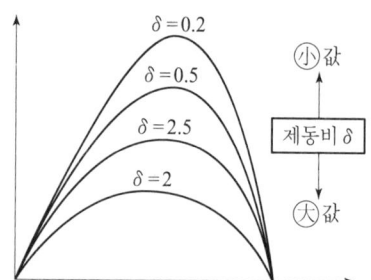

제 9 장 편차와 감도

1. 편 차 : 입력과 출력의 차 = 입력 $R(S)$ − 출력 $C(S)$

2. 편차 종류

편차 종류	입력 $R(s)$ 종류	편차식	편차상수	몇형 제어계 종류
① 정상 위차 편차	단위계단함수 $u(t)$ $\frac{1}{S}$ 사용	$\frac{1}{1+\lim\limits_{S \to 0} G(S)}$	위치편차상수 $k_p = \lim\limits_{S \to 0} G(S)$	0형 제어계
② 정상 속도 편차	경사(등속도)함수 t $\frac{1}{S^2}$ 사용	$\frac{1}{\lim\limits_{S \to 0} S G(S)}$	속도편차상수 $k_v = \lim\limits_{S \to 0} S G(S)$	1형 제어계
③ 정상 가속도 편차	등가속도함수 $\frac{1}{2}t^2$ $\frac{1}{S^3}$ 사용	$\frac{1}{\lim\limits_{S \to 0} S^2 G(S)}$	가속도편차상수 $k_a = \lim\limits_{S \to 0} S^2 G(S)$	2형 제어계
암기 : 위 → 속 → 가	S의 승수	S의 승수	S의 승수	S의 승수

3. 감 도

k_1에 대한 감도 [식] → $\int_{k_1}^{T} = \frac{k_1}{T} \cdot \frac{dT}{dk_1}$ (단, 전달함수 $T = \frac{출력\ C}{입력\ R}$)

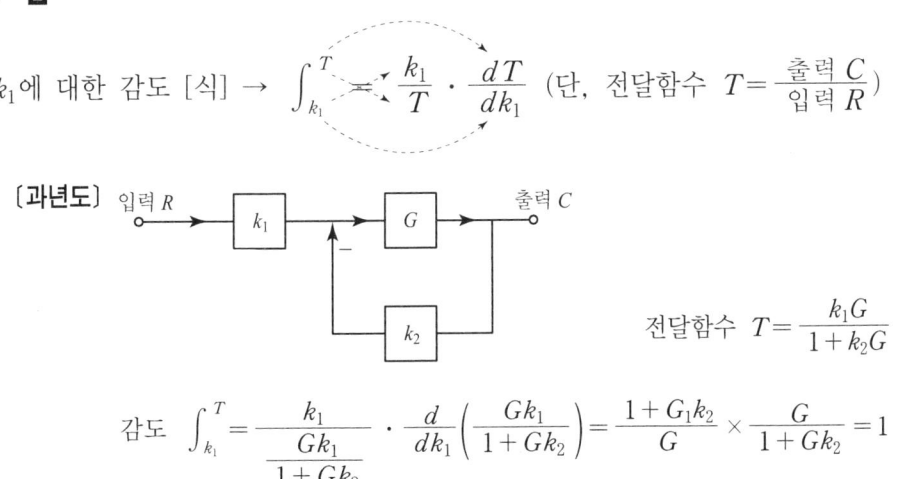

〔과년도〕 입력 R — k_1 — G — 출력 C, k_2 피드백

전달함수 $T = \frac{k_1 G}{1+k_2 G}$

감도 $\int_{k_1}^{T} = \frac{k_1}{\frac{Gk_1}{1+Gk_2}} \cdot \frac{d}{dk_1}\left(\frac{Gk_1}{1+Gk_2}\right) = \frac{1+G_1 k_2}{G} \times \frac{G}{1+Gk_2} = 1$

제10장 벡터 궤적

1. 기초 사항

전달함수 $G(S) = 실수 + j허수 = 크기 \angle 위상 = \sqrt{실수^2 + 허수^2} \angle \tan^{-1}\dfrac{허수}{실수}$

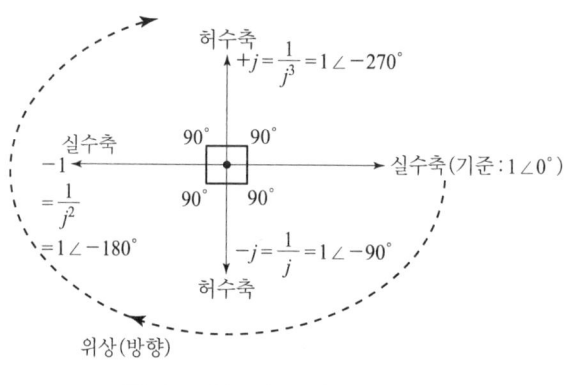

〈벡터도 = 복소수 표기〉

2. 벡터의 궤적 계산

1차 지연 요소 전달함수 $G(j\omega) = \dfrac{k(상수)}{1+j\omega T}$ 의 벡터 궤적

- 초기값

$$\lim_{\omega \to 0} G(j\omega) = \dfrac{k}{1+j\omega T} = \dfrac{k}{1+j0 \times T}$$
$$= \dfrac{k}{1} = 크기 \angle 위상 = \boxed{k \angle 0°}$$

- 최종값

$$\lim_{\omega \to \infty} G(j\omega) = \dfrac{k}{j\omega T} ≒ 크기 \angle 위상$$
$$= \dfrac{k}{\infty} \angle -90° = \boxed{0 \angle -90°}$$

〈벡터 궤적〉

제 11 장 보드 선도 (이득곡선)

1. 이득 계산

(1) 폐루프 $G(S)$ 제어계인 경우

$$\text{이득} = 20\log_{10}|G(j\omega)|\,[\text{dB}], \quad \text{단) 크기 } |G(S)| = \sqrt{\text{실수}^2 + \text{허수}^2}$$

(2) 개루프 $G(S)H(S)$ 제어계인 경우

$$\text{이득} = 20 \times \log_{10}\frac{1}{|G(j\omega)H(j\omega)|}\,[\text{dB}]$$

[과년도] $G(j\omega) = j0.1\omega$ 에서 $\omega = 0.01\,[\text{rad/s}]$ 일 때 계의 이득[dB]은?

$G(j\omega) = j0.1 \times 0.01 = 0.001j = $ 크기∠위상 $= 10^{-3} \angle +90°$

이득 $= 20 \times \log_{10}|G(j\omega)| = 20 \times \log_{10}10^{-3} = 20 \times (-3) \times \log_{10}10$

$= -60\,[\text{dB}]$ 씩 감소.

2. 절점주파수 ω 값

"실수=허수"일 때 ω 값 또는 S 값

[과년도] $G(S) = \dfrac{1}{1+5S}$ 일 때 절점주파수 ω 는?

전달함수 $G(j\omega) = \dfrac{1}{1+5j\omega}$ 에서 "실수 1=허수 5ω" 이므로

절점주파수 $\omega = \dfrac{1}{5} = 0.2\,[\text{rad/sec}]$

제 12 장 안정도 판별법

1. 루스(Routh) 판별법

1) 특성 방정식이 안 주어지면 구한다.(주어진 경우는 계산 안 함.)

   특성 방정식 ─┬─ 폐루프인 경우 : 전달함수의 분모값 = 0
              └─ 개루프인 경우 : 전달함수의 분모값+분자값 = 0

2) 1열의 요소 부호(+ 또는 −)를 적용하여 안정조건을 판별한다.

① 부호의 변화가 없는 경우	② 부호의 변화가 있는 경우
예 ⊕→⊕ 또는 ⊖→⊖일 때	예 ⊕→⊖ 또는 ⊖→⊕일 때
안정근 의미(극점이 좌측에 존재)	불안정근 의미(극점이 우측에 존재)

3) 기본 사항(영점 ○ 및 극점 ×)

   "좌측"에 극점 존재시 ← 기준(허수축) → "우측"에 극점 존재

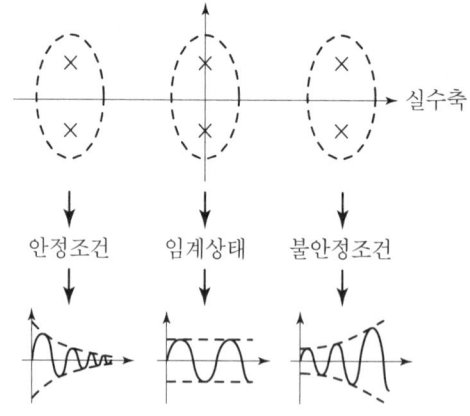

4) 안정조건 k의 범위 요구시 처리 방법

   안정조건 → 1열 요소의 부호가 ⊕조건 → ┃1열의 요값┃ > 0 조건 → 교집합 적용

〔과년도 1〕 특성방정식 $6S^3+2S^2+2S+2=0$의 안정도를 판별하시오.

[풀이] $+6S^3+2S^2+2S^2+2$
[표] 작성

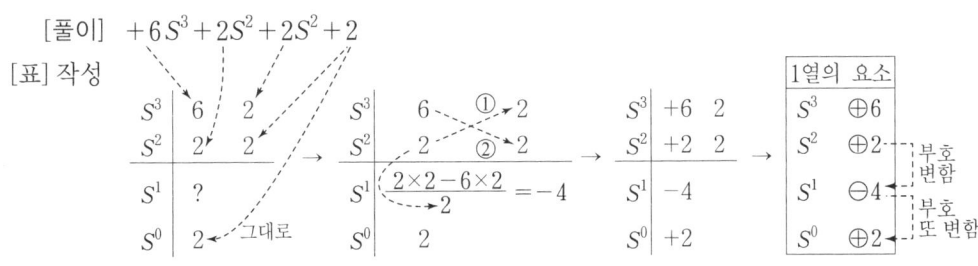

∴ 총근의 수 3개(S^3이므로)
  ─ 불안정근 2개(부호가 2번 변했기 때문에)
  ─ 안정근수 1개=총근의 수 3개−불안정근수 2개

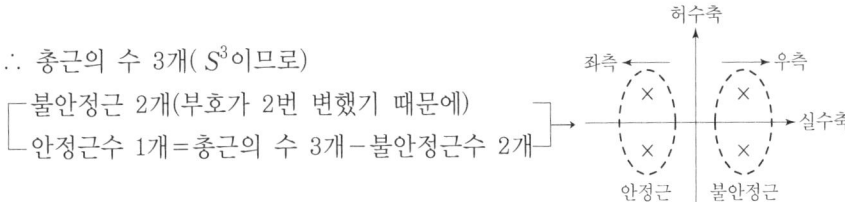

〔과년도 2〕 다음 feedback 제어계에서 안정하기 위한 k의 범위는?

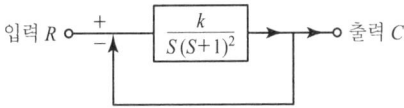

① 특성 방정식을 구한다.
  특성 방정식 ─ 박스(▨) 값의 분모+분자=0
              └ $S(S+1)^2 + k = S^3 + 2S^2 + S^1 + k = 0$

② 표를 작성하여 1열의 요소값을 구한다.

S^3	1	1	S^3	$+1$	
S^2	2	k	S^2	$+2$	
S^1	$\dfrac{2\times1-1\times k}{2}$		S^1	$\dfrac{2-k}{2}$	←─ +값일 때 안정조건 성립된다.
S^0	k		S^0	k	

③ 안정조건 2가지를 교집합 적용한다. → "공통부분" 구함.

안정조건 2가지 ─ S^1의 분자 $2-k>0$ 조건 → $k<2$ → ①식 ─ 두 식
              └ S^0의 $k>0$ → ②식   교집합 적용

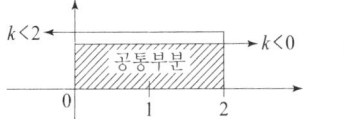 따라서 안정범위 : $0<k<2$

2. 나이퀴스트(Nyquist) 판별법

(1) 기준점(임계점) : $G(S)H(S) = -1 = $ 크기∠위상 $= 1∠+180°$

$$\begin{cases} \text{이득} = 20 \times \log_{10} \frac{1}{|G(j\omega)H(j\omega)|} = 20 \times \log_{10} \frac{1}{1} = 0 \,[\text{dB}] \\ \text{위상(방향)} = +180° \end{cases}$$

∴ Nyquist 선도의 임계점$(-1, j0)$이 보드 선도상에서 대응하는 이득과 위상은 0[dB], 180°이다.

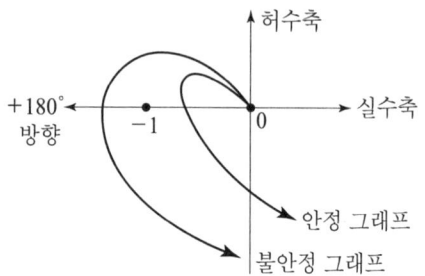

(2) 특징

① 안정성을 판별하는 동시에 안정성을 지시해 준다.
② 계의 안정성을 개선하는 방법에 대한 정보를 제공한다.
③ 제어계의 오차 응답에 관한 정보를 제공한다.

3. 근궤적 판별법 (실수축 대칭)

예) 개루프 전달함수 $G(S)H(S) = \dfrac{\text{상수 } k}{S(S+4)(S+5)}$ → 영점 : 0개
→ 극점 : 3개$(0, -4, -5)$

(1) 근궤적의 수 : 극점수와 일치한다. = 3개

(2) 실수축과의 교차점

[식] $\dfrac{\text{극점의 총합} - \text{영점의 총합}}{\text{극점수 } P - \text{영점수 } Z} = \dfrac{0 - 4 - 5 - 0}{3개 - 0개} = \dfrac{-9}{3} = -3$

(3) 허수축과 교차점

[식] 특성 방정식의 $\boxed{S^2 + \text{상수 } k = 0}$ 의 해(근) 값

① 특성 방정식 : $S(S+4)(S+5) + k = 0$ → $S^3 + 9S^2 + 20S^1 + k = 0$
[식] $9S^2 + k = 0$에 의해 계산.

② 루스(Routh)의 [표] 작성.

$$\begin{array}{c|cc} S^3 & 1 & 20 \\ S^2 & 9 & k \\ \hline S^1 & \dfrac{9\times 20 - 1\times k}{9} & \\ S^0 & k & \end{array}$$

→ 분자값 : $180 - k = 0$ 에서
→ $k = 180$ 사용

③ 식 $9S^2 + k = 0$ 에 적용한다.

∴ $9S^2 + 180 = 0$

해 $S = \pm\sqrt{20} \times \sqrt{-1} = \pm j4.47$ ← $j = \sqrt{-1}$ 적용

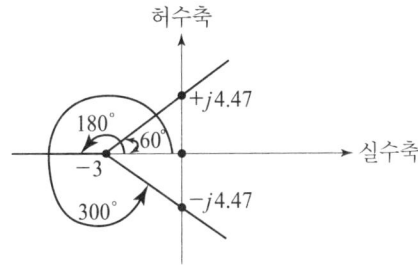

(4) 분지점(이탈점) : 기준축의 이동점

[식] $\dfrac{dk}{dS} = 0$

특성 방정식에서 $k = -(S^3 + 9S^2 + 20S)$ 값을 구해 [식]에 대입한다.

$S^2 + 6S + 6.67 = 0$을 2차 근에 공식에 대입하면

해 $S = \dfrac{-b \pm \sqrt{b^2 - 4ac}}{2a} = \dfrac{-6 \pm \sqrt{6^2 - 4\times 1\times 6.67}}{2\times 1}$

∴ $S = -1.475$, $S = -4.525$

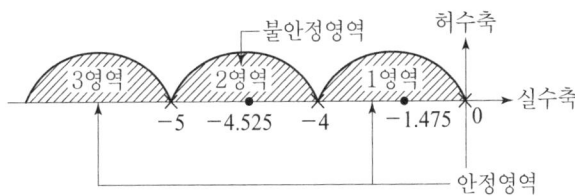

따라서 안정영역에 존재하는 $S = -1.475$만 분지점이 된다.

제 13 장 전자회로

1. 기초 전자 회로

종류	유접점 회로	무접점 회로	회로도	진리값표
AND 회로 ┌ 곱(×) └ 직렬회로		입력 $\begin{matrix}A\\B\end{matrix}$ ⟶ X출력 논리식 $X = A \cdot B$		입력 | 출력 A B | X 0 0 | 0 0 1 | 0 1 0 | 0 1 1 | 1
OR 회로 ┌ 덧셈(+) └ 병렬회로		입력 $\begin{matrix}A\\B\end{matrix}$ ⟶ X출력 논리식 $X = A + B$		입력 | 출력 A B | X 0 0 | 0 0 1 | 1 1 0 | 1 1 1 | 1
NOT 회로 (부정회로)		입력 A ⟶ X출력 출력 $X = \overline{A}$	트랜지스터에 의한 NOT 회로	입력|출력 A | X 0 | 1 1 | 0
NAND 회로 (AND 회로의 부정회로)		입력 $\begin{matrix}A\\B\end{matrix}$ ⟶ X출력 출력 $X = \overline{A \cdot B} = \overline{A} + \overline{B}$ $= \begin{matrix}A\\B\end{matrix}$ ⟶ X $X = \overline{A} + \overline{B} = \overline{A \cdot B}$		입력 | 출력 A B | X 0 0 | 1 0 1 | 1 1 0 | 1 1 1 | 0
NOR 회로 (OR 회로의 부정회로)		$\begin{matrix}A\\B\end{matrix}$ ⟶ X $X = \overline{A+B} = \overline{A} \cdot \overline{B}$ $= \begin{matrix}A\\B\end{matrix}$ ⟶ X $X = \overline{A+B} = \overline{A} \cdot \overline{B}$		입력 | 출력 A B | X 0 0 | 1 0 1 | 0 1 0 | 0 1 1 | 0

종 류	유접점 회로	무접점 회로	회로도	진리값표
esclusive OR 회로 =EOR 회로 배타적 회로				입력 / 출력 A | B | X 0 | 0 | 0 0 | 1 | 1 1 | 0 | 1 1 | 1 | 0

$X = A \cdot \overline{B} + \overline{A} \cdot B = A \oplus B$

2. 용어

(1) 입력 A, B : 수동 스위치 (현재상태 → 0, 조작상태 → 1)

(2) 릴레이 X : 전류(전기)가 흐르면 동작하는 자동 스위치

구 분	전기 투입 전	전기 투입 후
릴레이 a접점	X_a	$\overline{X_a}$
릴레이 b접점	X_b	$\overline{X_b}$

(3) 출력(부하) : L = 릴레이 X와 일치한다.

〔과년도〕 다음 회로의 계전기의 논리식은?

① 무접점 회로인 경우

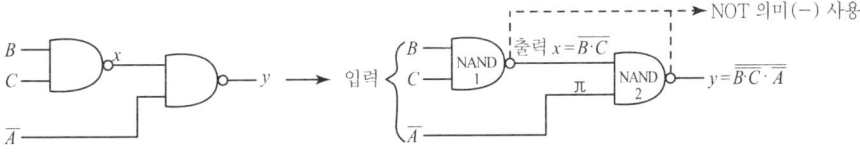

∴ 출력 $y = \overline{\overline{BC} \cdot \overline{A}} = \overline{\overline{BC}} + \overline{\overline{A}} = BC + A = A + BC$

적용 법칙 : $\overline{A+B} = \overline{A} \cdot \overline{B}$ 또는 $\overline{A \cdot B} = \overline{A} + \overline{B}$ 식 사용.

제14장 상태방정식 및 천이행렬 및 Z변환

1. 상태방정식

상태방정식 $\dot{x}(t) = Ax(t) + Br(t)$ ← 계수행렬

[과년도 1] 다음 $\dfrac{d^3c(t)}{dt^3} + 5\dfrac{d^2c(t)}{dt^2} + \dfrac{dc(t)}{dt} + 2c(t) = r(t)$ 의 계수행렬 A는?

상태방정식 : $\dot{x}(t) = A$행렬 $\cdot x(t) + B$행렬 $\cdot r(t)$ 을

행렬식으로 표기하면 (상태방정식)
$$\begin{bmatrix} \dot{x}_1(t) \\ \dot{x}_2(t) \\ \dot{x}_3(t) \end{bmatrix} = \begin{bmatrix} 0 & 1 & 0 \\ 0 & 0 & 1 \\ -2 & -1 & 5 \end{bmatrix} \begin{bmatrix} x_1(t) \\ x_2(t) \\ x_3(t) \end{bmatrix} + \begin{bmatrix} 0 \\ 0 \\ 1(상수) \end{bmatrix} r(t)$$

계수행렬 A값, 계수행렬 B값

2. 천이행렬 $\phi(t) = \mathcal{L}^{-1}[(SI-A)^{-1}]$

(역라플라스변환, 역행렬 계산)

① 단위행렬 $I = \begin{bmatrix} 1 & 0 \\ 0 & 1 \end{bmatrix}$ 또는 $\begin{bmatrix} 1 & 0 & 0 \\ 0 & 1 & 0 \\ 0 & 0 & 1 \end{bmatrix}$ 중 1개 선택 적용한다. (A행렬을 보고 선택)

② 특성방정식 : "$SI - A$(주어진 행렬값)"을 계산한다.

③ 역행렬을 계산한다. : $SI-A$값의 역행렬 → $(SI-A)^{-1}$

   [예] 행렬 $X = \begin{bmatrix} A & B \\ C & D \end{bmatrix}$의 역행렬 $X^{-1} = \dfrac{1}{AD-BC} \begin{bmatrix} D & -B \\ -C & A \end{bmatrix}$

④ 역라플라스 변환 $\mathcal{L}^{-1}$을 한다. → 천이행렬 $\phi(t)$값 계산 완료.

⑤ 고유값 : 특성 방정식 "$|sI-A| = 0$"의 해 또는 근.

3. Z변환 : $\int = \dfrac{1}{T}\ln Z$ (단, T : 샘플 주기값)

(1) 안정과 불안정 판정 방법

기준 : 단위원(임계점, 즉 임계선)＝원주($|Z|=1$)

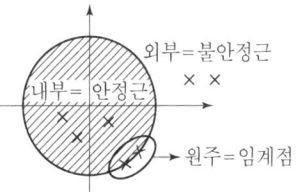

① 안정 : Z평면의 단위원 "내부"에 표기된 근(값)들
② 불안정 : Z평면의 단위원 "외부"에 표기된 근(값)들
③ 임계상태 : Z평면의 단위원 "원주상"에 표기된 근(값)들

(2) S평면(극점)과 Z평면의 관계

① S평면의 우반면은 Z평면의 단위원 "외부"에 사상된다.
  ＝ S평면의 우반면의 근들은 → Z평면 단위원 외부에 표기(사상)된다.
② S평면의 좌반면은 Z평면의 단위원 "내부"에 사상된다.

  즉, S평면의 좌반면의 근들은 → Z평면·단위원 내부에 표기 된다.

③ S평면의 허수축은 Z평면의 "원주상"에 사상된다.
  ＝ S평면의 허수축근들은 Z평면의 원주상에 표기된다.

(3) Z변환값 표

라플라스 변환값 $\mathcal{L}[f(t)]$	[기준] 시간함수 $f(t)$	Z변환값
아날로그의 해값	시간	디지털의 해
1	임펄스함수 $\delta(t)$	1
$\dfrac{1}{S}$	단위함수 $u(t)$	$\dfrac{Z}{Z-1}$
$\dfrac{1}{S^2}$	경사함수 t	$\dfrac{TZ}{(Z-1)^2}$
$\dfrac{1}{S+a}$	지수함수 e^{-at}	$\dfrac{Z}{Z-e^{-aT}}$

PART 4

전력공학

[전기공사기사 · 산업기사 요점정리 Ⅲ]

제1장 발 전
제2장 송 전
제3장 배 전
제4장 GIS 변전소(SF$_6$가스 절연 변전소)

제1장 발 전

제1절 수 력

1. 수력 발전소의 종류

(1) 취수방법(낙차)에 의한 분류

① 수로식 발전소 : 경사가 심하고 낙차를 얻기 쉬운 곳에 시설하는 발전소.
② 댐식 발전소 : 유량이 많고 낙차가 적은 곳에 시설하는 발전소.
③ 댐수로식 발전소 : 수로식과 댐식(수로의 압력수로)으로 구성된 발전소.
④ 유역변경식 발전소 : 인공적으로 수로를 만들어 큰 낙차를 이용하는 발전소.

(2) 운용방법(유량)에 의한 분류

① 양수식 : 잉여전력 이용 및 첨두부하시 발전(연간 발전비용 절감)
② 조정지식(첨두용 발전소) : 취수량과 발전에 필요한 수량과의 차를 조정지에 저수·수시간 또는 수일간에 걸쳐 부하(첨두부하)에 대응(주간, 일간 부하조정)
③ 저수식 : 풍부한 유량(우리나라에 적당하다, 연간부하조정)
④ 조력 : 바닷물의 간만의 차 이용

2. 수력학

(1) 물의 밀도 $r = 1000 \, [\text{kg/m}^3]$

(2) 물의 압력 $P = r \cdot H = 1000 \cdot H \, [\text{kg/m}^2]$

(3) 물의 연속의 원리

정 의	수로 배관의 유량(수량) Q는 같다.	적 용 식
배관 유량 Q값	A부분 → 유량 $Q_1 = A_1 V_1$ ‖ B부분 → 유량 $Q_2 = A_2 V_2$	$Q = A_1 V_1 = A_2 V_2 \,[\text{m}^3/\text{s}]$ 단면적 $A\,[\text{m}^2]$, 평균유속 $V\,[\text{m/s}]$

(4) 베르누이의 정리

정 의	수로 배관에서 생긴 총 손실수두는 일정하다.
총손실수두	위치수두 H + 압력수두 $\dfrac{P}{1000}$ + 속도수두 $\dfrac{V^2}{2g}$ = 일정 (같다)

① 위치수두 $H \propto$ 압력 $P\,[\text{m}]$

② 압력수두 $H = \dfrac{P}{W} = \dfrac{P}{1000}\,[\text{m}]$

③ 속도수두 $H = \dfrac{v^2}{2g}\,[\text{m}]$ → 물의 분출속도 : $\boxed{v = \sqrt{2gH}\,[\text{m/s}]}$

단, 중력가속도 $g = 9.8\,[\text{m/s}^2]$

3. 하천의 유량

(1) 유황곡선 : 매일 유량을 큰 것부터 그린 곡선

① 사용 목적 : 연간 발전계획의 기초가 된다.

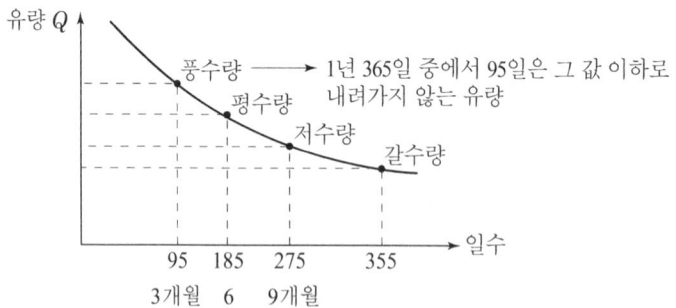

1년 365일 중에서 95일은 그 값 이하로 내려가지 않는 유량

② 유황곡선의 특징
　㉠ 갈수량·저수량·평수량·풍수량을 알 수 있다.
　㉡ 연간 총유출량을 알 수 있다.
　㉢ 하천의 유량 변동상태를 알 수 있다.
　㉣ 월별 하천유량은 알 수 없다.(주의)

(2) 유량도 : 매일의 유량 측정 곡선

　◎ **적산 유량곡선** : 댐(dam) 설계 및 저수지 용량 결정 곡선

(3) 연평균 유량 $Q[\mathrm{m}^3/\sec]$

$$Q = \frac{강수량\ a \times 유역면적\ b}{365일 \times 24시간 \times 60분 \times 60초} \times k \left(단,\ 유출계수\ k = \frac{유출량}{강수량}\right)$$

(4) 하천 유량 측정법 : 유량 $Q = AV$

① 유속계법　② 부자측법(부표법)　③ 피토관법
④ 언측법　⑤ 염수속도법　⑥ 깁슨법

4. 수력설비

(1) 댐의 종류

① 중력댐 : 댐 자체 무게로 물의 압력 견딤.(중력이 $\frac{1}{3}$ 지점 설계한 댐)
② 아치댐 : 협곡을 이용해 설치하는 댐.
③ 사력댐 : 흙댐의 일종(소용량에 사용)

(2) 댐의 부속설비

① 스톱로그 : 수문을 점검 및 수리하기 위하여 일시적으로 물을 막는 장치.
② 플레시판 : 홍수조절장치
③ 수문의 종류
　㉠ 슬라이드(슬루스)형 수문　㉡ 롤러형 수문　㉢ 롤링형 수문
　㉣ 스토우니형 수문　㉤ 테인터형 수문

④ 취수구와 부속설비
  ㉠ 취수구 : 하천의 물을 수로에 도입하는 것
  ㉡ 제수문 : 취수구에 유입되는 유량 조절시키는 것
  ㉢ 스크린 : 취수구에 유입되는 유량의 불순물 제거시키는 것
  ㉣ 침사지(여수토) : 토사 제거(유속 $v = 0.25\,\text{m/s}$)

(3) 수로

정 의	취수구로부터 수조 또는 발전소까지 물을 흐르게 하는 유로	
종 류	무압수로	기울기 : 보통 $\frac{1}{1000} \sim \frac{1}{2000}$, 소용량 $\frac{1}{600}$, 대용량 $\frac{1}{300} \sim \frac{1}{400}$ 유속 $v = 2\,[\text{m/s}]$
	압력수로	기울기 : $\frac{1}{300} \sim \frac{1}{400}$, 유속 $v = 3 \sim 4\,[\text{m/s}]$

(4) 수조

정 의	부하의 변동에 따라 유량을 가감하는 장치(물탱크)	
종 류	상수조(무압)	최대 사용량의 3~4분 정도의 조정능력을 가짐.
	조압수조(압력)	최대 사용량의 1~2분 정도의 조정능력을 가짐. 수압 철관 보호, 수격작용 방지, 유량 조절
조압수조 종류	① 차동조압수조 ② 수실조압수조 ③ 단동조압수조 ④ 제수공형 수조	

(5) 수압철관(수압관) : 주철관 사용

공동현상 (캐비테이션 현상)	수압관 속에 물이 채워지지 않는 저압력 부분이 생기는 현상.
영 향	① 수차의 효율·출력·낙차 저하 ② 유수에 접한 러너나 버킷 등에 침식 발생 ③ 수차에 진동을 일으켜 소음 발생 ④ 흡출관 입구에서 수압 변동 심화
방지법	① 흡출수두를 적당히 선정한다. (러너를 낮은 위치에 설치하여 흡출수두를 적게 한다.) ② 적당한 회전수를 선정한다.(수차의 N_S를 너무 크게 잡지 않을 것) ③ 부식되지 않는 스테인리스강을 이용한다. ④ 과도한 부분 부하·과부하 운전을 피할 것 ⑤ 러너 표면을 미끄럽게 할 것

(6) 조속기

정 의	수차의 속도를 일정하게 유지(출력에 변화에 따라서 수차 유량 조절)
구 조	평속기 → 배압밸브 → 서보 모터 → 복원기구
	① 평속기 : 속도변동을 검출하는 장치 ② 배압 밸브 : 서보 모터를 움직임(압유공급장치) ③ 서보 모터 : 수차에 유입되는 유량 조절(배압밸브로부터 제어된 압유로 동작) ④ 복원기구 : 난조 방지(배압밸브의 동작을 늦추도록 하는 장치)

(7) 수차 입구 밸브

정 의	수차의 내부점검 및 수리시에 일시적으로 정지, 단수시키는 밸브
종 류	① 슬루스 밸브 ② 니들 밸브 ③ 나비형 밸브 ④ 회전 밸브

(8) 수차의 종류

① 충동수차 : 펠턴수차(Pelton)

특징 : 고낙차용(300m 이상). 흡출관이 필요없다.

전향장치(디프렉터) 설치 → 수격작용 방지

② 반동수차 : 물의 반동 이용 수차

종류
- 프란시스 수차 : 중낙차용(30~400m) 홍수위가 높을 때 사용
- 프로펠러 수차(러너 날개 고정형)
  : 효율 η = 특유속도 η_s 작다 (小), 저낙차용(5~80m)
- 카플란 수차(러너 날개 가동형)
  : 효율 η 크다 (大), 저낙차용(5~80m)
- 흡출관 필수(원뿔형의 관 : 유효낙차를 크게 해 줌)
- 사류 수차 : 변부하, 변낙차시 이용
- 튜블러(원통) 수차(조력 발전용) : 양수식 발전소의 펌프수차에 이용

흡출관 필수

(9) 특유속도

$$N_s = \frac{NP^{\frac{1}{2}}}{H^{\frac{5}{4}}} = \frac{N}{H}\sqrt{\frac{P}{\sqrt{H}}} \ [\text{rpm}]$$ (펠턴수차(小), 프로펠러수차(大))

(여기서, N : 수차회전수, H : 유효낙차, P : 출력)

(10) 속도변동률 $= \dfrac{N_o(\text{무하시 회전수}) - N}{N(\text{정격속도})} \times 100\,[\%]$

(11) 낙차 변화와 유량 Q, 회전수 N, 출력 P 관계

① $\dfrac{\text{나중유량}\ Q_2}{\text{처음유량}\ Q_1} = \dfrac{\text{나중회전수}\ N_2}{\text{처음회전수}\ N_1} = \left(\dfrac{\text{나중낙차}\ H_2}{\text{처음낙차}\ H_1}\right)^{\frac{1}{2}}$

② $\dfrac{\text{나중출력}\ P_2}{\text{처음출력}\ P_1} = \left(\dfrac{H_2}{H_1}\right)^{\frac{3}{2}}$

5. 수력발전의 출력

(1) 낙차의 종류

① 총낙차 : 유효낙차＋손실낙차(취수구 수면에서 방수구까지 낙차)
② 유효낙차 : 총낙차－손실낙차
③ 정낙차 : 수차가 정지시 수조수면에서 방수로 수면까지의 차
④ 겉보기낙차 : 수차가 운전시 수조수면에서 방수로 수면까지의 차

(2) 출력

① 이론출력 : $P_o = 9.8QH\,[\text{kW}]$

② 실제출력 : $P = 9.8QH\eta\,[\text{kW}]$

③ 양수식 발전소에서의 소요입력 $P_p = \dfrac{P_o(9.8QH)}{\eta_M \cdot \eta_P}\,[\text{kW}]$

[용어] 유량 $Q\,[\text{m}^3/\text{s}]$, 낙차 $H\,[\text{m}]$, 전동기 효율 η_M, 펌프효율 η_p

6. 수격작용

정 의	유수가 속도수두에서 압력수두로 변해 수차의 차실 및 수압관에 압력↑상승작용
방지법	① 조속기의 폐쇄시간을 길게 한다. ② 펠턴수차는 전향장치(디프렉터)를 설치한다. ③ 조압수조 수압조정기를 설치한다. ※ 흡출관은 관계없음.

제2절 화력

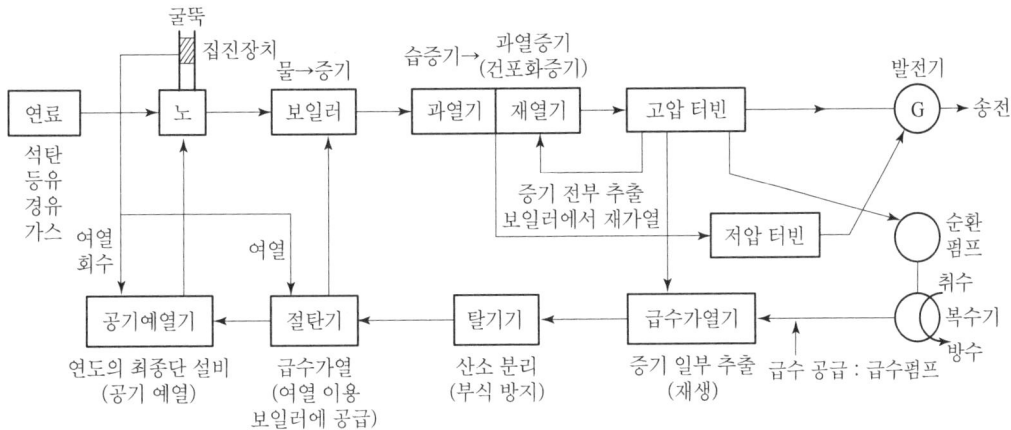

1. 열역학

① 열량 1[kcal]란 : 물 1kg을 1°C 높이는 데 드는 열량.(1[kWh]=860[kcal])

② 열량 $Q = CM\theta = 860pt\eta = 0.24I^2Rt$ [cal]

③ 엔탈피 : 물(액체열) 또는 증기(증발열)가 보유하고 있는 전열량

④ 엔트로피 S : 열량($T-S$ 선도 면적)을 절대온도로 나눈 값 $\left(S = \int \dfrac{dQ}{dT} \text{[kcal/k]} \right)$

2. 열사이클의 종류

(1) 카르노 사이클 : 가장 이상적 사이클

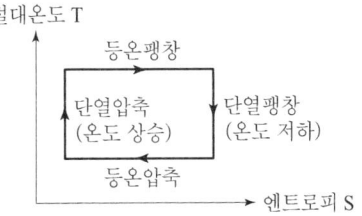

(2) 랭킨 사이클 : 기력 발전소의 기본

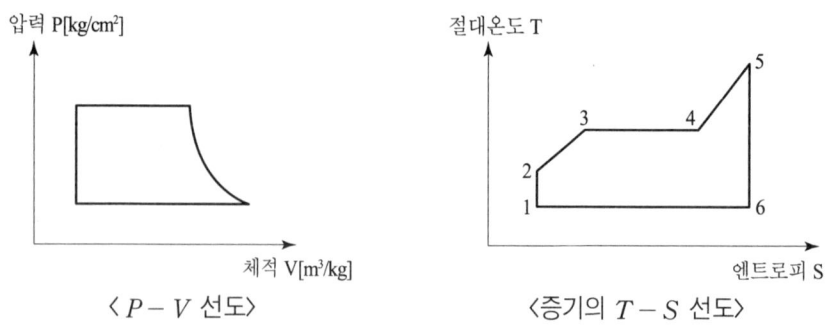

⟨P−V 선도⟩ ⟨증기의 T−S 선도⟩

(3) 재생 사이클(급수가열기 이용) : 증기터빈의 증기 일부분 추출 사용

(4) 재열 사이클(재열기 이용) : 증기 전부 추출 사용

(5) 재생재열 사이클 : 재생＋재열 사이클(대용량 기력 발전소에 적용)

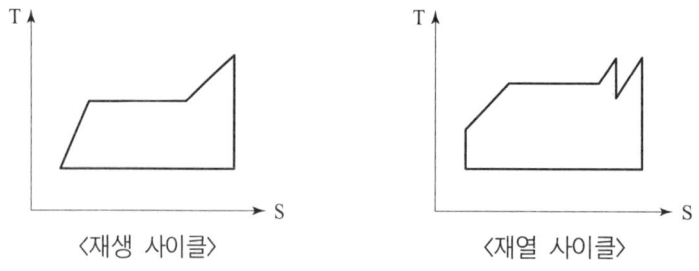

⟨재생 사이클⟩ ⟨재열 사이클⟩

3. 열효율 향상 대책

사이클의 효율개선	① 재생·재열 사이클 채용 ② 복수기의 진공도 향상 ③ 사용증기의 고온 고압화 ④ 2유체 사이클의 채용
손실을 줄이는 방법	① 절탄기의 사용 ② 공기예열기 사용 ③ 급수가열기 사용 ④ 발전소 소내전력 저감
발전방식 및 연소방식의 개선	① 미분탄 연소방식 채용 ② 자동 연소제어 장치 적용 ③ 복합발전 ④ 열병합 발전 채택 ⑤ 가압 유동상 연소방식 채용

4. 노 : ① 벽돌벽 ② 공냉벽 ③ 수냉벽

5. 보일러

(1) 종류

```
수관 보일러 ─┬─ ① 드럼 보일러 ─┬─ 자연순환식 보일러
            │                  └─ 강제순환식 보일러
            ├─ ② 관류 보일러(드럼이 없다) : 고압·대용량에 적당
            └─ ③ 복합순환식 보일러 : 강제순환식과 강제관류식을 조합한 것
```

(2) 통풍장치 : ① 자연통풍 ② 강제통풍

(3) 집진장치(공해 방지)

─┬─ 기계식(원심력 집진기) : 사이클론 방식(원심력 이용 분진 제거)
 └─ 전기식 : 코트렐 집진장치(이온작용 이용)

(4) (표면) 복수기

─┬─ 증기터빈에서 일을 한 증기를 물로 만듦.(열손실 50[%]로 가장 크다.)
 └─ 종류 : ① 표면복수기 ② 증발복수기 ③ 분사복수기

(5) 과열기 : 보일러에서 발생한 증기를 과열증기로 만들어서 터빈에 공급

사용이유 : 열효율 향상, 터빈의 크기경감, 마찰손실경감, 수분에 의한 부식경감

(6) 재열기 : 고압터빈 증기를 뽑아 보일러에서 재가열하는 장치

사용이유 : 수분에 의한 터빈날개부식방지, 마찰손실증대방지

(7) 절탄기 : 배출되는 열을 회수하여 보일러의 물을 가열하는 여열회수장치

사용이유 : 보일러 효율 향상, 연료소비량 경감

(8) 공기예열기 : 여열 이용 공기 예열함.(연도의 맨 끝에 설치한다.)

　사용이유 : 연료의 연소효율 향상, 열손실 경감으로 보일러 효율 향상,
　　　　　　매연 발생 경감

(9) 보일러 급수의 영향

　① 스케일 : 불순물에 의해 보일러의 열전달이 저하되는 현상
　② 포밍 : 불순물에 의해 거품이 생기는 현상(증발 억제)
　③ 프라이밍 : 불순물에 의해 물방울이 생기는 현상
　④ 캐리오버 : 프라이밍 현상의 물방울이 터빈까지 들어가는 현상

(10) 탈기기 : 산소 분리시킴.(급수중의 산소, 탄산가스를 분리시킴.)

6. 발전소 열효율 η

발전소 열효율 $\eta = \dfrac{860\,W}{mH} \times 100\,[\%]$

[용어] 사용전력량 W[kWh], 질량 m[kg], 발열량 H[kcal]

7. 냉각방식

수소냉각방식 사용	장 점 (공기냉각방식에 비해)	① 출력이 25[%] 증대된다. ② 풍손이 $\dfrac{1}{10}$ 감소된다. ③ 권선의 수명이 길어진다.(냉각효과가 양호하기 때문) ④ 운전중 소음이 적다. ⑤ 절연효과가 크다.
	단 점	① 냉각수가 많이 든다. ② 공기와 혼합시 폭발 위험이 있다.(수소+공기→폭발)

8. 가스 터빈의 특징

발전기 원동기로 이용되는 가스터빈의 특징을 증기터빈과 비교하면
① 설비가 간단하다.
② 기동시간이 짧다.
③ 조작이 간단하므로 첨두부하에 적당하다.
④ 효율이 높다.
⑤ 냉각수가 적게 든다.

제3절 원자력 발전

1. 원자로의 구성

(1) 제어제(제어봉) : 핵분열 반응의 횟수를 조절하여 중성자 수를 조절한다.

종 류	Cd(카드뮴) hf(하프늄) B(붕소) Ag(은)
구비 조건	① 중성자의 흡수단면적이 클 것 ② 열·방사선·냉각재에 대해 안정할 것 ③ 적당한 열 전도율을 가지고 가공이 용이할 것

(2) 감속제 : 중성자가 U-235와 핵분열을 잘할 수 있도록 중성자 속도를 낮추어 준다.

종 류	H_2O(경수) D_2O(중수) C(흑연) Be(산화베릴늄)
구비 조건	① 중성자 에너지를 빨리 감속시킬 것 ② 불필요한 중성자 흡수가 적을 것 ③ 내부식성·가공성·내열성·내방사성이 우수할 것

(3) 냉각제 : 핵분열시 발산되는 열에너지를 노 외부로 인출 열교환기로 운반한다.

종 류	경수(H_2O) 중수(D_2O) 헬륨(He) 탄산가스(CO_2)
구비 조건	① 열전달 특성이 좋을 것(비열 및 열전도도가 큰 물질) ② 중성자의 흡수단면적이 작을 것 ③ 융점이 낮을 것 ④ 화학 반응이 적을 것

(4) 반사제

사용 목적	핵분열시 열중성자나 고속중성자를 노 외부로 인출되는 것을 차폐하여 핵연료 소요량을 감소시킨다.
종 류	H_2O D_2O C Be
구비 조건	감속재 내용과 동일

(5) 차폐재

사용 목적	방사선(r)이나 중성자가 노 외부로 인출되는 것을 방지한다. (인체유해 방지, 방열효과)
종 류	철판, 보론강, 콘크리트, 물, 납

2. 원자로의 종류

(1) 경수형 원자로(LWR)

종 류	가압수형 원자로 PWR(가장 많이 쓰임)	비등수형 원자로 BWR(열교환기가 없다)
원 리	냉각수인 경수(물)가 비등하지 않게 노 전체를 $160[kg/cm^2]$의 압력으로 가압하는 전기를 만드는 원자로	가압수형보다 덜 가압하여 증기를 이용, 전기를 발생시키는 원자로
사용연료	저농축 우라늄 감속재=냉각제=경수 사용	저농축 우라늄 감속제=냉각재=경수 사용
특 징	① 보수 점검이 용이하다.(방사능 증기가 터빈에 유입되지 않으므로) ② 출력밀도가 높다.(가압수 사용) ③ 열출력이 크다.(가압수 사용) ④ 계통이 복잡하다.(열사이클이 간접) ⑤ 건설비가 비싸다.(압력이 높기 때문에) ⑥ 안정성이 좋다.(온도계수가 ⊖이기 때문)	① 구조가 간단하다.(열교환기가 없다.) ② 건설비가 싸다.(열교환기가 없다.) ③ 안정성이 증가한다.(온도와 압력이 낮다.) ④ 원자로 증기가 직접 터빈에 가해지므로 방사능 누출사고 위험이 있다. ⑤ 원자로 주위에 차폐재 및 안전설비 설치 요망

(2) 중수형 원자로(HWR)

원 리	냉각재=감속재=중수(분자량이 큰 물)을 사용하고 연료=천연 우라늄을 사용한 원자로
특 징	① 핵연료를 유효하게 이용 가능.(중수는 중성자 흡수가 작기 때문에) ② 연료비가 싸다.(농축시설이 필요없기 때문에) ③ 노심이 크다.(경수로에 비해) ④ 원자로를 중지시키지 않고 연료 교환이 가능하다. ⑤ 중수가격이 비싸다.(중수 구입 비용이 크기 때문에)

(3) 가스 냉각형 원자로(HTGR, GCR)

① 연료 : 천연 우라늄 사용
② 감속재=반사재=흑연 C 사용
③ 냉각재=이산화탄소 CO_2 사용

(4) 고속 증식로(FBR) : 나트륨 냉각로(감속재 사용 안 함.)

제4절 MHD 발전

1. 원리

도전성 유체(전자유체)와 자장의 상호작용에 의한 직접발전 방식.

2. MHD 발전의 특징

① 고온의 유체를 사용하므로 열효율이 높다.
② 기계적 회전부분이 없으므로 대형화 가능하다.
③ 발전을 끝낸 연소가스가 2,000[℃] 정도의 고온이므로 복합발전이 가능하다.
④ MHD - 화력복합 system일 경우 시드 물질이 회수장치에서 제거되므로 아류산 가스의 배출을 거의 제로로 할 수 있다.

제5절 태양광 발전

1. 태양광 발전 시스템의 종류

① 분산형 ② 집중형 ③ 독립형

2. 회로 구성 요소

(1) 태양전지(어레이) : 태양광 → 전기에너지로 변환장치

(2) 인버터 : 직류(DC) → 교류(AC)로 변환하는 장치

(3) 축전지 : 부하에 전력을 안정적으로 공급하기 위해 설치

(4) 제어장치 : 전체 시스템 제어

3. 장점 및 단점

장 점	단 점
① 발전효율이 일정하다.	① 우천시(흐린날)에는 발전능력이 저하된다.
② 자원이 반영구적이다.	② 효율적인 집전기술의 개발이 필요하다.
③ 보수가 용이하다.	③ 건설비용이 비싸다.
④ 설치장소에 제한을 받지 않는다.	④ 상시전원과 연계시켜서 운용하는 기술이 필요하다.
⑤ 확산광(산란광)도 이용 가능.	⑤ 기술자가 부족하다.
⑥ 소음 및 유해물질 발생이 없다.	⑥ 전력변환장치(인버터)가 필요하다.
⑦ 저온에서도 발전 가능하다.	⑦ 충전용 축전지가 필요하다.

제 6 절 풍력 발전

풍차의 종류	내용
수평축형	바람방향과 날개가 수평(일치)인 것 ① 프로펠러형 ② 자전거형 ③ 4암형
수직축형	바람방향과 날개가 수직($\theta=90°$)인 것 ① 바들형 ② 다리우스형 ③ 사보니우스형

1. 운용 방식에 따른 분류

(1) 직렬 이용 방식 : 풍력 발전기를 직접 전력계통에 접속하는 방식

구성도	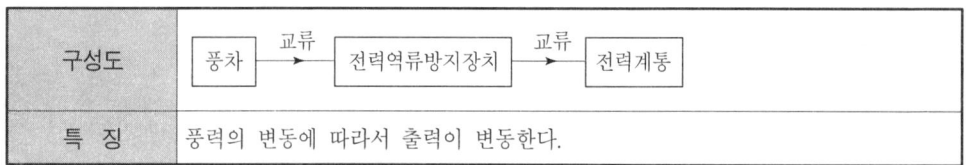
특 징	풍력의 변동에 따라서 출력이 변동한다.

(2) 축전지 이용 방식 : 풍력을 축전지에 저장해서 전력계통에 접속하는 방식

구성도	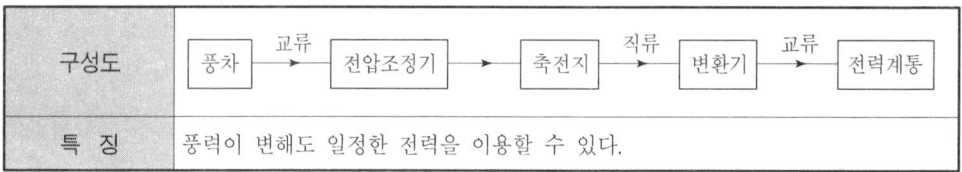
특 징	풍력이 변해도 일정한 전력을 이용할 수 있다.

2. 풍력발전의 장점 및 단점

장 점	단 점
① 깨끗하다.(무공해) ② 원료 비용이 없다. ③ 고갈되지 않는 에너지원이다. ④ 시설비가 싸다.	① 소음이 크다. ② 바람의 불안정 ③ 낙뢰 대책 요망 ④ 항공장해 ⑤ 전파장해 ⑥ 공사시 환경문제 ⑦ 계통의 연계문제

제7절 연료전지 복합 발전

1. 종류

종 류	알칼리형	인산형	용융탄산염형	고체 전해질형
사용연료	순수수소	LNG, 메탄올	석탄가스 탄화수소의 개질가스	

2. 구성도

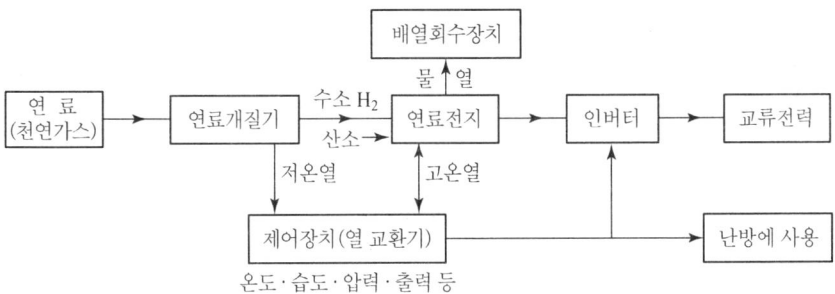

명 칭	사 용 목 적
연 료	나프타, 메탄올, LNG 사용
개 질 기	연료로부터 수소를 발생시킴.
연료전지	수소와 산소가 반응해서 물과 직류전력 발생시킴.
인 버 터	직류(DC)를 교류(AC)로 바꾸는 장치

3. 장점 및 단점

장 점	단 점

① 환경의 문제가 작다.(대기오염, 소음, 진동이 없다.)
② 수용가 근처에 설치 가능하다.
③ 에너지 변환 효율이 좋다.
④ 부하 조정이 용이하다.
⑤ 설치공기가 짧다.
⑥ 석유 대체효과가 크다.(천연가스, 메탄올 사용)
⑦ 연료비가 저렴하다.
	① 내구성이 약하다.
	② 시설비가 비싸다.
	③ 불순물 제어 장치가 필요하다.
	  (반응가스에 포함된 불순물)
	④ 기술적인 문제점이 있다.
	  (전기 본체 및 전극재료, 연료개질장치 등의)

제 2 장 송 전

제1절 전선로

① 가공전선로   ② 지중전선로   ③ 수상전선로   ④ 터널전선로

1. 가공전선로

(1) 전기저항 R : 전선 자체의 저항값

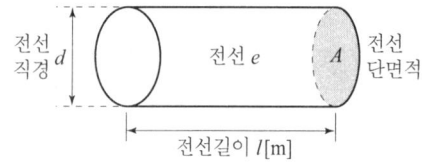

전기저항 $R = e \dfrac{l}{A}$ [Ω]

(2) 전선

1) 전선의 구비 조건

구 비 조 건	전압 $V(大)$가 큰 경우 고려점
① 내식성이 클 것. ② 가선공사 용이할 것. (연선 사용 이유 : 가요성 때문에) ③ 도전율이 클 것.(大) ④ 경제적일 것.(大) ⑤ 비중(밀도)이 적을 것.(小) ⑥ 기계적 강도가 클 것.(大) ⑦ 부식성이 적을 것.(小) ⑧ 허용전류가 클 것.(大)	철탑 사용 ① 강선 이용(경간이 크기 때문에) ② 알루미늄 Al 사용(비중 때문에) ③ 큰 단면적 $A(大)$ 사용(코로나 방지 때문에)

2) 단면적 A 구하기

① 단선 : 표기 → 직경 D[mm]

전선 단면적 $A = \dfrac{\pi D^2}{4}$ [mm^2]

② 연선인 경우 : 표기 → 소선가닥수 N / 소선의 직경 d → [N/d]

   ㉠ 연선의 소선가닥수 $N = 3n(n+1) + 1$

   ㉡ 연선의 직경 $D = (2n+1)d$

   ㉢ 연선의 단면적 A = 소선의 단면적 × 총가닥수 $= \dfrac{\pi}{4} d^2 \times N$ [mm^2]

3) 전선접속(연결)시 접속점의 주의점

① 전선의 세기 80% 이상 유지할 것.

② 저항 증가시키지 말 것.

③ 전기 부식이 생기지 말 것.

4) 전선의 종류

① 단금속선

구 분	㉠ 연동선(옥내용) : 모든 전선의 기준	㉡ 경동선(옥외전선 기준) : 인입선·저압가공전선·6.6[kV] 배전선로, 절연전선(시가지, 산지에 사용)
종 류	• IV : 600V 비닐절연전선(W_6) • HIV : 내열용 비닐절연전선(W_2) • RB : 600V 고무절연전선(W_4) • GV : 접지용 전선 • Fl : 형광등용 전선(W_8)	• OW : 옥외용 비닐절연전선 용도 : 저압가공전선로, 농사용 • DV : 인입용 비닐절연전선

② 강심 알루미늄연선(ACSR) : 2층권 구조

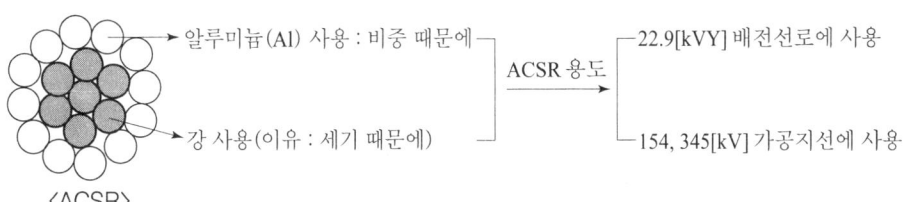

㉠ 접속 방법 : 슬리브(연동판) 이용
　　┌ 직선접속할 경우 : B, O형 사용
　　└ 직선 또는 분기접속할 경우 : S형 사용 →

㉡ 경동선과 ACSR 비교

경동선 사용시	구 분	ACSR 사용시	ACSR 사용시 문제점 및 대책
1(기준)	비중(무게)	0.8 (진동 발생)	문제점 : 전선에 진동 발생
1(기준)	직경 D	1.4~1.6(코로나)	★ 대책(진동 억제)
어렵다	외상	쉽다	┌ 댐퍼(추) 설치
1(기준)	강도	1.5~2	└ 아머로드(금속선) 설치(경간 200m 이상 시 사용)
0.91~0.97	도전율 δ	0.61	★ 단면적 A(大) 사용 : 코로나 방지

③ 중공연선

중공연선	단면적 A →그대로→ 단면적 A 직경 d(小) →증가→ 직경 D(大값)	★ 코로나 발생 방지
용 도	초고압 송전선로용(345kV)	

5) 캘빈(Kelvin)의 법칙 : 경제적인 전선 굵기 선정 법칙

옥내전선의 굵기 선정 3요소	송전선로의 굵기 선정 요소
㉠ 허용전류 ㉡ 전압강하 ㉢ 기계적 강도	㉠ 연속허용전류 및 단시간 허용전류 ㉡ 순시허용전류　㉢ 경제전류 ㉣ 전압강하　㉤ 코로나

① 전선의 굵기(단면적 A) 계산

㉠ 단상2선식(1φ2W)인 경우 : $A = \dfrac{35.6LI}{1000e}$ [mm²]

㉡ 단상3선식인 경우 1φ3W(3φ4W 포함) : $A = \dfrac{17.8LI}{1000e}$ [mm²]

㉢ 3상3선식(3φ3W)인 경우 : $A = \dfrac{30.8LI}{1000e}$ [mm²]

(여기서, L : 전선길이, e : 전압강하, I : 부하전류)

② 표피효과(skin effect)

정의 : 전선(도체) 중심으로 갈수록 전류밀도가 적어지는 현상.

특 징	표피효과 ∝ 단면적 A(클수록 大) ∝ 전압(클수록 大) ∝ 주파수 f(클수록 大) → 표피효과는 커진다.(大)
저감 대책	복도체 사용, 분할도체 사용할 것.

(3) 애자

사용목적	① 전선 지지 ② 전선과 지지물의 절연간격 유지
애자의 구비 조건	① 경제적일 것.(값이 쌀 것.) ② 기계적인 강도가 클 것. ③ 절연내력이 클 것. ④ 절연저항이 클 것. → ⑤ 누설전류 적을 것 = $\dfrac{전압\ V}{절연저항}$ ⑥ 정전용량이 적을 것.

1) 종류

Ⅰ. 배전선로 사용 애자

- ① 핀애자 : 직선 내부 전선지지 30kV 이하의 선로용
- ② 현수애자(66kV 이상에 사용) ─┬ ㉠ 클레비스형(분할 핀 사용)
　　　　　　　　　　　　　　　　　└ ㉡ 볼 소켓형(볼 사용)
- ③ 인류애자 : 인입선 등의 전선을 고정시키고자 할 때 사용하는 애자
- ④ 가지애자 : 전선을 다른 방향으로 돌릴 때 사용하는 애자
- ⑤ 라인포스트 애자 : 전선이나 기기 등의 충전부를 고정해서 지지

Ⅱ. 송전선로 사용 애자

- ① 핀애자 및 현수애자 사용
- ② 장간애자 : 경간이 큰 장소에서 사용
- ③ 내무애자 : 현수애자보다 1.4~1.5배 길게 한 애자

A. 핀애자

종 류	① 저압 핀애자 : 인입선 및 저압가공전선로에 사용
	② 고압 핀애자 : 6.6[kV] 배전선로에 사용 ┐ 직선주(10° 미만=9°까지)
	③ 특고압 핀애자 : 22.9[kVY] 배전선로에 사용 ┘

랙 ┌ 1선용 : 22.9[kVY] 직선주 중성선 지지용
    └ 2선, 3선, 4선용 : 인입선 및 저압가공 전선로 지지용

◎ 배전선로 작업 순서

| 공사 명칭 (내용) | 건주 공사 (전주 세우기 공사) | → | 장주 공사 (완금·애자 설치 공사) | → | 가선 공사 (전선 늘리기) |

B. 현수애자

┌ 고   압 현수애자(D=191mm) : 6.6[kV] 배전선로용 ┐
└ 특고압 현수애자(D=254mm) ┬ 22.9[kV] 배전선로용 ┘
                              └ 6.6[kV], 154, 345 송전선로용

① 애자련의 전압 분담

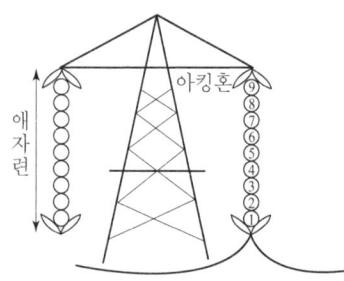

구 분	내 용
전압부담 최소 애자	철탑으로부터 $\frac{1}{3}$ 지점 애자(6%)
전압부담 최대 애자	가공전선로에 최근 접한 애자(21%)
아킹혼의 목적	㉠ 뇌로부터 애자련 보호 ㉡ 역섬락 방지 ㉢ 애자련의 전압분배작용
아킹혼=소호환=초호환	

② 애자 절연내력 시험 $\xrightarrow[\text{섬락전압}]{\text{절연파괴시}}$ 섬락현상(flash over)

구 분	종 류	섬락전압	조 건
내부 이상전압시 적용(실효값)	주수섬락시험(우천시)	50[kV] (선로개폐시, 지락사고시)	공기중에서
	건조섬락시험(맑은날)	80[kV] (상용주파수 전압 인가시)	〃
외부 이상전압시 적용(파고값)	충격섬락시험	130[kV] (낙뢰, 충격전압 인가시)	〃
	유중섬락시험	150[kV] (유중에 상용주파전압 인가시)	유중에서

③ 연능률(애자련의 효율) $\eta = \dfrac{V_n(\text{애자 1련의 섬락전압})}{nV_1(\text{애자 1개의 섬락전압})} \times 100\%$

④ 섬락전압

애자의 상하 금구 사이에 전압 증가시 애자 주위의 공기를 통해 양금구간에 지속적인 아크 발생으로 <u>애자가 단락상태시 전압</u>

(4) 지지물의 강도 및 이도 계산

1) 지지물의 종류

① 목주 ② 콘크리트주 ③ 철주 ④ 철탑

철탑의 종류	내 용
① 직선형	전선로의 각도가 3° 이하에 사용(현수 애자 사용)
② 각도형	전선로의 각도가 3°~20° 이하에 사용(내장형 애자 사용)
③ 내장형(E철탑)	경간이 큰 곳에 사용(불평형 장력 존재시 사용)
④ 인류형	분기·인류개소가 있을 때 사용
⑤ 보강형	직선철탑 강도 보강 5기마다 사용
⑥ 연가철탑	연가시 사용

2) 합성하중 W 계산 : 기준(바람)

하중 W = 수직하중 W_1(전선자신하중 W_i + 빙설하중 W_c)
  $\oplus$ 수평하중 W_2(풍압하중 W_p = 수평횡하중)
  = 전선자신하중 W_i + 빙설하중 W_c + 풍압하중 W_p

① 풍압하중 W_p

$\left[\begin{array}{l}\text{고온계 지방(빙설이 小)} : W_p = Pkd \times 10^{-3} \, [\text{kg/m}] \\ \text{저온계 지방(빙설이 多)} : Pk(d+12) \times 10^{-3} \, [\text{kg/m}] = \dfrac{Pk(d+12)}{1000} \, [\text{kg/m}]\end{array}\right.$

[용어] 바람의 풍압하중 $P[\text{kg/m}^2]$, 전선의 표면계수 k, 전선의 지름 $d[\text{mm}]$, 빙설의 두께 $\delta[\text{mm}]$

3) 이도(Dip) 계산

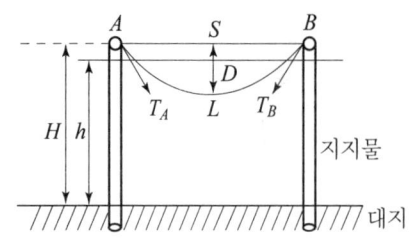

[용어]
- $H[m]$: 지지점의 높이
- $h[m]$: 지표상 평균높이 $= H - \frac{2}{3}D$
- $T_A, T_B[kg]$: 지지점의 장력 $= T + W \cdot H$
- $S[m]$: 경간(지지물 사이의 거리)
- $D[m]$: 이도

★ ① 이도 $D = \frac{WS^2}{8T} \propto \frac{1}{T}$ [m] (이도 D값은 지지물의 높이를 좌우한다.)

[용어] 합성하중 $W[kg/m]$, 경간 $S[m]$, 수평장력 $T[kg]$

이도 D 증가↑시 문제점	이도 D 감소↓시 문제점
① 지지물이 커진다.	① 장력 증가
② 다른 상과 접촉사고 발생시킴	② 전선의 단선사고 발생
③ 수목에 접촉위험을 준다.	

★ ② 전선 실제 길이 $L = S + \boxed{\frac{8D^2}{3S}}$ → 경간 S의 0.1% 이하 적용.

★ ③ 선간거리 D(off-set) : 전선 상호간의 이격거리
- 전선 상호간 이격거리(off-set) 주는 이유 : 상하전선의 혼촉 방지
- 혼촉의 원인 : ① 빙설 때문에 ② 가벼운 전선 때문에(ACSR, 중공전선)

(5) 지선의 가닥수

지선이 받는 힘 $T_0 = \dfrac{T}{\cos \theta} = \dfrac{\text{인장하중(인장강도} \times \text{단면적 } A)}{\text{안전율}} \times \text{가닥수 } N$

2. 지중전선로

(1) 구조

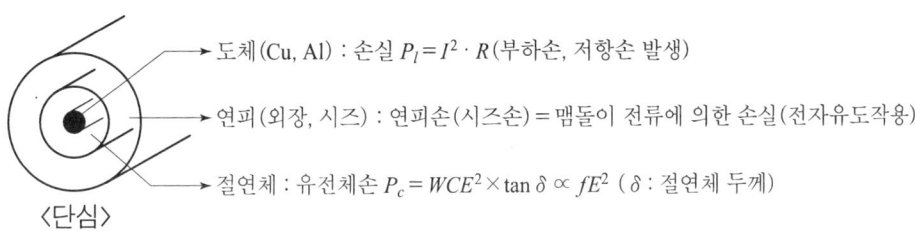

★ 손실 크기 순서 : 저항손 > 유전체손 > 연피손

(2) 케이블의 명칭(약호)

① VV : 비닐 절연 비닐 외장 케이블
② VVF : 600[V] 비닐 절연 비닐 외장 평형 케이블
③ RV : 고무 절연 비닐 외장 케이블
④ EV : 폴리에틸렌 절연 비닐 외장 케이블
⑤ CV : 가교 폴리에틸렌 절연 비닐 외장 케이블(154kV용 : 가장 널리 쓰임)
★ ⑥ CV-CN : 가교 폴리에틸렌 절연 비닐 외장 동심 중성선 케이블(22.9kVY용)

사용 장소	기 호	명 칭
일반 장소	㉠ CNCV-W(수밀형) ㉡ TRCNCV-W(트리억제형)	동심 중성선(수밀형) 전력 케이블 동심 중성선(트리억제형) 전력 케이블
화재 위험이 있는 경우	㉢ FRCNCO-W(난연 케이블)	동심 중성선(수밀형, 저독성 난연) 전력 케이블

⑦ BV : 부틸고무 절연 비닐 외장 케이블
⑧ NV : 클로로프렌 절연 비닐 외장 케이블
⑨ BN : 부틸고무 절연 클로로프렌 외장 케이블

(3) 케이블 매설 방법

1) **직접매설식** : 구내(옥내) 인입선용(2회선 이하시 사용)
 • 장점 : 관로식에 비해 공사비가 싸다. 허용전류가 크다. 공사기간이 짧다.
 • 단점 : 손상받기 쉽다. 케이블 재시공이나 증설이 곤란. 보수·점검이 불편하다.

2) **관로식** : 시가지용(가장 많이 사용 → 회선수가 3~9회선 미만시 사용)
- 장점 : 사고가 작다. 쉽게 복구할 수 있다.
- 단점 : 건설비가 많다. 공기가 길다. 회선량이 많을수록 송전용량이 감소.

3) **터널식(암거식)** : 9회선 이상시 사용(맨홀 설치)
- 시설장소 ┌ 발전소·변전소 인입구·인출구 부근
           └ 고전압·대용량, 시가지, 간선 부근
- 장점 : 많은 회선수 시공시 유리, 열발산이 좋아 허용전류가 크다.
- 단점 : 시공비가 비싸다. 공사기간이 길다. 케이블 화재시 피해가 확산된다.

(4) 고장점 검출 방법(1선지락 사고 검출 방법)

① 머레이 루프법(휘스톤 브리지의 평형조건 이용하는 방법)
② 펄스 인가법(선로의 끊어진 부분에 펄스 인가하여 하는 방법)
③ 수색코일법(고장선과 대지 사이에 단속전류를 보내어 수색하는 방법)
④ 정전용량법(케이블의 C값 이용하여 하는 방법)
⑤ 기타 방법 : 아크반사법, Decay법, 고장점 정밀탐지법

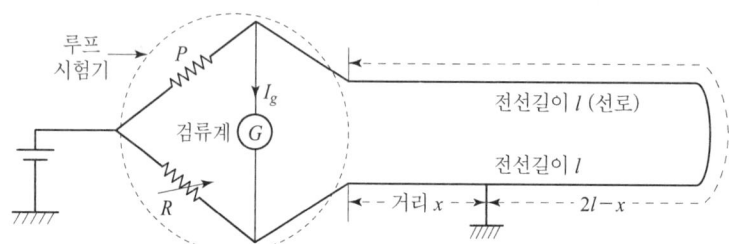

검류계에 흐르는 전류 $I_g = 0$이 될 때까지 가변저항(R)을 조정한다.
〈머레이 루프법 또는 머리 루프 시험기에 의한 방법〉

[식] $Px = R(2l - x)$에서 고정점 거리 x를 계산한다.

(5) 케이블의 절연내력시험

- 직류(DC) 사용 이유 : 유전체손이 없다.
- 교류(AC) 사용하면 : 충전전류가 증가(↑)한다.

(6) 케이블 사용시 장점 및 단점

장 점	단 점
① 다회선 부설 가능하다. ② 감전사고 방지(적어진다) ③ 기상조건의 영향이 적어진다. ④ 화재 발생이 감소. ⑤ (통신선의) 유도장해 감소. ⑥ 전파 유도장해 감소. ⑦ 미관상 좋다.	① 시설비(大) 비싸다. ② 점검이 어렵다. ③ 고장점 검출이 어렵다. ④ 유지관리가 어렵다. ⑤ 교통에 지장이 크다.

제2절 선로정수 및 코로나

1. 선로정수

종 류	발생 원인
저항 R [Ω/km]	전선 굵기가 원인
인덕턴스 L [mH/km]	부하전류가 원인 (자속 ϕ와 전류 i의 비 → $\frac{\phi}{i}$)
컨덕턴스 G [V/km]	누설전류가 원인
정전용량 C [μF/km]	대지전압이 원인

(1) 전기저항 $R = e\dfrac{l}{A}$ [Ω]

(2) 인덕턴스 L [mH/km]

- 작용 인덕턴스 L : 부하전류에 의해 발생 인덕턴스 값
- 대지 귀로 인덕턴스 L_e : 사고전류(대지를 회로로 하여 흐르는 전류)에 의해 발생 인덕턴스 값

◎ 전로의 작용 인덕턴스 L 계산

1) 단도체(1선)인 경우 인덕턴스 L값

$$L = 0.05 + 0.4605 \log_{10} \frac{D}{r} \text{ [mH/km]} \quad (r : \text{전선 반지름},\ D : \text{선간거리})$$

★ 연가

정 의	각 상의 L값과 C값이 불평형(사고)인 경우를 대비해 전선로의 전 구간을 3등분하여 각 상의 위치를 바꾸는 것
① 연가 목적	각 상의 선로정수 평형(L, C) → 무효분 평형 → 전압강하 평형 → 수전단 전압 평형 → 3상 전압평형($V_a = V_b = V_c$)
② 효 과	㉠ 직렬공진 방지 ㉡ (통신선에) 유도장해 감소(이유 : 중성선 전압 $E_n = 0$이기 때문에)

③ 등가선간거리(기하학적 평균선간거리) D'

㉠ 수평 배치   ㉡ 정삼각형 배치

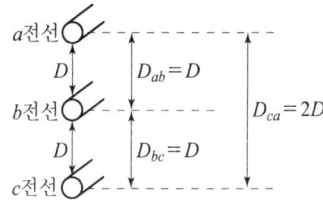
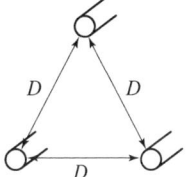

㉠ $D' = \sqrt[3]{D_{ab} \cdot D_{bc} \cdot D_{ca}} = \sqrt[3]{D \cdot D \cdot 2D} = \sqrt[3]{2}D\,[\mathrm{m}]$

㉡ 송전선을 정삼각형 배치할 때($D' = D$) 수평 배치보다 L값이 작다.

〔단도체인 경우 작용 인덕턴스 L〕

$$L = 0.05 + 0.4605 \log_{10} \frac{D'}{r} = 0.05 + 0.4605 \log_{10} \frac{\sqrt[3]{2}D}{r}\,[\mathrm{mH/km}]$$

2) 복도체(전선 2가닥) 및 다도체(전선 4가닥)의 인덕턴스 L값

$$L = \frac{0.05}{n\text{도체}} + 0.4605 \log_{10} \frac{D'(\text{등가선간거리})}{r'(\text{등가반지름})}\,[\mathrm{mH/km}]$$
$$\left(\text{단, 등가 반지름 } r' = r^{\frac{1}{n}} \times d^{\frac{n-1}{n}}\right)$$

① $n = 2$(복도체)인 경우

$$L = \frac{0.05}{2} + 0.4605 \cdot \log_{10} \frac{D'}{\sqrt{r \cdot d}} \quad (\text{단, } r' = \sqrt{rd} \text{ 대입})$$

② $n = 4$(다도체)인 경우

★ 등가반지름 $r' = \sqrt[4]{rd^3}$

★ 등가소도체간의 거리 $d' = \sqrt[6]{2}\,d$

[용어]
- 소도체수 n
- 소도체간의 거리 d
- 소도체 반지름 r
- 등가 반지름 r'

(3) 정전용량 C

① 정의 : 전위차에 의해서 유도되는 정전유도 크기를 정수화시킨 것.

② 목적 : 정상운전시 충전전류 I_c 계산 ($I_c = 0.2 \sim 0.3$ [A/km])

※ 충전전류(진상전류, 앞선전류) : 전위상승 작용 → 전압강하를 줄여줌.

1) C값 계산 방법

$\begin{bmatrix} \text{전선 반지름 } r \\ \text{선간거리 } D \end{bmatrix}$ 주어지면	대지 및 선간 정전용량 주어진 경우
$C = \dfrac{0.02413}{\log_{10}\dfrac{D'}{r'}}$ [μF/km]	단상(1ϕ)인 경우 : $C = C_s + 2C_m$ 3상(3ϕ)인 경우 : $C = C_s + 3C_m$

2) 충전전류(1선당) $\quad I_c = WCE(\text{상전압}) = WCV\dfrac{(\text{선간전압})}{\sqrt{3}}$

3) 충전용량 $\quad Q_C = 3EI_C = 3WCE^2$ [kVA]

4) 전압

① 선간전압(Voltage) V

★ 정격전압(기계기구) ─ 단상(1ϕ)인 경우 : 110V, 220V
  └ 3상(3ϕ)인 경우 : ┌ 220, 380, 440V
                       └ 3300, 6600(고압 motor용)
  공칭전압(전선로) : 전부하 또는 무부하시 송전단의 선간전압

② 대지전압(Earth) E

★ ┌ 비접지(3.3, 6.6kV)인 경우 : 전선과 전선 사이 전압
  └ 접지식(22.9, 66, 154, 345kV)인 경우 : 대지와 전선 사이 전압

(4) (누설)컨덕턴스 G

애자 표면에 누설전류가 대부분이고 값이 작아서 컨덕턴스 G값은 무시

$$G = \dfrac{1}{\text{합성 } R_o(\text{병렬값})} = \dfrac{1}{\dfrac{R}{n}} = \dfrac{n}{R} \ [\mho/\text{km}]$$

[용어] 애자 연수 n, 애자 1련의 절연저항값 R

정리 1. 인덕턴스 L

1. 인덕턴스 L 원인
부하(뒤진)전류 → 전압강하작용(리액터 Reactor 작용) → 전자유도작용

2. 단도체인 경우
$$L = 0.05 + 0.4605 \log_{10} \frac{D'}{r} \text{ [mH/km]}$$

★ 연가시
- ① 목적 : 선로정수 평형
- ② 효과 : $E_n = 0$, 직렬공진 방지, 유도장해 감소
- ③ 등가선간거리 : $D' = \sqrt[3]{D_{ab} D_{bc} D_{ca}} = \sqrt[3]{2} D$

3. 복도체인 경우
$$L = \frac{0.05}{\eta} + 0.4605 \log_{10} \frac{D'(d')}{r'}$$

- 등가반지름 $r' = \sqrt{rd}$ (2도체일 때) $= \sqrt[4]{rd^3}$ (4도체일 때)
- 등가소도체간의 거리 $d' = \sqrt[6]{2}\, d$ (4도체일 때)

정리 2. 정전용량 C

1. 정전용량 C 원인
(대지)전압 E → 충전(앞선)전류 → 전위상승작용(콘덴서 C 작용) → 정전유도작용

2. C값 계산
① 전선반지름 r과 선간거리 D 주어진 경우 적용 식

$$C = \frac{0.02413}{\log_{10}\frac{D}{r}} \ [\mu F/km]$$

② 대지 정전용량 C_s와 선간 정전용량 C_m 주어진 경우 적용 식

- 단상(1ϕ)인 경우: $C = C_s + 2C_m$
- 3상(3ϕ)인 경우: $C = C_s + 3C_m$

3. 충전전류

$$I_c = WCE = WC\frac{V}{\sqrt{3}} \ [A] \qquad (단, W = 2\pi f)$$

4. 충전용량

$$Q_c = 3WCE^2 = WCV^2 \ [VA]$$

5. C의 종류

(1) 선로정수(자연적 발생) C

원인 종류	현 상	방지 대책
① 각 상의 C값 차가 생기면	$E_n \neq 0$ → 직렬공진 발생	연가시킴
② 무부하시(C값)	페란티 현상($V_S < V_R$)	병렬 리액터 설치
③ 1선 지락사고시(C값)	전위 상승	접지시킴

(2) 기계기구(인위적 발생) C

종 류	시설 위치	역 할
① 동기 조상기	송전선로 1차 변전소 시설	직렬 콘덴서 역할
② 전력용 콘덴서(SC)	부하측 시설	병렬 콘덴서 역할

2. 코로나 (Corona)

정 의	공기의 절연이 파괴되어 낮은 소리나 엷은 빛을 방전하는 현상.
원 인	① 전압의 상승시 발생. ② 파열 극한 전위경도 한계값(21kV/cm) 이상시 발생.

(1) 임계전압 E_o (코로나가 나타나는 전압) : 전선의 굵기가 결정

— 전선로 주변에 공기가 견딜 수 있는 전압의 한계 → 공기의 절연파괴전압
— 전위경도 파괴 극한 전압 — 공기의 절연이 파괴되는 전위경도(정현파 실효값)
　　　　　　　　　　　└ 교류 AC : 21.1[kV/cm]일 때, 직류 DC : 30[kV/cm]일 때

$$\text{임계전압 } E_o = 24.3 m_o m_1 \delta d \log_{10} \frac{D}{r} \text{ [kV]}$$

가변값	전선표면계수 m_o ┬ 매끄럽다(단선인 경우) : $m_o = 1$ 대입 ┐ 연선이 코로나 　　　　　　　└ 거칠다(연선인 경우) : $m_o = 0.8 \sim 0.96$ 대입 ┘ 발생이 쉽다. 천후계수 m_1 ┬ 맑은날 : 1(코로나 안 생김) 　　　　　└ 흐리거나 비오는 날 : 0.8 공기상대밀도 $\delta = \dfrac{0.386b(\text{기압})}{273 + t(\text{온도})}$ (단, 표준상태 $b = 760$이고 $t = 20°$ 일 때)
불변값	전선의 직경 d[cm], 선간거리 D

(2) 코로나 영향

① 송전용량 감소(코로나 손실로 인해 감소) → 송전효율 저하

$$\text{코로나 손실(peek식) } P_c = \frac{241}{\delta}(f+25)\sqrt{\frac{r}{D}}(E-E_o)^2 \times 10^{-5} \text{ [kW/km/1선]}$$

② 전선 부식 [산화질소(오존) 발생 + 습기(물) → 질산 발생, 초산 생성 → 부식]
③ 전파장해 발생(잡음 때문에)
④ 통신선의 유도장해 발생(3고조파 때문에)
⑤ 소호리액터의 소호능력저하(코로나 전류가 지락전류에 함유되기 때문에)

(3) 코로나 대책

★ 임계전압 E_o을 크게 한다.(" 대지전압 E < 임계전압 E_o" 조건)

> ① 복도체(2가닥 사용), 다도체(4가닥 사용) 방식 채용 → 전선의 직경 커짐 → 등가반지름 r' 증가 ↑
> ② 가선금구 개량(전선을 새것으로 교체) → 전선 표면을 매끄럽게 한다.
> ③ 전선을 굵게 한다.
> ④ 강심 알루미늄 전선(ACSR), 중공연선 사용.

(4) 코로나 대책 결과

복도체·다도체 ─사용→ 등가반지름 r'증가↑ → [선로정수값: ① 인덕턴스 L값 ↓감소 小, ② 정전용량 C값 ↑증가 大, R과 G값이 작다.] → [무효분 감소: 리액턴스 $X = \omega L(↓)$] → 손실 P_l 감소 → 송전용량 P_S 증가 $P_S(↑) = \dfrac{V_S V_R}{X(↓)} \sin\theta$

① 인덕턴스 L값(↓감소) $= 0.4605 \times \log_{10} \dfrac{D'}{r'(증가↑)}$ (감소↓)

② 정전용량 C값(↑증가) $= \dfrac{0.02413}{\log_{10} \dfrac{D'}{r'(증가↑)}}$

(5) 송전전압 증가(↑)시 문제점

① 전선 주위의 전위경도가 커져 코로나손, 코로나 잡음 발생한다.
② 변압기, 차단기, 단로기 등 절연레벨 증가. 기기가 비싸진다.
③ 건설비가 증가한다.(철탑, 애자 등 절연레벨이 커지기 때문에)
④ 태풍, 뇌해, 염해 등의 대책이 요구된다.

제3절 송전선로의 특성값 계산

1. 단거리 송전선로

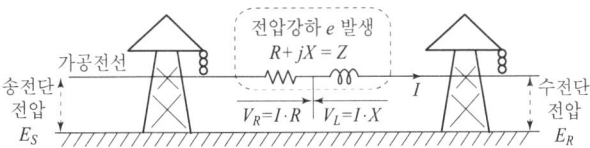

전선 1선당의 전압강하 e 계산 [식]	단상 1ϕ인 경우	1선당일 때	$2I(R\cos\theta + X\sin\theta)$ [V] 전등(평등)부하 $\cos\theta = 1$: $2IR$ 적용
		왕복선당일 때	$I(R\cos\theta + X\sin\theta)$ [V] 전등(평등)부하 $\cos\theta = 1$: IR 적용
	3상(3ϕ)인 경우		$\sqrt{3}I(R\cdot\cos\theta + X\cdot\sin\theta)$ [V] ★

(1) 전압관계

송전단전압 $V_s =$ 수전단전압 $V_R +$ 전압강하 e [V]

1) 전압강하 e 계산

$$\text{전압강하 } e = V_s - V_r = \sqrt{3}I(R\cos\theta + X\cdot\sin\theta) = \frac{P_r}{V_r}(R + X\cdot\tan\theta) \propto \frac{1}{V_r}$$

2) 전압강하율 δ 계산

$$\text{전압강하율 } \delta = \frac{\text{전압강하 } e(V_s - V_r)}{V_r} \times 100\,[\%] = \frac{P}{V_r^2}(R + X\cdot\tan\theta) \propto \frac{1}{V_r^2}$$

3) 전압변동률

$$\varepsilon = \frac{\text{무부하시 수전단전압 } V_{ro} - V_r}{\text{수전단전압 } V_r} \times 100\,[\%]$$

◎ 송전계통 전압의 크기 순서

송전단전압 V_s > 무부하시 수전단전압 V_{ro} > 수전단전압 V_r

(2) 전력관계

송전단전력 P_s = 수전단전력 P_r + 손실 P_l

1) 전력손실 P_l 계산 (단, 중성선은 제외)

$$3상\ 손실\ P_l = 3I^2R = \frac{P^2}{V^2\cos^2\theta} \times R \propto \frac{1}{V^2} \propto \frac{1}{\cos^2\theta}$$

2) 전력손실률 k

$$손실률\ k = \frac{P_l}{P_r} \times 100[\%] = \frac{P}{V^2\cos^2\theta} \times R \rightarrow \bigstar\ 전력\ P \propto V^2$$

3) 전선의 굵기(전선의 단면적) $A \propto \dfrac{1}{V^2}$

4) 전기 승압(↑증가) 공사시

① 전선을 교체할 필요가 없다.(전압 $V\uparrow$
⇒ 전류 $I\downarrow$ 감소 ⇒ 전선 굵기 ↓감소)
② 시설비가 증가한다.
(애자수 증가↑, 지지물이 커짐.)

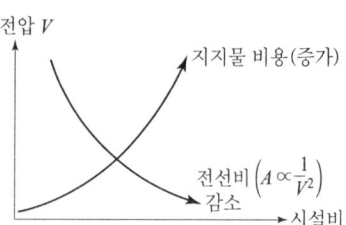

●단거리 송전선로●

1. 전압관계 : $V_s = V_r + e$

① 전압강하 $e = \sqrt{3}I(R\cos\theta + X\sin\theta) = \dfrac{P}{V}(R + X\cdot\tan\theta)$ ∴ $e \propto \dfrac{1}{V}$

② 전압강하율 $\delta = \dfrac{V_s - V_r}{V_r} \times 100[\%] = \dfrac{P}{V^2}(R + X\cdot\tan\theta)$ ∴ $\delta \propto \dfrac{1}{V^2}$

③ 전압변동율 $\varepsilon = \dfrac{V_{r0} - V_r}{V_r} \times 100[\%]$

2. **전력관계** : $P_s = P_r + P_l$

① 전력손실 $P_l = 3I^2 R = \dfrac{P^2 R}{V^2 \cos^2\theta}$ $\therefore P_l \propto \dfrac{1}{V^2}$ $\therefore P_l \propto \dfrac{1}{\cos^2\theta}$

② 전력손실률 $k = \dfrac{P_l}{P_r} \times 100\,[\%] = \dfrac{P \cdot R}{V^2 \cos^2\theta}$ $\therefore$ 전력 $P \propto V^2$

③ 전선단면적 $A \propto \dfrac{1}{V^2}$

2. 중거리 송전선로 (T형, π 형 선로)

집중정수 회로로 해석 : $Z \cdot Y$를 선로 중앙에 집중해서 해석하는 방법

(1) 임피던스 Z만의 선로

행렬 표기 $\begin{bmatrix} A & B \\ C & D \end{bmatrix} = \begin{bmatrix} 0 & Z \\ 0 & 1 \end{bmatrix}$

$\therefore$ A정수=1, B정수=Z, C정수=0, D정수=1

(2) 어드미턴스 Y만의 선로 (병렬회로 적용)

행렬 표기 $\begin{bmatrix} A & B \\ C & D \end{bmatrix} = \begin{bmatrix} 1 & 0 \\ Y & 1 \end{bmatrix}$

$\therefore$ A정수=1, B정수=0, C정수=Y, D정수=1

(3) T형 선로 (A정수 = D정수 성립)

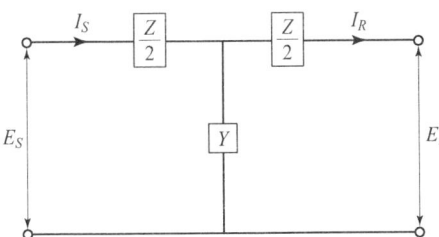

$\begin{bmatrix} A & B \\ C & D \end{bmatrix} = \begin{bmatrix} 1+\dfrac{ZY}{2} & Z\left(1+\dfrac{ZY}{4}\right) \\ Y & 1+\dfrac{ZY}{2} \end{bmatrix}$

(4) π형 선로 ($A=D$ 성립)

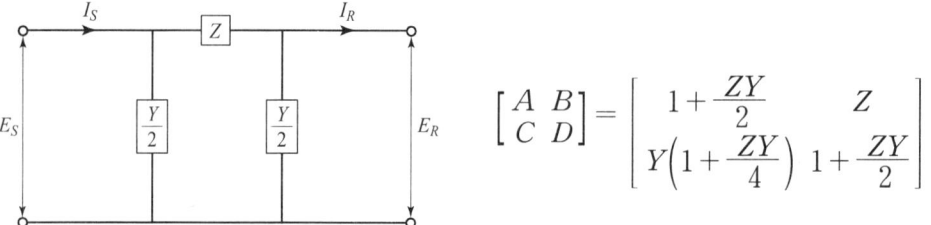

$$\begin{bmatrix} A & B \\ C & D \end{bmatrix} = \begin{bmatrix} 1+\dfrac{ZY}{2} & Z \\ Y\left(1+\dfrac{ZY}{4}\right) & 1+\dfrac{ZY}{2} \end{bmatrix}$$

[식] $AD-BC=1$ 성립된다.

(5) 단락 및 무부하 시험

1) 단락시험($E_R=0$ 처리) : $Z=B$정수(인덕턴스, 코일 L 성분)

   단락전류 $I_s = \dfrac{D}{B} \times E_s$ [A]

2) 무부하시험($I_R=0$ 처리) : $Y=C$정수(콘덴서 C성분)

   충전전류 $I_c(I_s) = \dfrac{C}{A} \times E_s$ [A]

(6) 다회선 방식인 경우

3상 2회선(병렬 2회선) 선로의 병렬운전시 A, B, C, D 정수값 변화(1회선과 비교)

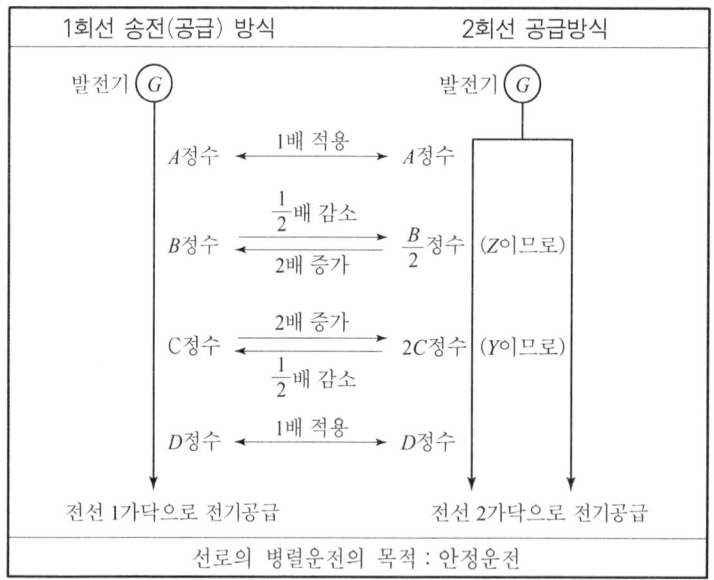

3. 장거리 송전선로 : $Z(L$값), $Y(C$값)을 분포정수로 해석함.

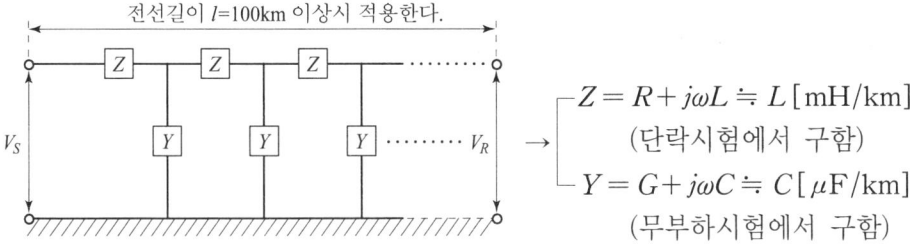

$$\begin{cases} Z = R + j\omega L \fallingdotseq L\,[\mathrm{mH/km}] \\ \quad\text{(단락시험에서 구함)} \\ Y = G + j\omega C \fallingdotseq C\,[\mu\mathrm{F/km}] \\ \quad\text{(무부하시험에서 구함)} \end{cases}$$

(1) 특성(파동) 임피던스 Z_o : 어드미턴스 Y에 대한 임피던스 Z의 비.

특성 임피던스 Z_o 공식	Z, Y 주어진 경우	r, L, g, C 주어진 경우	무손실 선로인 경우 ($R=G=0$ 처리)
	$Z_o = \sqrt{\dfrac{Z}{Y}}$	$= \sqrt{\dfrac{R+j\omega L}{g+j\omega C}}$	r과 g는 무시 → $\sqrt{\dfrac{L}{C}}\,[\Omega]$

(2) 전파정수 r : 전압, 전류 크기가 감소, 위상이 늦어지는 표기값.

전파정수 r 공식	Z, Y 주어진 경우	r, L, g, C 주어진 경우	무손실 선로인 경우 ($R=G=0$ 처리)
	$r = \sqrt{Z \cdot Y}$	$= \sqrt{(r+j\omega L)(g+j\omega C)}$	$= j\omega\sqrt{LC}$

전파(위상) 속도 $v = \dfrac{1}{\sqrt{LC}}\,[\mathrm{m/s}]$

(3) 단락시험 및 무부하시험

1) 단락시험 ($V_R = 0$ 처리)

$$\therefore \text{단락전류}\ I_s = \sqrt{\dfrac{Y}{Z}} \times \coth\sqrt{ZY}\,l \times V_s\,[\mathrm{A}]$$

2) 무부하(개방)시험 ($I_R = 0$ 처리)

$$\therefore \text{충전전류}\ I_c(I_s) = \sqrt{\dfrac{Y}{Z}} \times \tanh\sqrt{ZY}\,l \times V_s\,[\mathrm{A}]$$

4. 송전전압 V_s 및 송전용량 P_s 계산

(1) 송전전압 V_s 계산

$V_S[\text{kV}]$ — G — $l[\text{km}]$ → 수용가 $P[\text{kW}]$

[스틸 Still 식 사용(중거리 송전선로에 적용)]

- 송전전압 $V_s = 5.5\sqrt{0.6l + \dfrac{P}{100}}$ [kV]

(단, 송전거리 l [km], 송전용량 P [kW])

(2) 송전용량 P_s 계산

1) **고유부하 용량 계산법** : 송전단전압 V_s만으로 계산하는 법

$$P_s = \dfrac{V_s^2}{\text{특성 임피던스 } Z_o} \text{ [MW]}$$

2) **송전용량 계수법(장거리 선로에 적용)** : V_s와 송전거리 l로만 계산하는 법

$$P_s = \text{용량계수 } k \times \dfrac{V_s^2}{l} \text{ [kW]}$$

3) **수전(부하)전력** : $P = VI\cos\theta$ (위상차)

4) **송전선로의 송전용량(가장 정확함)** P_S

$$P_s = \dfrac{E_s E_R}{X}\sin\delta\,(\text{부하각}) \xrightarrow{\text{발전기 출력}} P = \dfrac{EV}{X_s}\sin\delta$$

[송전선로의 송전용량 결정 요소]
① 부하각 ② 효율(손실) ③ 조상설비 용량(X조정) 단, 역률은 불필요하다.

5. 전력 원선도

(1) 송전전력 $P = \dfrac{E_s E_R}{X} \sin\delta \xrightarrow[\text{일 때 최대값}]{\text{부하값 } \delta = 90°} = \dfrac{E_s \cdot E_R}{X(\text{선로정수 } B\text{값})}$

(2) 원선도 특징

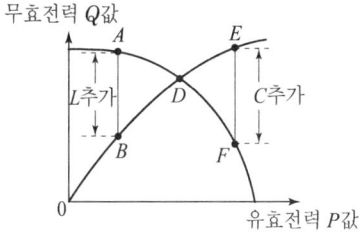

1) 특징

구 분	부하 급감시(경부하·무부하시·야간)	부하 급증시(중부하시·주간)
문제점	전위 상승 → 페란티 현상($V_s < V_r$)	전위 강하 → 플리커 현상(전기 부족)
대 책	분로(병렬) 리액터 설치(ShR) (지상 무효전력 조정) : $\overline{AB}$ 값	진상용 콘덴서 설치(SC) (진상 무효전력 조정) : $\overline{EF}$ 값

2) 원선도에서 구할 수 없는 것 : 사고값(코로나손, 과도안정도 극한전력)

3) 원선도 작성 3요소 : 전압($E_s - E_R$), 선로정수($X = B$), 상차각(부하각 $= \delta$)

제4절 안정도

• **안정도 종류**: ① 정태 안정도 ② 과도 안정도 ③ 동태 안정도

1. 정태 안정도

(1) 발전기 쪽 안정도 대책

동기 발전기(수차, 터빈) → 적용 식 : $P_s(\uparrow 증가) = \dfrac{EV}{X_s(\downarrow 감소)} \cdot \sin\delta$

① 동기 임피던스($Z_s = X_s$)를 줄인다(小) : 병렬운전 ⇒ 단락비 $k(大) \to X_s$ 감소 → P_s 증가
② 속응여자 방식 채용한다.(자동전압조정기 AVR 사용 : 발전기 전압 조정)
③ 난조 방지
　㉠ 조속기의 감도를 둔하게 한다.
　㉡ Fly-wheel 효과 선정한다.(관성 모멘트를 크게 한다.)
　㉢ 제동권선을 설치한다.

(2) 송전선로 쪽(V 大) 안정도 대책

적용 식 : $P_s(\uparrow 증가) = \dfrac{E_s E_R}{X_s(\downarrow 감소)} \sin\delta$

① 다도체(복도체) 채용
② 다회선 방식(병행 2회선) 채용 ⎫
③ 변압기 및 선로의 리액턴스를 줄인다. ⎬ → X_s(감소) → P_s 증가
④ 고속차단, 재폐로 방식 채용
⑤ 소호 리액터 접지방식 채용(지락전류 I_g를 줄인다)
⑥ 조상설비 채용(전압 조정) : 동기조상기, 전력용 콘덴서사용

조상설비 (계통의 무효전력 조절)	동기조상기	정의 : 무부하로 운전중인 동기 전동기 위치 : 1차 S/S(송전변전소)의 3차 권선 → Y-Y-Δ
	전력용(진상용) 콘덴서 SC(Static Condenser)	

1) 동기 조상기

	원 인	대 책
동기 조상기	① 부하 급증시 ↑ (중부하시, 주간) ⇒ X_L 증가(L부하)	SC 설치(각 상에 직렬연결로 설치) 선로의 유도 리액턴스($X_L - X_c$↑)를 보상하여 전압강하를 줄인다. 전압강하 $e = \sqrt{3}I(R\cos\theta + (X_L - X_c↑)\sin\theta)$ 감소(↓)시킴 └→ 감소 → e 감소
	② 부하 급감시 ↓ (경부하·무부하시, 야간) ⇒ X_c 증가(C부하)	분로(병렬) 리액터(Shr) 설치 : 각 상에 병렬로 설치 부하 급감시→전위 상승 ┌ 발전기 : 자기여자현상($E < V$) └ 선 로 : 페란티 현상($V_s < V_r$)

2) 전력용 콘덴서 SC (진상용 콘덴서 또는 병렬 콘덴서)

① 사용 목적 : 변압기 또는 부하의 역률 개선

[단, 무효분 조정(X_c 투입→ X_L 상쇄시킴) : 선로의 전압강하만 줄여줌.(계통의 역률은 개선 못 시킴.)]

② 적용 : 수용가의 전압 조정 역할

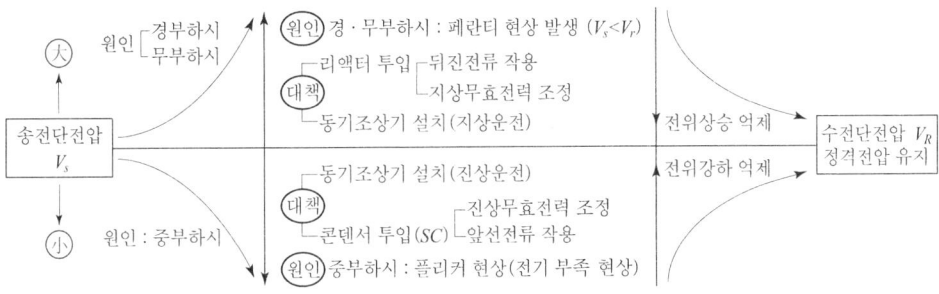

3) 동기 조상기와 SC 비교

① 동기 조상기	구 분	② 전력용 콘덴서(SC)
송전계통(1차 S/S)에 사용	용도	배전계통(2차 S/S)·수용가(TR·부하) 70kV 이하에 사용
회전기(η 小 ← P_e 大)	적용기기	정지기(전압강하 P_e 小)
가능하다	시운전	불가능하다
어렵다	용량 증설	쉽다(용이하다)
비싸다(전력손실 크다)	가격	싸다(보수가 용이하다)
진상·지상 양용→연속적	조정	진상→불연속적(과보상→동기기 난조→탈조)
	특징	단락고장시 고장전류가 흐르지 않는다.

● 전력용 콘덴서 SC 설비 규정(방법) ●

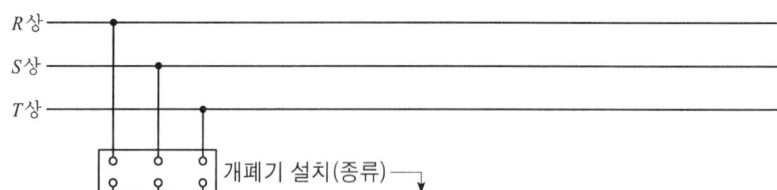

개폐기 설치(종류)

SC 용량 합계	적용(사용) 개폐기
30[kVA] 이하	단로기 DS 사용
31~50[kVA] 이하	프라이머리 컷아웃 PC(6.6kV용) 컷아웃 스위치 COS(22.9kV용)
51~100[kVA] 이하	유입 개폐기 OS 또는 인터럽 스위치 INT. SW
100[kVA] 이상	차단기 CB 사용(OCR, OVR, UVR 필히 부착할 것)

방전코일 DC

사용 목적	개폐기 개방시 잔류전하 방전하여 인체의 감전사고 방지
저압용	3분 이내에 75[V] 이하로 방전시킬 수 있는 능력을 가질 것.
고압·특고압용	5초 이내에 50[V] 이하로 방전시킬 수 있는 능력을 가질 것.
용량 선정	뱅크 용량의 0.1[%] 적용한다.

직렬 리액터 SR(Series Reactor)

설치 목적	제5고조파 제거(전압의 파형 개선)
공 식	병렬공진 원리로 제거($X_L = X_c$ 원리) $5\omega L = \dfrac{1}{5\omega C}$ 에서 $X_L(SR$용량$) = \dfrac{1}{25} X_c = 0.04 X_c$
용량 선정	이론(계산)상 : SC 용량의 4[%] 실제(설치시) : SC 용량의 5~6[%] [표준] 6[%]

전력용 콘덴서 SC

사 용 목 적
① 변압기·부하의 역률 개선(계통과는 무관하다.) ★   ② 선로의 유도 리액턴스를 보상, 전압강하를 줄인다.   ③ 수전단의 전압변동률을 줄인다.   ④ 정태 안정도를 증가시킨다.

● 조상기에서 수소냉각방식의 특징 ●

① 출력이 25[%] 증가된다.
② 비중이 $\frac{1}{10}$ 이므로 풍손이 적다.
③ 코로나손이 적어 권선수명이 길다.
④ 열전도율이 좋으므로 냉각수량이 증가한다.

● 단권 변압기 특징 ●

① 동량이 적어 중량이 가볍다.
② 내부(누설) 임피던스가 작다.
  (단락전류 I_s 大, 전압변동률 ε 小, 손실 P_l 小, 효율 η 大)
③ 여자 임피던스가 크다.
④ 1차측 이상전압이 2차측에도 미친다.
⑤ 부하용량은 변압기 고유용량보다 크다.

(3) 배전선로

배전선로 전압 조정 (정격전압 유지) 방 법	① 승압기(권수비 $a=30:1$인 단권 변압기) 사용한다. 말단의 전압강하 방지(6.6kV 배전선로에 사용) ② 유도전압 조정기 AVR 사용(부하의 전압변동이 심한 경우 사용) ③ 주상변압기 TR의 탭을 조정한다. ④ 전력용 콘덴서 SC 사용한다.(역률 개선 효과)

(4) 수용가 전압 조정 방법 : 전력용 콘덴서 SC 사용.(설치한다)

2. 과도 안정도 (사고시 적용)

(1) **지락사고시** : 접지시킴(소호접지 택) ─┐ 고속도 재폐로 방식 채용
(2) **단락사고시** : 차단기 CB 설치   ─┘ (고속차단, 고속투입방식)

3. 직류 송전 방식의 장점 및 단점

직류 송전 방식	장점	① 무효분(주파수 $f=0$)이 없으므로, 전압강하 e와 손실 P_l(小), 전압변동률 ε 양호, 송전효율이 좋다. → 안정도가 높다. ② 통신선의 유도장해가 적다. ③ 절연이 용이, 절연비가 적다. ④ 유전체손과 충전전류의 영향이 없다.(주파수 $f=0$이므로 표피효과가 없다.)
	단점	① 고장시 자동차단이 안됨. ② 변압(승압, 강압)이 안된다. ③ 자계를 얻을 수 없다. ④ 직류·교류 변환장치가 필요하다. ⑤ 전압이 크면 절연이 문제가 된다.

● 조상설비(콘덴서, 리액터, 동기조상기) ●

종류	적용전류	사용목적(역할, 기능)
콘덴서	진상(충전) 전류 지락 전류	① 직렬 콘덴서 : 전압강하보상 ② 병렬 콘덴서(SC) : 부하의 역률 개선
리액터	지상(유도) 전류 단락 전류	① 직렬 리액터(SR) : 제5고조파 제거 ② 병렬(분로) 리액터 : 페란티 현상 방지 ③ 한류 리액터 : 단락 전류 제한 ④ 소호 리액터 : 지락 아크 소호
동기조상기	지상 및 진상 전류양용	① 중간조상기 : 선로 중간에 동기조상기를 연결 안정도 증대 ② 동기조상기 : 무부하로 운전중인 동기전동기로 역률 제어

제 5 절 고장 해석

1. 단락관계

(1) 백분율 임피던스 %Z 값 계산

백분율 임피던스 %Z 계산 방법	용량 P값이 안 주어진 경우 적용 식	용량 P값이 주어진 경우 적용 식
	$\%Z = \dfrac{I_n Z}{E_n} \times 100\,[\%]$	$\%Z = \dfrac{PZ}{10V^2}\,[\%]$ [주의] 단위 : 용량 P[kVA], 전압 V[kV]일 것.

(2) 단락전류 I_s 계산

단락전류 I_s 계산	임피던스 $Z[\Omega]$가 주어진 경우	%$Z[\Omega]$가 주어진 경우
	$I_s = \dfrac{E_n}{Z}\,[\text{A}]$ [주의] 단위 [kA]을 사용	$I_s = \dfrac{100}{\%Z}(I_n)$ → 단상인 경우 $\dfrac{P}{V}$ → 3상인 경우 $\dfrac{P}{\sqrt{3}V}$ └─ 단락측의 정격전류

[한류 리액터(전류 제한 리액터) LCR

① 작용 : 퍼센트 임피던스 $\%Z$을 크게 한다.

② 목적 : 단락전류(고장전류) I_s을 줄여서 차단기 용량 P_s을 줄여준다.

(3) 단락용량 P_s(차단기 용량) 계산

정격차단용량 선정 기준 : 수전점의 단락 용량

차단기 P_s(단락) 용량 계산	%Z가 주어진 경우 사용 식	단락전류 I_s가 주어진 경우 사용 식
	$P_s = \dfrac{100}{\%Z} \times P_n\,[\text{MVA}]$ [주의] 기준용량 P_n=변압기 용량	$P_s = \sqrt{3} \times 정격전압\ V \times 정격차단전류\ I_s\,[\text{MVA}]$

[단락비 k가 큰 경우 특징]

[식] 단락비 $k = \dfrac{\text{단락전류 } I_s}{\text{정격전류 } I_n} = \dfrac{1}{\%Z[\text{pu}]} = \dfrac{V^2}{PZ_s}$

① 임피던스가 적어 단락전류가 크다. $\left(k \propto \dfrac{1}{Z} \text{이므로}\right)$
② 전압강하가 적어 전압변동률이 작고 선로의 충전용량이 커진다.
③ 안정도가 증진된다.
④ 기계의 치수가 커진다.
⑤ 동손, 마찰손, 철손이 크므로 효율이 저하된다.

[정리]

구 분	내 용	원리적용식
단락용량 경감대책	① 승압(전압격상) ② 한류 리액터 사용(전류의 급변동억제) ③ 계통 분할 방식(사고 시 모선 분리 방식) ④ 고임피던스 기기채택(발전기, 변압기의) ⑤ 직류 연계에 의한 교류계통의 분할	$I_s(\text{감소}\downarrow) = \dfrac{100}{\%Z} \times I_n\left(\dfrac{P}{\sqrt{3}\,V(\uparrow)\cos\theta}\right)$ $I_s(\text{감소}\downarrow) \leftarrow \%Z$ 증가 단락전류집중감소 ← 변전소 모선 분할 $I_s(\downarrow) \leftarrow$ 大 $\%Z$ 사용 시
단락용량 증가 시 문제점	① 차단용량증가, 재투입 능력 및 접촉자 소손 발생 ② 지락전류증대(전자유도장해발생, 대지전위경도증가 인화 위험) ③ 고장시 과도이상전압발생(재점호 발생 → 개폐서지 발생) ④ 전기기기 및 전기설비의 열적, 기계적 강도 증대	

단락비 k 大 경우	단락전류 $I_s(\uparrow)$	전압강하 $e(\downarrow)$	전압변동률 $\varepsilon(\downarrow)$	충전용량 $Q(\uparrow)$
단락비 k 小 경우	단락전류 $I_s(\downarrow)$	전압강하 $e(\uparrow)$	전압변동률 $\varepsilon(\uparrow)$	충전용량 $Q(\downarrow)$

2. 대칭좌표법

3상 회로의 사고시 불평형 문제를 푸는 데 사용 해석되는 계산법.

(1) 정상 운전시(3상 평형) : 정상분(V_1)만 존재.

(2) 사고시(3상 불평형) : 각 상의 모든 값이 다르다.

사고시(사고값) = 영상분 $\begin{bmatrix} \text{전압 } V_o \\ \text{전류 } I_o \end{bmatrix}$ + 정상분 $\begin{bmatrix} \text{전압 } V_1 \\ \text{전류 } I_1 \end{bmatrix}$ + 역상분 $\begin{bmatrix} \text{전압 } V_2 \\ \text{전류 } I_2 \end{bmatrix}$

$$\begin{cases} \text{영상분 전류} \quad I_0 = \frac{1}{3}(I_a + I_b + I_c) \, [A] \\ \text{정상분 전류} \quad I_1 = \frac{1}{3}(I_a + aI_b + a^2I_c) \, [A] \\ \text{역상분 전류} \quad I_2 = \frac{1}{3}(I_a + a^2I_b + aI_c) \, [A] \end{cases}$$

1) 결론

구 분	값
가공전선로인 경우	정상분 Z_1 = 역상분 Z_2 < 영상분 Z_0
지중전선로인 경우	정상분 Z_1 = 역상분 Z_2 > 영상분 Z_0
"사고값=영상분"의 영향	영상(지락)전류 → 전자유도장해 발생 원인이 된다. 영상전압(지락시 발생전압) → 정전유도장해 발생 원인이 된다.

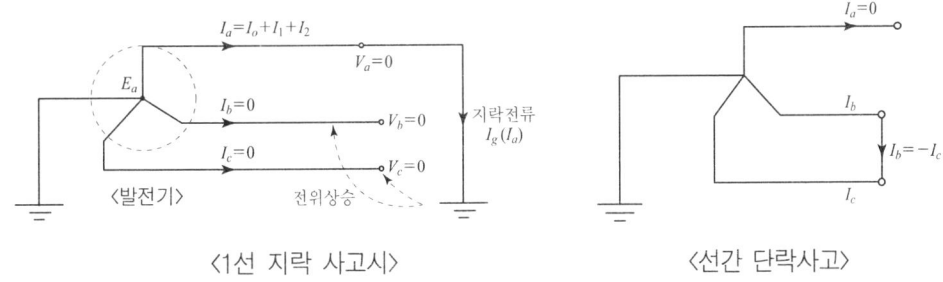

⟨1선 지락 사고시⟩　　　　　　⟨선간 단락사고⟩

2) 각 사고별 대칭좌표법 해석

사고의 종류	사고시 존재 성분
1선 지락 사고	정상분, 역상분, 영상분 $\begin{cases} I_o = I_1 = I_2 = \frac{1}{3}I_g \neq 0 \\ \text{지락전류} \; I_g = \frac{3E_a}{Z_o + Z_1 + Z_2} \end{cases}$
선간 단락 사고	정상분, 역상분 ($I_o = 0$, $I_1 = -I_2 \neq 0$)
3상 단락 사고	정상분만 존재 ($I_o = I_2 = 0$, $I_1 \neq 0$)

제6절 중성점 접지 방식

1. 접지 목적

중성점 접지 목적	① 1선지락시 전위 상승 억제 기계기구의 절연 보호 ② 단절연(절연 낮게 함)이 가능하므로 기기값이 저렴하다. ③ 과도(사고시) 안정도 증진 가능해짐 ④ 보호계전기 고속차단 가능(접지 때문에) ⑤ (통신선의) 유도장해 감소

2. 중성점 접지의 종류

중성점 저항 Z_n 삽입 이유
① 1선지락시 고장전류 제한 ② 유도장해 경감 ③ 저역률 개선 및 과도안정도 향상

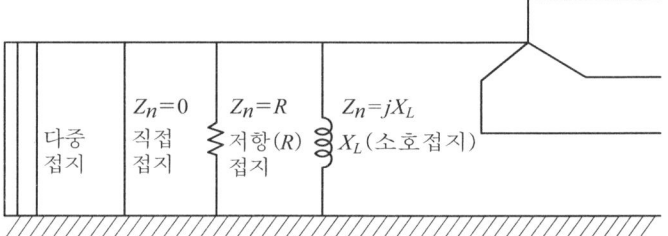

구 분	접지종류	적용전압[kV]	특 징
유효접지	다중접지	22.9	전위상승 1.2배↑, 계전기 초고속 동작
	직접접지	154, 345	전위상승 1.3배↑, 지락전류 $I_g=3I_o$, 지락계전기 고속동작
비유효접지	저항접지		전위상승 $\sqrt{3}$배↑, 지락전류 I_g=작다 小
	소호 리액터 접지	66	$Z_n=$코일$jX_L=j\omega L$ 사용 ; 지락전류 $I_g \fallingdotseq 0$
	비접지	3.3, 6.6, 22	전위상승 $\sqrt{3}$배↑

3. 비접지식 (Δ 결선에 적용) : 20~30kV 저전압 단거리용

① 건전상(지락되지 않은 상)의 전위 상승 : $\sqrt{3}$ 배

② Δ결선 운전중 $\xrightarrow[\text{고장시}]{1대}$ $\begin{cases} V\text{결선 : 이용률} = 86.6\% \\ V\text{결선 : 출력비} = 57.7\% \end{cases}$

③ 지락전류 $I_g = \dfrac{E}{Z} = j\sqrt{3}\,WC_s V\,[\text{A}]$

지락전류 I_g 는 고장상의 전압보다 90° 빠른 전류가 흐른다.

4. 각 접지 방식

구 분	적용 접지 방식	내 용
유효접지식	직접접지	1선 지락시 건전상의 전압이 평상시 대지전압(상용전압)의 1.3배 이하가 되도록 중성점 임피던스 Z_n을 억제하는 방식
비유효접지식	저항접지 소호 리액터 접지 비접지식	1선 지락시 건전상의 전압이 평상시 대지전압의 1.3배 초과시 접지방식 (유효 ←1.3배 기준→ 비유효)

(1) 직접접지(유효접지) 방식

1) 유효접지 조건식

$\begin{bmatrix} \text{영상분 } R_o \leq \text{정상분 } X_1 \\ \text{또는 } \dfrac{R_o}{X_1} \leq 1 \end{bmatrix}$ 과 $\begin{bmatrix} 0 \leq X_o \leq 3X_1 \\ \text{또는 } 0 \leq \dfrac{X_o}{X_1} \leq 3 \end{bmatrix}$ 두 조건식

∴ 두 조건식 만족시 도선으로 직접접지 가능, 즉 1선지락시 전위상승이 1.3배 이하가 된다는 조건

2) 직접접지의 장점 및 단점

장 점	단 점
전위 상승이 낮다.(1.3배)	지락전류 I_g(大)가 크다.
단절연(절연강도 낮춤)이 가능하다.	차단기 용량(大)이 크다.
경제적(변압기, 피뢰기 절연 낮춤)이다.	과도 안정도 저하된다.
보호계전기 신속동작(지락전류 I_g 大 때문에)	유도장해(大)가 크다.
피뢰기 효과 증진된다.	기기에 가해지는 충격이 크다.
초고압 송전(765, 345, 154kV)에 적합하다.	

(2) 저항접지식
- 저저항 접지(직접접지 경향) : 30~50[Ω]
- 고저항 접지(소호 리액터 접지 경향) : 100~1000[Ω]

(3) 소호 리액터 접지(Petersen Coil 접지)

1) **목적** : 지락전류 완전 제거($L-C$ 병렬공진 원리 적용)

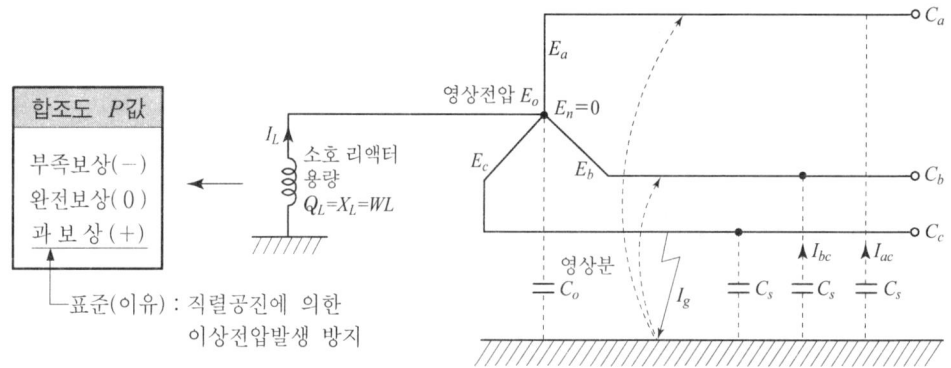

2) **잔류전압 E_o (영상전압, 이상전압 E_n)** : 사고시 중성점 전압

정상 운전시	각 상의 대지 정전용량이 같으므로 $C_a = C_b = C_c$ → 정상분 V_1만 존재
1선 지락 사고시	이상전압 $E_n = \dfrac{\sqrt{C_a(C_a-C_b)+C_b(C_b-C_c)+C_c(C_c-C_a)}}{C_a+C_b+C_c} \times E \to \dfrac{V}{\sqrt{3}}$

3) 소호 리액터의 (공진탭) 리액턴스 $X_L[\Omega] = \dfrac{1}{3\omega C_s} - \dfrac{X_t}{3상}$

4) 소호 리액터의 인덕턴스 $L[H] = \dfrac{1}{3\omega^2 C_s} - \dfrac{X_t}{3\omega}$

5) 소호 리액터의 용량(3선 일괄의 대지 충전용량) : $Q_L(Q_c)$

식	$Q_L = 3\omega CE^2 \times 10^{-3}\,[\text{kVA}]$
과보상으로 하는 이유 ($I_L > I_c$)	직렬공진시 이상전압 발생 방지 $\left(\omega L < \dfrac{1}{3\omega C_s}\right)$

6) 합조도 P : 소호 리액터의 탭이 공진점 이탈 정도(벗어나는 정도)

→ 과보상(+)값(표준)

$$P = \frac{\text{소호 리액터 사용 탭전류}(I_L) - \text{전대지 충전전류}(I_C)}{I_C} \times 100\%$$

(4) 영상(지락)전류 = 기유도전류 분포도

① 직접접지방식	② 단일 소호 리액터 접지 방식	③ 양단(복) 소호 리액터 접지 방식	④ 저항 접지 방식
지락전류 크기 일정	감소		

(5) 중성점 접지 결론

구 분	다중접지식	직접접지식	저항접지식	비접지식	소호접지식
전위상승	1.2배	1.3배	$\sqrt{3}$배		큰(大)값
지락전류 I_g	큰(大)값	$3I_o$	$\left(\dfrac{1}{R} + j3\omega C_s\right)E$	$3\omega C_s E$	0
과도 안정도					좋다(大)
유도 장해	나쁘다(大)				
계전기 동작	고속동작(확실)				
적용 전압	22.9kV	154kV 345kV 765kV		3.3kV 6.6kV 22kV	66kV
건설비용		비싸다	비싸다	가장 싸다	가장 비싸다

(6) 잔류(이상)전압 원인

① 연가 불충분시
② 차단기 개폐가 3상 동시에 이루어지지 않아 3상간에 불평형 상태가 일어난 경우
③ 단선사고일 때

제7절 유도장해

영상분 종류	원 인	특 징
영상전류 I_o	M(전자유도장해 원인)	· 직접접지-大값 · 소호접지-小값
영상전압 E_o	C_m(정전유도장해 원인)	· 직접접지-小값 · 소호접지-大값

• 전자유도장해 ≫ 정전유도장해 → 직접접지(大값), 소호접지(小값)

1. 전자유도장해 (영상전류 I_o가 원인)

• 통신선이 받는 전자유도전압 E_m

$E_m = 3I_o \times jWMl$ (단, 기유도전류 $3I_o$) → $E_m \propto$ 주파수 $f \propto$ 길이 l

2. 정전유도 장해 (영상전압 E_o에 의해 발생)

(1) 이격거리가 같은 경우

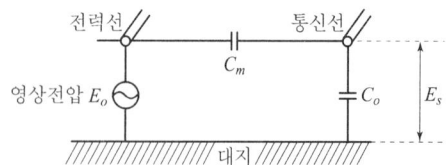

[용어]
― 전력선과 통신선의 상호 정전용량 C_m
― 대지와 통신선의 대지 정전용량 $C_o(C_s)$

$$\text{통신선의 정전유도전압 } E_s = \frac{C_m}{C_m + C_o} \times \text{영상전압 } E_o \text{ [V]}$$

(2) 이격거리가 다른 경우

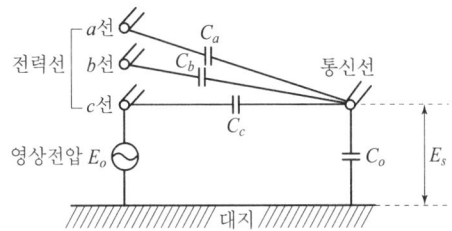

[용어]
- 통신선의 정전유도전압 E_s
- 전력선과 통신선의 선간정전용량 C
- 대지와 통신선의 대지정전용량 C_o

$$E_s = \frac{\sqrt{C_a(C_a-C_b)+C_b(C_b-C_c)+C_c(C_c-C_a)}}{C_a+C_b+C_c+C_o} \times E_o$$

$$\xrightarrow[C_a=C_b=C_c=C]{\text{연가를 충분히 한 경우}} \quad E_s = \frac{3C}{3C+C_o} \times E_o \, [\text{V}]$$

3. 유도 장해 방지 대책

전력선측 대책	통신선측 대책
① 이격거리 크게 大 → M 감소 ② 연가를 충분히 할 것. ③ 직접접지보다는 소호접지방식 채용(지락전류 I_g ↓ 감소) ④ 고속차단 설비시설 할 것.	① 수직교차시설 할 것. ② 통신선 및 통신기기의 절연을 강화시킬 것. ③ 특성이 양호한 피뢰기 설치할 것. ④ 절연 변압기(2중 절연구조)를 채용할 것. ⑤ 차폐선 설치할 것.(30~50[%] 유도전압 차단)

제8절 외부 이상전압 및 개폐기

1. 이상전압의 종류

(1) 외부 이상전압(뇌)

종류	내용	대책
직격뇌	전선로에 직격되는 뇌	피뢰기 설치 피뢰침 설치
유도뇌	대지로 방전시 선로에 유도되는 뇌	가공지선 설치

(2) 내부 이상전압 (정전용량 C가 원인)

내부 이상전압 원인의 종류	대책
① (1선지락시) 전위 상승	중성점을 접지시킴
② (무부하·경부하시) 전위 상승	분로 리액터(병렬 리액터 설치)
③ (잔류전압)에 의한 전위 상승	연가
④ 개폐서지(선로를 재투입시 6배 전위 상승)	차단기 내에 저항기 설치

2. 대책 (예방)

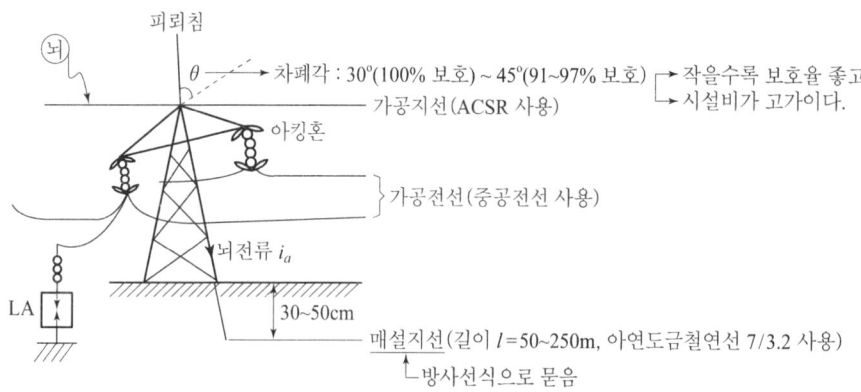

(1) 가공지선

① 직격뇌 차폐(주목적) ② 유도뇌 차폐
③ 역섬락 방지 ④ 유도장해 방지 → 가공 배전선 보호

(2) 아킹혼 (소호각 = 초호각 = 아킹링 = 소호환 = 초호환) : 애자련 보호

(3) 피뢰기 : 이상전압(뇌) 방전 전위상승 억제 → 기기를 보호

(4) 매설지선 : 역섬락 방지(철탑의 저항값을 줄여서 방지시킴)

$$\text{역섬락 방지 탑각 접지저항} = \frac{\text{애자의 섬락전압}}{\text{뇌전류}} \ [\Omega] \text{을 작게 함}(\downarrow)$$

3. 뇌파

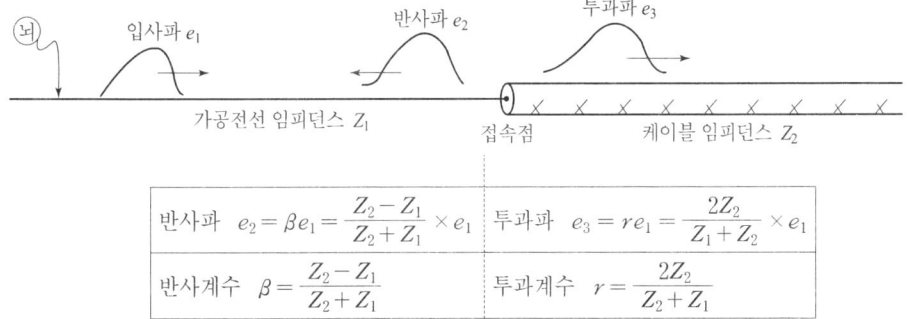

반사파 $e_2 = \beta e_1 = \dfrac{Z_2 - Z_1}{Z_2 + Z_1} \times e_1$	투과파 $e_3 = r e_1 = \dfrac{2Z_2}{Z_1 + Z_2} \times e_1$
반사계수 $\beta = \dfrac{Z_2 - Z_1}{Z_2 + Z_1}$	투과계수 $r = \dfrac{2Z_2}{Z_2 + Z_1}$

① 뇌서지가 개폐서지보다 파두장, 파미장이 짧다.
② 무반사 조건 : "가공전선 Z_1 = 케이블 Z_2"일 때

4. 피뢰기(LA)

(1) 목적 : 이상전압을 대지로 방전시키고 속류 차단하여 기기를 보호

(2) 종류 : ① 저항형 ② 밸브형 ③ 저항밸브형 ④ 산화아연형

(3) 구조

피뢰기 종류	갭형 피뢰기(저항형)	갭리스형 피뢰기(산화아연형)
구조 (구성 요소)	직렬갭 특성요소(탄화규소 SiC 사용)	특성요소(산화아연 ZnO 사용)
갭리스형 특징	① 구조가 간단하고 소형, 경량, 수명이 길다. ② 속류에 따른 특성의 변화가 적다. ③ 속류가 없어 빈번한 작동에도 잘 견딘다. ④ 급격한 서지전류에 대해 높은 제한전압 특성을 유지한다. ⑤ 초고압 및 직류 송전 계통에도 적용 가능하다.	

(4) 위치(설치장소)

① 변전소 인입구 및 인출구 부근
② 특고압을 고압으로 변성하는 배전 변전탑 인입구 및 인출구 부근
③ 고압 및 특고압 수용가 인입구
④ 가공전선과 지중전선이 접속되는 곳
⑤ 발전소 인출구 및 몰드변압기 : 서지 흡수기 SA(LA+C)설치 → 회전기 보호용

(5) 피뢰기 구비조건

① 속류(기류, 상용주파수의 전류)차단 능력이 클 것.
② 상용주파 방전개시전압은 높을 것.($V_n \times 4.5$배) : 실효치→(전원→방전전압↑클 것.)
③ 충격방전 개시전압은 낮을 것.(뇌→빨리 방전(↓)시킬 것.)
④ 제한전압은 낮을 것.(피뢰기가 처리하고 남은 전압)

(6) 피뢰기 정격전압

정의	속류가 차단이 되는 교류의 최고전압(피뢰기가 견딜 수 있는 최고전압)
식	기준 : 1선지락 시 건전상의 전위 상승값×15% 여유 줌. 정격전압=접지계수 α×유도계수(여유도) β×최고 허용전압 V_m

공칭(수전)전압 V[kV]	765	345	154	66	22	22.9	6.6, 3.3
정격전압[kV]	588	288	144	72	24	18(수용가 인입구) 21(변전소 인출구)	7.5

(7) 피뢰기 제한전압(★ 절연 협조의 기본)

• 정의 : 방전으로 저하되어서 피뢰기의 단자간에 남은 충격전압.

기타 정의	① 상용주파 허용단자전압=피뢰기 공칭전압 ② 뇌전류 방전시 직렬갭 양단에 나타나는 전압 ③ 피뢰기 동작 중 단자전압의 파고치 ④ 충격파(충격방전) 전류가 흐르고 있을 때의 피뢰기 단자 전압			
제한전압 공 식	제한전압 e_a = 투과전압 e_3 − 피뢰기가 처리한 전압 V $e_a = \dfrac{2Z_2}{Z_1+Z_2} \times e_1 - \dfrac{Z_2 Z_1}{Z_2+Z_1} \times$ 뇌전류 i_a			
뇌전류	공칭 방전전류 i_a 종류	2,500[A]	5,000[A]	10,000[A]
	적 용 장 소	배전선로	발전소・변전소	발전소・변전소
	적용계통(전압)	22.9 [kV]	66 [kV]	154 [kV]

(8) 피뢰기 절연협조

전력계통의 각 기기 및 기구・선로・애자 상호간에 절연강도 가짐.
즉, 보호기(LA)와 피보호기(기계기구)의 상호절연협조관계.

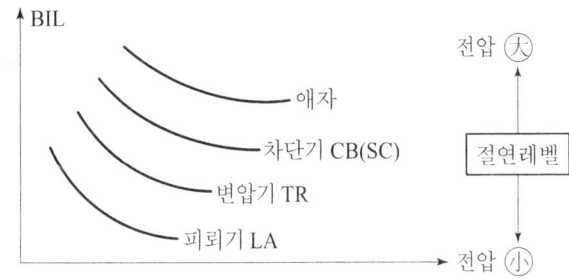

제9절 수전설비

(1) 단로기 DS

심 벌	목 적	특 징
DS	무부하전류(여자전류 I_o, 충전전류 I_c) 개폐	① 소호장치 및 소호능력이 없다.(부하전류 개폐 불가능) ② 배전용 DS는 디스커넥팅바로 개폐한다. ③ 회로를 수리, 변경, 점검시 무부하 전류 개폐

(2) 전력용 퓨즈 PF : 단락전류차단

심 벌	장 점	단 점
PF	① 소형이고 경량이다. ② 고속차단한다. ③ 차단용량이 크다. ④ 보수가 간단하다. ⑤ 싸다.(경제적이다.)	① 재투입이 불가능하다. ② 계전기 조정을 자유로이 할 수 없다. ③ 동작시 소음이 크다. ④ 과도전류에 용단되기 쉽다. ⑤ 한류형은 고임피던스이므로 고전압을 발생한다.

(3) 계기용 변성기 MOF : PT + CT

심 벌	명 칭	사용 목적	점검시 2차측	이 유
─⊃⊂─	계기용 변압기 PT	전압↓ 감소시킴 → 계전기에 전압 공급	개방시킴 open	과전류로부터 자신 보호
─╪─	계기용 변류기 CT	전류↓ 감소시킴 → 계전기에 전류 공급	단락시킴 short	2차측 절연 보호

(4) 지락사고(영상)

영상(지락)전류 I_g 검출	영상변류기 ZCT → 지락계전기 GR 작동시킴. ┌ 지락계전기 GR(방향이 없다) : 1회선용에 사용 └ 선택지락계전기 SGR : 다회선용(2회선)에 사용
영상전압 검출	접지형 변압기 GPT ┌→ 검출 : 지락과전압계전기 OVGR(64) └→ 경보설비

(5) 접지형 변압기 GPT 설비

1) **사용 기기** : 단상(1ϕ) 계기용 변압기 PT 3대 사용
2) **결선 방법** : 1차측－접지 Y결선, 2차측－개방 $\triangle$결선

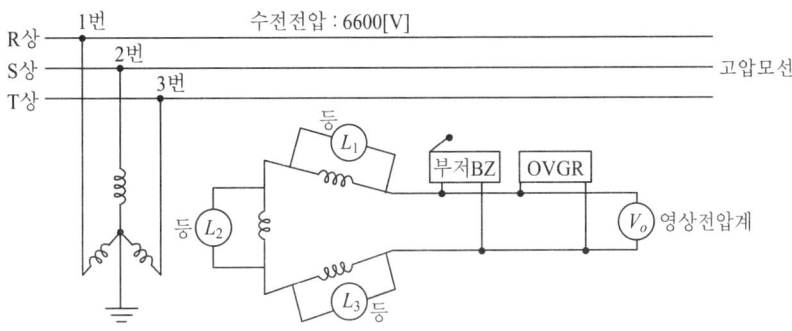

3) **영상전압 V_o 값** = 3배 × 2차측 전압 $V_2 = 3 \times \dfrac{110}{\sqrt{3}} = 190\,[\text{V}]$

(6) 차단기 CB

1) **목적** : 부하전류 개폐 및 사고전류 차단

심 벌	정격차단시간 정의	정격차단시간의 표준
CB	개극시간과 아크시간(방전)을 합친시간(3~8사이클) 또는 트립 코일 여자부터 소호까지의 시간	3, 5, 8[Hz]

2) **차단기 구분**(동작 책무에 따라 구분)

동작 책무		적용
	선로사고시 차단기가 일정 시간 간격을 두고 1회 또는 2회 이상의 투입, 차단 동작행위	
일반용 (소호접지)	㉠ 갑호 : O － 1분 － CO － 3분 － CO → 영구사고(투입 불가) 사고값 100% → 70~80% 처리됨 + 10~20% 처리됨 + 10% 미만 (일시적 사고)　(일시적 사고)　(영구사고)	
	㉡ 을호 : CO － 15초 － CO	조상설비
고속도 재투입용 (직접·저항접지)	O － 임의(0.3초) － CO － 3분 － CO	25.8[kV] 급 이상
용 어	투입동작 C=close, 차단동작 O=open, 투입직후 차단 CO	

3) 차단기 종류

종류 \ 구분	소호 매질	적용(용량)	특 징
OCB 유입 차단기	절연유 사용	대용량(옛날)에 사용	탱크형(방음형), 소음 적다. 보수 번거롭다. 공기보다 소호능력 크다. 부싱 변류기 사용 가능.
ABB 공기 차단기	공기	최근 대용량	임펄스 차단기 공기압력 : $10\sim20[kg/cm^2]$
GCB 가스 차단기	SF_6 가스 소호능력(大)	대용량에 사용 (154kV 변전소) (345kV 변전소)	불활성, 무색, 무취, 무해 공기보다 2~3배 절연내력이 높다.
VCB 진공 차단기	진공 원리	소용량에 사용 (6kV 소내전력용)	화재 위험 없다. 소음 없다. 보수 거의 필요 없다. 차단시간이 짧고 주파수 영향 없다.
MBB 자기 차단기	전자력 원리	3.3kV 사용 6.6kV 사용	화재 걱정이 없다. 보수 점검이 쉽다.
ACB 기중 차단기	압축공기		

※ 차단기 크기 순서 : GCB > ACB > VCB

(7) 구분(고압) 개폐기

심벌	목 적	종 류
●	정전 및 고장구간 축소	① 유입 개폐기 OS ② 기중 개폐기 AS(대용량에 사용) ③ 진공 개폐기 VS(소용량에 사용)

(8) 단로기 DS

심벌	목 적	인터록 (동작 순서)	
/DS	회로를 수리, 점검, 변경시 무부하 전류 개폐	정전(차단)시(off)	급전(투입)시(on)
		CB 차단 후 → DS 차단	DS 투입 후 → CB 투입

※ 무부하 전류 : 여자전류 I_o, 충전전류 I_c

(9) 계전기의 동작 특성

① 반한시 계전기 : 동작전류 I(大값) → 동작시간 T 짧다(小)
　　　　　　　　　동작전류 I(小값) → 동작시간 T 길다(大)

② 정한시성 계전기 : 정해진 시간이 경과해야 동작하는 계전기
③ 순한시성 계전기 : 사고전류가 흐르는 순간 동작하는 계전기
④ 반한시 정한시성 계전기 : 어느 한도까지 반한시성 동작 일정한 시간 후 정한시성 동작하는 계전기

(10) 차동 계전기 DFR : 내부고장시 기기 보호, 모선 보호

원 리	보호구간에 유입전류(1차)와 유출전류(2차)의 차에 의해 검출 동작
목 적	내부 고장시 동작하여 변압기 TR 또는 발전기 G 보호
구 분	① 차동 계전기 DFR(87) : 소용량에 사용 ② 비율 차동 계전기 RDFR 또는 전류 차동 계전기 : 대용량(주발전기, 주변압기)에 사용

(11) 변압기(TR)만 보호하는 계전기

부흐홀츠 계전기(96) BHR	위치 : 주탱과 콘서베이트를 연결하는 파이프 중간에 설치 원리 : 절연유의 이동으로 수은 접점 동작
절연유(광유) 사용 이유	① 냉각효과(10~15배)　　수소 H_2 발생　여과시킴 ② 절연내력(大)이 크다.　　열화시　　　O.T(절연유 교체)

(12) 거리 계전기

원 리	$Z = \dfrac{\text{전압}\, E}{\text{전류}\, I}$ 의 비가 일정값 이하시 동작 $\left(\text{동작시간}\ T \propto \dfrac{E}{I} \propto Z \propto \text{거리}\right)$
목 적	선로의 단락 또는 지락보호 및 계통의 탈조시 동작
종 류	① 저항(ohm) 계전기　　② 리액턴스 계전기 ③ 임피던스 계전기　　④ Mho 계전기

(13) 기타 계전기

표시선 계전기 (파일럿 와이어)	고장점 위치에 무관하게 양단을 동시에 차단하는 계전기
역상 계전기	3상 결선 변압기의 단상 운전에 의한 소손 방지용

(14) 전력선 반송 보호 방식

원 리		두 지점간에 들어오고 나가는 전류, 방향, 거리, 위상 이용
종 류	① 전류 비교 방식	보호구간에 유입하는 전류와 유출하는 전류 합계의 총계가 틀리다는 것을 이용, 고장점 검출 방식
	② 방향 비교 방식	보호구간의 각 회선에 방향거리계전기(방향성 계전기)를 사용하여 반송신호를 써서 고장점이 보호구간 내부인가 외부인가를 판별하는 방식
	③ 거리 측정 방식	고속도 거리 계전기와 조합하는 방식
	④ 위상 비교 방식	보호구간 양단의 고장전류 위상을 비교하여 내부고장시에는 동상이고 외부고장시 역위상이 된다는 방식.

제1절 배전 방식의 종류

송 전	대전력, 고전압을 장거리 선로에 전기를 공급하는 것
배 전	소전력, 저전압을 단거리 선로에 전기를 공급하는 것

1. 가지식 (수지상식, 방사선식)

정 의	하나의 변전소(전원)에서 전기를 공급받아 나뭇가지처럼 수용가에 공급하는 방식.
용 도	농촌·어촌 지역에서 사용(부하분포에 따라서 분기선을 인출하는 방식)
단 점	① 전압강하 e가 크다 → 전압변동률 ε 大 → 플리커(깜박거림) 현상 발생 ② 공급의 신뢰도 저하(손실이 크다 → 효율 η 감소 → 신뢰도 ↓감소) ③ 정전의 범위가 넓다.

2. 환상식 (루프식)

정 의	배전간선이 하나의 환상(루프)으로 구성하고 전기수요분포장소에서 분기선을 끌어 공급하는 방식
용 도	중·소 도시에 적합(수용가가 근거리에 밀집되어 있는 경우 사용방식)
장 점	① 변압기 1대 고장시 정전의 범위가 좁다. ② 전압 변동이 적다.

3. 저압 뱅킹 방식

정 의	동일 변전소의 저압측을 병렬 연결하여 전기를 공급하는 방식
용 도	부하가 밀집한 시가지에 적합
특 징	① 정전의 범위를 최소화하는 시설 ② 선로의 전압강하 감소, 손실 감소, 부하의 증가에 융통성을 가짐.

┌ 캐스케이딩(cascating) 현상 : 저압선의 고장으로 변압기의 일부 또는 전부가
│   차단되는 현상.
└ 대책 : 자동고장 구분개폐기 ASS 설치(고장, 정전구간을 최소화해 줌.)

4. 저압 네트워크(Network) 방식(망상식)

정 의	배전선로에 시설된 수전용 Network 변압기 2차측을 상시 병렬운전하여 전기를 공급하는 방식(배전간선을 망상으로 연결하고 수개의 접속점에 급전선 연결방식)
용 도	무정전 전원 공급(방식)
장 점	① 공급의 신뢰도가 높다. ② 전압변동률 ε 小 ③ 전력손실 P_l 小 ④ 부하 증가에 적응성이 좋다. ⑤ 변전소수를 줄일 수 있다.
단 점	① 시설비가 고가이다. ② 감전사고가 높다. ③ 특별한 보호장치가 필요하다.

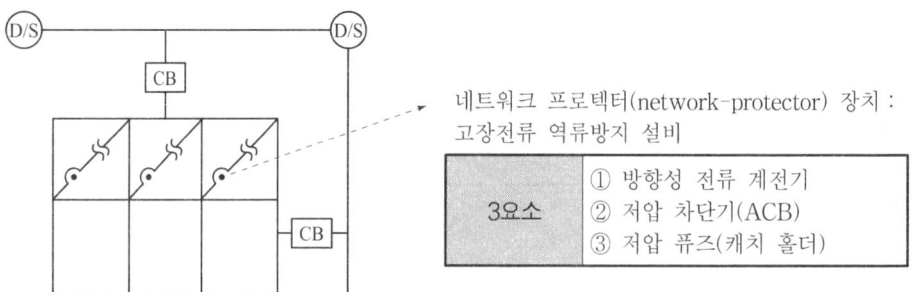

네트워크 프로텍터(network-protector) 장치 :
고장전류 역류방지 설비

3요소	① 방향성 전류 계전기 ② 저압 차단기(ACB) ③ 저압 퓨즈(캐치 홀더)

[정리]

구 분	저압배전	고압배전	고압지중배전
사용 배전방식 종류	① 방사선식 ② 저압 뱅킹 방식 ③ 저압 네트워크 방식	① 방사선식 ② 환상식 ③ 망상식	① 방사선식 ② 예비선 절체 방식 ③ 환상식 ④ 스포트 네트워크 방식

제2절 각 전기방식 비교

1. 각 전기방식 비교

구분 종류	전력 P	손실 P_l	전선수	1선당 공급전력	구분	전선중량비
단상 2선식 $1\phi 2W$	$VI\cos\theta$	$2I^2R$	2W	0.5	1(기준)	1
단상 3선식 $1\phi 3W$	$2VI\cos\theta$	$2I^2R$	3W	0.67	1.33	3/8
3상 3선식 $3\phi 3W$	$\sqrt{3}\,VI\cos\theta$	$3I^2R$	3W	0.57	1.15	3/4
3상 4선식 $3\phi 4W$	$3VI\cos\theta$	$3I^2R$	4W	0.75	1.5	1/3

2. $3\phi 3W$식에 비해 $3\phi 4W$인 경우 전선의 중량비

$$\frac{\text{주어진 방식}}{3\phi 3W \text{ 기준}} = \frac{3\phi 4W}{3\phi 3W} = \frac{\frac{1}{3}}{\frac{3}{4}} = \frac{4}{9}$$

3. 경제성이 큰 순서

3상 4선식 ($3\phi 4W$) > 단상 3선식 ($1\phi 3W$) > 3상 3선식 ($3\phi 3W$) > 단상 2선식 ($1\phi 2W$)

제3절 단상 3선식(1ø3W) 전기 방식

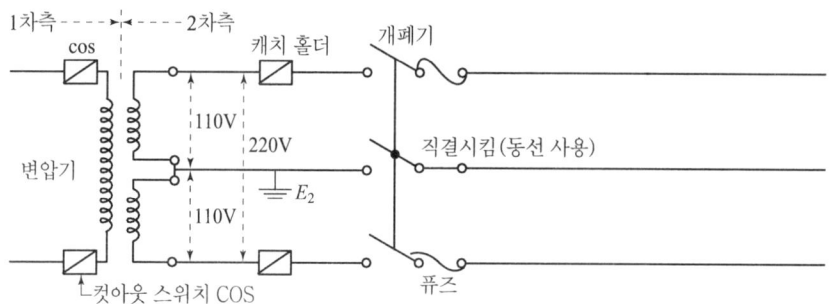

1. 단상 3선식 결선조건 3가지

① 2차측 중성선에 제2종 접지 E_2 할 것.
② 2차측에 동시동작형 개폐기를 시설할 것.
③ 2차측 중성선(접치측 전선)은 퓨즈 넣지 않고 동선으로 직결한다.

2. 장점 및 단점

장 점
① 2종류의 전원을 얻는다.(110V 또는 220V 사용가능)
② 전압 $V = \dfrac{220\text{V}}{110\text{V}} = 2$배 차이
┌ 전압강하 $e \propto \dfrac{1}{V} = \dfrac{1}{2}$ 배(↓감소), 손실 $P_l \propto \dfrac{1}{V^2} = \dfrac{1}{4}$ 배(↓감소)
└ 전력 $P \propto V^2 = 4$배(↑증가), 전선 단면적 $A \propto \dfrac{1}{V^2} = \dfrac{1}{4}$ 배(↓감소)
③ 전선 1선당 공급전력 : 1.33배(↑증가)
④ 전선의 소요량 : 37.5[%] $\left(\dfrac{3}{8}\text{이므로}\right)$ ↓감소

단 점	대 책
① 부하 불평으로 전력 손실이 크다.	제한 규정에 의해서 운행할 것.
② 중성선 단선시 경부하측 전위 상승이 크다.	저압 밸런서 설치(권수비 1 : 1 단권 변압기) : 중성선 단선시 전압의 불평형 방지

제4절 각 점의 전위 V값 계산

1. 직류 공급 방식인 경우 (역률 $\cos\theta = 1$인 경우)

- 조건 : 단상2선식($1\phi 2W$) 전등부하(역률 $\cos\theta = 1$값, $\sin\theta = 0$)
- 적용 식 : 전압강하 $e = 2IR\,[\text{V}]$ 사용(왕복선인 경우 IR)

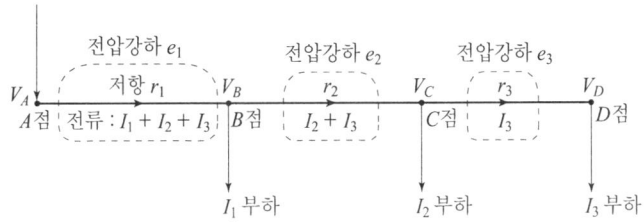

① B점의 전위 : $V_B = A$점의 전위 $V_A - e_1 = V_A - 2(I_1 + I_2 + I_3)r_1\,[\text{V}]$
② C점의 전위 : $V_C = B$점의 전위 $V_B - e_2 = V_B - 2(I_2 + I_3)r_2\,[\text{V}]$
③ D점의 전위 : $V_D = C$점의 전위 $V_C - e_3 = V_C - 2I_3 r_3\,[\text{V}]$

2. 교류 공급 방식

(1) 역률이 같은 $\cos\theta$ 부하인 경우(역률이 같을 때)

적용 식 : 전압강하 $e = \sqrt{3}\,I(R\cos\theta + X\sin\theta)\,[\text{V}]$

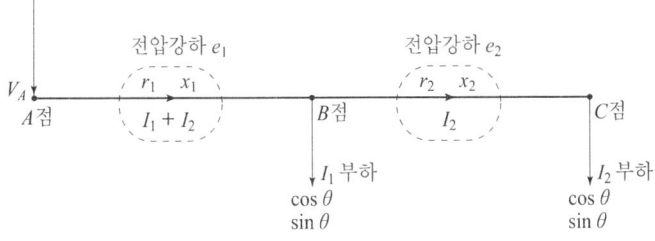

- B점의 전위 : $V_B = A$점 전위 $V_A - \sqrt{3}(I_1+I_2)(r_1\cos\theta + X_1\sin\theta)$ [V]
- C점의 전위 : $V_C = B$점 전위 $V_B - \sqrt{3}I_2(r_2\cos\theta + X_2\sin\theta)$ [V]

(2) 역률이 각각 $\cos\theta_1$, $\cos\theta_2$ 부하인 경우(역률이 다를 때)

적용 식 : 전압강하 $e = \sqrt{3}I(R\cos\theta + X\sin\theta)$

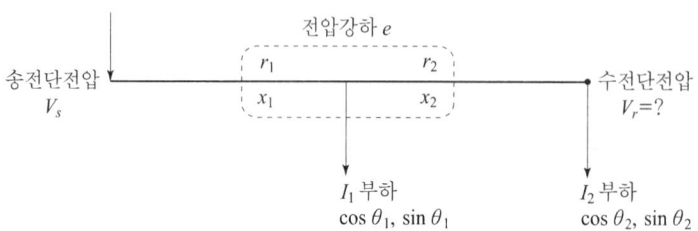

수전단 전압 V_r

$= V_s - \sqrt{3}\,[\underline{I_1 r_1 \cos\theta_1 + I_2(r_1+r_2)\cos\theta_2} + \underline{I_1 X_1 \sin\theta_1 + I_2(X_1+X_2)\sin\theta_2}]$ [V]
    유효분 값   무효분 값

제5절 부하의 종별

부하 종별	부하 분포도	전압강하 e	전력손실 P_l
1. 말단집중부하 (아무 조건이 없는 경우)	I_1 I_2 I_3	e	P_l
2. 평등분산부하 (균등부하=가로등부하)	I I I I	$\frac{1}{2}e$ 감소 =50[%] 감소	$\frac{1}{3} \times P_l$ 감소 =33.3[%] 감소

제6절 변압기 용량 계산

1. 수용률

$$수용률(최대\ 부하\ 걸리는\ 정도) = \frac{최대전력}{설비용량\ 합계} \times 100\,[\%] \leq 1$$

2. 부하율 F

$$F = \frac{평균전력}{최대전력} \times 100\,[\%] = \frac{사용전력량/시간}{최대전력} \times 100 = \frac{평균전력 \times 부등률}{설비용량 \times 수용률} \leq 1$$

부하율이 작다(小)는 의미	부하율이 크다(大)는 의미
① 설비 이용률이 낮다. 小 ② 전력 변동이 크다. 大	① 설비 이용률이 크다. 大 ② 전력 변동이 작다. 小

3. 부등률

전력소비 기기를 동시에 사용하는 정도.

$$부등률 = \frac{개별수용\ 최대전력의\ 합계}{합성\ 최대전력} \geq 1$$

★ "부등률=1" 의미 : 전력소비 기기를 동시에 가장 많이 사용한다.(변압기 용량이 최대)

부등률이 클수록 부하 분산이 잘돼 설비 이용률이 높다.

[전력 계통 연계 이점]

① 부하율 향상(첨두부하가 시간적으로 다르다.)
② 공급 예비전력이 절감된다.
③ 공급의 신뢰도가 향상된다.

4. 변압기 용량 계산

합성 최대전력(변압기 용량) = $\dfrac{\text{개별수용 최대전력의 합(설비용량} \times \text{수용률)}}{\text{부등률}}$ [kVA]

Tr 용량 계산 방법	설비용량단위가 [kVA]일 때	설비용량단위가 [kW]일 때
	$\dfrac{\text{"각 설비용량} \times \text{수용률" 합계}}{\text{부등률}}$ [kVA]	$\dfrac{\text{"각 설비용량} \times \text{수용률" 합계}}{\text{역률} \cos\theta \times \text{부등률}}$ [kVA]

• 부하율 F와 손실계수 H의 관계식

$$\therefore\ 1 \geq F \geq H \geq F^2 \geq 0 : \text{부하율이 좋으면 손실이 적어진다는 의미.}$$

[정리]

구 분	수용률(수용가 측면)	부하율 F(공급자 측면)	부등율(수용가 측면)
정 의	부하설비 유효이용정도	전력공급설비 유효이용정도	전력소비기기 동시 사용정도
공 식	$\dfrac{\text{최대(계약)전력}}{\text{설비(도면)용량 합}}$ $\times 100\,[\%]$	$\dfrac{\text{평균전력}}{\text{최대전력}} \times 100\,[\%]$ $= \dfrac{\text{사용전력량/시간}}{\text{최대전력}}$	$\dfrac{\text{개별수용 최대전력의 합}}{\text{합성 최대전력}} \geq 1$
특 징	부하종류·사용시간·계절에 따라 다르다.	부하율이 클수록(大) 설비가 효율(大)적이다.	부등률이 클수록(大) 부하 분산이 잘돼 설비 이용률(大)이 높다.

제7절 승압기 용량 계산

1. 목적

말단의 전압강하 보상 역할(6.6kV 배전선로에 적용)

2. 승압기 1대인 경우

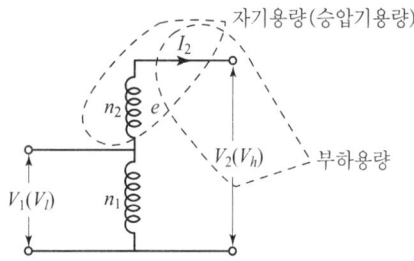

$$\frac{\text{자기용량(승압기용량)}}{\text{부하용량(선로용량)}} = \frac{eI_2}{V_2 I_2} = \frac{V_2 - V_1}{V_2} = \frac{V_h - V_L}{V_h}$$

[용어] 1차전압 V_1, 2차전압 V_2, 권수 n_1, 권수 n_2, 권수비 a

3. 승압기 2대인 경우(V결선)

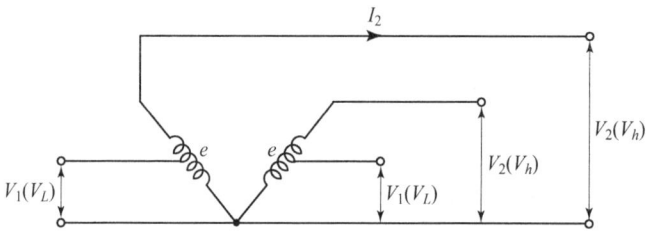

$$\frac{\text{자기용량}}{\text{부하용량}} = \frac{2eI_2}{\sqrt{3}\, V_2 I_2} = \frac{2(V_2 - V_1)}{\sqrt{3}\, V_2} = \frac{2}{\sqrt{3}} \frac{V_h - V_L}{V_h}$$

제8절 전력용 콘덴서 SC

1. 사용 목적

심 벌	콘덴서 Q 용량 단위	사 용 목 적
─┤├─ SC	단상(1ϕ)[μF] 3상(3ϕ)[kVAR 또는 kVA]	변압기 TR·부하의 역률 개선

2. 손실

$P_l = \dfrac{P^2}{V^2\cos^2\theta} \times R \rightarrow P_l \propto \dfrac{1}{\cos^2\theta}$

3. SC 사용시 효과

역률 개선 효과	① 전압강하 e(감소↓) : 전압 조정 ┐ ② 전력손실감소 P_l(감소↓) ├→ 전기요금(감소↓) ③ 수전설비용량(변압기 용량) 감소 ↓ (설비용량의 여유증가)

4. 콘덴서 용량 Q 계산 방법

$$\therefore\ Q = P\left(\dfrac{\sin\theta_1}{\cos\theta_1} - \dfrac{\sin\theta_2}{\cos\theta_2}\right) = P\left(\dfrac{\sqrt{1-\cos^2\theta_1}}{\cos\theta_1} - \dfrac{\sqrt{1-\cos^2\theta_2}}{\cos\theta_2}\right)[\text{kVA}]$$

[용어] 설비(부하)용량 P[kW], 개선전 역률 $\cos\theta_1$, 개선후 역률 $\cos\theta_2$

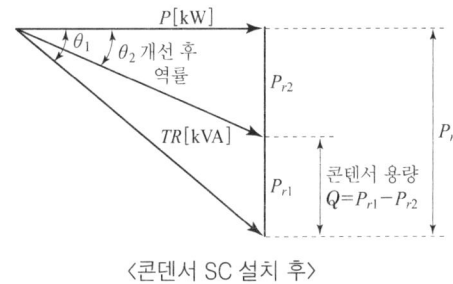

〈콘덴서 SC 설치 후〉

5. 역률 개선에 의한 출력 증가

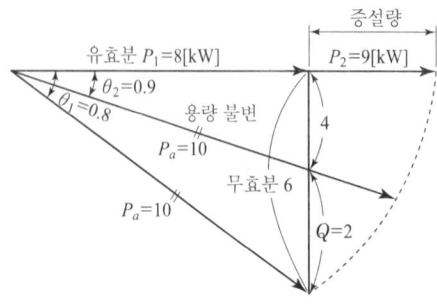

① 개선역률 $\cos\theta_2 = \dfrac{8}{\sqrt{8^2+4^2}} = 0.9$

② 개선된 부하용량 $P_2 = P_a \times \cos\theta_2 = 10 \times 0.9 = 9\,[\text{kW}]$

③ 증설 가능 용량 ΔP = 개선후 유효전력 P_2 − 개선전 유효전력 P_1
$$= 9 - 8 = 1\,[\text{kW}]$$

④ 변압기 용량 $P_a = \sqrt{\text{개선전 유효전력}^2 + (\text{개선전 무효전력} - \text{개선후 무효전력})^2}$
$$= \sqrt{8^2 + 4^2} = 9\,[\text{kVA}]$$

6. 합성 역률값 계산

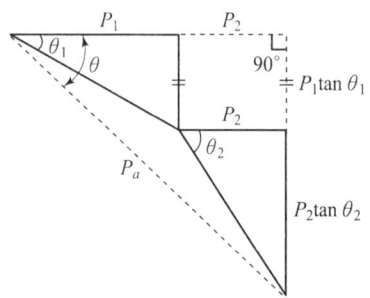

$$\cos\theta = \dfrac{\text{합성 유효전력}}{\sqrt{\text{합성 유효전력}^2 + \text{합성 무효전력}^2}} = \dfrac{P_1 + P_2}{\sqrt{(P_1+P_2)^2 + (P_1\tan\theta_1 + P_2\tan\theta_2)^2}}$$

7. 배전선로 손실경감 대책

① 승압 ② 역률 개선 ③ 연가(불평형 방지)

제 4 장 GIS 변전소(SF$_6$가스 절연 변전소)

1. GIS의 장점 및 단점

장 점	단 점
① 변전소 소형화 가능하다.	① 내부확인이 곤란하다.
② 충전부 완전 밀폐로 안전성 확보	② 가스압력, 수분 등의 감시가 필요하다.
③ 신뢰도가 높고 유지보수가 용이하다.	③ 액화 방지대책 필요
④ 소음이 적고 환경조화가 가능하다.	④ 내부점검 및 부품교환이 불편하다.
⑤ 건설기간이 단축된다.	⑤ 시설비가 고가이다.

2. 원방감시제어(SCADA)의 기능 종류

① 원방감시기능
② 원격제어기능
③ 원격측정기능
④ 자동기록기능
⑤ 경보발생기능
⑥ 자료연계기능

PART 5

전기자기학

[전기공사기사·산업기사 요점정리 Ⅲ]

제 1 장 벡터의 해석
제 2 장 진공중의 정전계
제 3 장 진공중의 도체계
제 4 장 유전체(절연체)
제 5 장 전계의 특수 해법(전기 영상법)
제 6 장 전류 I [A]
제 7 장 진공중의 정자계
제 8 장 자성체와 자기회로
제 9 장 전자유도
제 10 장 인덕턴스 L [H]
제 11 장 전자계

제 1 장 벡터의 해석

1. 스칼라와 벡터

(1) **스칼라** : "크기=양" 표기(전위 V, 자위 U)

(2) **벡터** : "크기(양)+방향" 표기(전계 E, 힘 f, 자계 H)

2. 스칼라 곱 (점 · 표기)

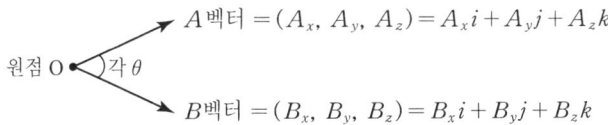

A벡터 $= (A_x, A_y, A_z) = A_x i + A_y j + A_z k$

B벡터 $= (B_x, B_y, B_z) = B_x i + B_y j + B_z k$

원점 O, 각 θ

$$A\text{벡터} \cdot B\text{벡터} = |A| \cdot |B| \cdot \cos\theta$$

문제 유형
- 두 벡터가 이루는 각 $\theta = \cos^{-1}\dfrac{A \cdot B}{|A| \cdot |B|}$
- 두 벡터가 수직($\theta = 90°$ 의미)인 경우 적용 식 : $A \cdot B = 0$

(1) 스칼라 성질 (주의사항)

두 벡터 방향이 같은 경우	$i \cdot i = j \cdot j = k \cdot k = 1$ 값 처리
두 벡터 방향이 다른 경우	$i \cdot j = j \cdot k = k \cdot i = 0$ 값 처리

(2) 계산

$A \cdot B = (A_x i + A_y j + A_z k) \cdot (B_x i + B_y j + B_z k)$
$= A_x B_x + A_y B_y + A_z B_z$

3. 벡터의 곱 (곱 × 표기)

$$A\text{벡터} \times B\text{벡터} = |A| \cdot |B| \cdot \sin\theta \leftarrow \text{행렬로 계산}$$

출제유형 (응용식 적용)
- 전압 $e = vBl\sin\theta\,[\text{V}] = (v \times B)l$: 벡터식 표기
- 토크 $T = MH\sin\theta\,[\text{N}\cdot\text{m}] = M \times H$: 벡터식 표기
- 힘 $F = IBl\sin\theta = (I \times B)l\,[\text{N}]$: 벡터량 표기

(1) 성질 (주의사항)

두 벡터 방향이 같은 경우	$i \times i = j \times j = k \times k = 0$값 처리
두 벡터 방향이 다른 경우	$i \rightleftarrows j \rightleftarrows k \rightleftarrows i \rightleftarrows j \rightleftarrows k$ (→ ⊕부호 처리, ← ⊖부호 처리)

(2) 벡터곱 계산

$$A \times B = (A_x i + A_y j + A_z k)(B_x i + B_y j + B_z k)$$
$$= i(A_y B_z - A_z B_y) + j(A_z B_x - A_x B_z) + k(A_x B_y - A_y B_x)$$

4. 스칼라의 기울기 (전위경도)

미분연산자 $\nabla = \dfrac{\partial}{\partial x}i + \dfrac{\partial}{\partial y}j + \dfrac{\partial}{\partial z}k$ = 기울기 grad = 발산 div = 회전 rot

전위의 기울기 (스칼라의 기울기)	표기	$\text{grad}\,V = \nabla \cdot V = \left(\dfrac{\partial}{\partial x}i + \dfrac{\partial}{\partial y}j + \dfrac{\partial}{\partial y}k\right) \cdot V$
	공식	$\text{grad}\,V = \nabla \cdot V = \dfrac{\partial V}{\partial x}i + \dfrac{\partial V}{\partial y}j + \dfrac{\partial V}{\partial y}k$ — 벡터 표기

5. 벡터의 발산 : 전기에너지는 모든 공간에 영향을 준다.

전계의 발산	표기	$\operatorname{div} E = \nabla \cdot E$
	공식	$\operatorname{div} E = \nabla \cdot E = \dfrac{\partial E_x}{\partial x} + \dfrac{\partial E_y}{\partial y} + \dfrac{\partial E_z}{\partial z}$

6. 벡터의 회전 : 전기는 크기와 방향을 갖는 회전력을 발생시킨다.

벡터 A의 회전	표기	$\operatorname{rot} A = \nabla \times A$
	공식	$\operatorname{rot} A = \nabla \times A = \begin{vmatrix} i & j & k \\ \dfrac{\partial}{\partial x} & \dfrac{\partial}{\partial y} & \dfrac{\partial}{\partial z} \\ A_x & A_y & A_z \end{vmatrix}$ $= i\left(\dfrac{\partial A_z}{\partial y} - \dfrac{\partial A_y}{\partial z}\right) + j\left(\dfrac{\partial A_x}{\partial z} - \dfrac{\partial A_z}{\partial x}\right) + k\left(\dfrac{\partial A_y}{\partial x} - \dfrac{\partial A_x}{\partial y}\right)$

Key Point ● 스칼라와 벡터 ●

구 분	스칼라 (· 으로 표기)	벡터 (×으로 표기)
정의 및 구분 방법	크기만 존재 (i, j, k가 없다. ×)	"크기⊕방향" 동시 존재 (i, j, k가 있다. ○)
종 류	발산(div)	기울기(grad), 회전(rot)
결 과 (정답 형태)	상수 값	상수 i + 상수 j + 상수 k
공 식	$A \cdot B = |A| \cdot |B| \cdot \cos\theta$	$A \times B = |A| \cdot |B| \cdot \sin\theta$
성 질	$i \cdot i = j \cdot j = k \cdot k = 1$ $i \cdot j = j \cdot k = k \cdot i = 0$	$i \times i = j \times j = k \times k = 0$ ⟶ ⊕처리 $i \rightleftarrows j \rightleftarrows k \rightleftarrows i \rightleftarrows j \rightleftarrows k$ ⟵ ⊖처리
출제 유형	• 전계의 발산($\operatorname{div} E = \nabla \cdot E$) $= \dfrac{\partial E_x}{\partial x} + \dfrac{\partial E_y}{\partial y} + \dfrac{\partial E_z}{\partial z}$	• 전위의 기울기($\operatorname{grad} V = \nabla \cdot V$) $= \dfrac{\partial V}{\partial x} i + \dfrac{\partial V}{\partial y} j + \dfrac{\partial V}{\partial z} k$ • 벡터의 회전($\operatorname{rot} A = \nabla \times A$)

제 2 장 진공중의 정전계

1. 쿨롱의 법칙(Coulomb's law)

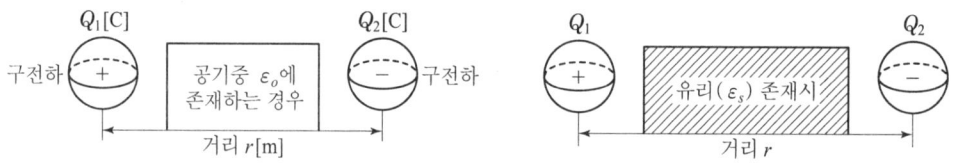

출제 유형	공식 찾을 때 사용	거리 r이 주어지고 계산할 때	ε_s 주어진 경우 사용	거리 r이 안 주어진 경우 사용
공식	힘 $f = \dfrac{Q_1 Q_2}{4\pi\varepsilon_o r^2}$ ⌐ 8.855×10^{-12} ⌐ 3.14	$= 9 \times 10^9 \dfrac{Q_1 Q_2}{r^2}$ [N]	ε_s 주어진 경우 → $9 \times 10^9 \dfrac{Q_1 Q_2}{\varepsilon_s r^2}$	$= QE$ [N]

1) 유전율 : $\varepsilon = \varepsilon_o \times \varepsilon_s$ [F/m]

유전율 적용 방법	① 기준	공기중일 때(공기 $\varepsilon_s = 1$)
		$\varepsilon = \varepsilon_o = 8.855 \times 10^{-12} = \dfrac{10^{-9}}{36\pi} = \dfrac{10^7}{4\pi C^2}$ [F/m]
	② 기타	비유전율 ε_s가 주어진 경우
		$\varepsilon = \varepsilon_o \times \varepsilon_s$ [F/m]

2) 힘의 종류

종 류	① 흡인력 또는 인력 = − 값	② 반발력 또는 척력 = + 값
조 건	두 전하 극성이 다른 경우 발생	두 전하 극성이 같은 경우 발생
	$+Q \leftrightarrow -Q$ 또는 $-Q \leftrightarrow +Q$	$+Q \leftrightarrow +Q$

2. 전계의 세기 또는 전계 $E[\text{V/m}]$

(1) 구(도체)

1) 구 외부(기준)

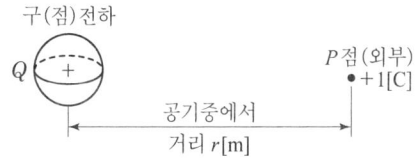

출제 유형	식 찾을 때 사용 식	거리 r이 주어진 경우 식	ε_s 주어진 경우 사용 식	거리 r이 안 주어진 경우 사용 식
구 외부 공식	전계 $E = \dfrac{Q}{4\pi\varepsilon_o r^2}$	$= 9 \times 10^9 \dfrac{Q}{r^2}$	$= 9 \times 10^9 \dfrac{Q}{\varepsilon_s r^2}$ [V/m]	$= \dfrac{\text{힘} F}{Q}$ [N/C]

2) 구 내부(전계 E값 $\propto$ 체적)

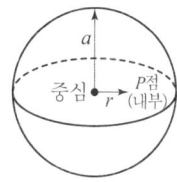

$$E = \dfrac{rQ}{4\pi\varepsilon_o a^3} \text{ [V/m]}$$

구 반지름 a[m]
거리 r[m]
구 전하 Q[C]

3) 전계 E값 그래프

출제 유형	① 전하 균일 분포시인 경우	② 대전·평형상태인 경우
전계 E 그래프	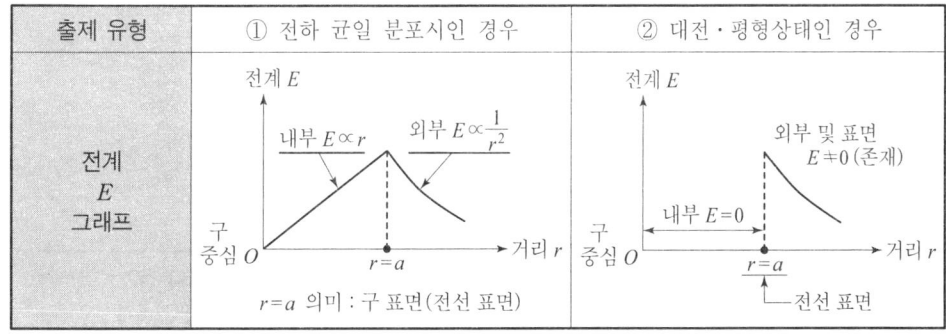	

(2) 원주(전선)

1) 외부(기준)

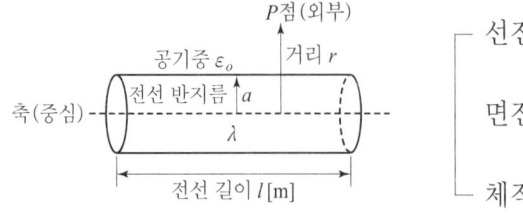

- 선전하 $\lambda = \dfrac{\text{전하 } Q}{\text{길이 } l}$ [C/m]
- 면전하 $e = \dfrac{\text{전하 } Q}{\text{면적 } S}$ [C/m²]
- 체적(공간) 전하 $e = \dfrac{\text{전하 } Q}{\text{체적 } v}$ [C/m³]

출제 유형	식 찾을 때 사용 식	계산시 사용 식	ε_s 주어진 경우 사용 식	용 어
원주 외부 공식	전계 $E = \dfrac{\lambda}{2\pi\varepsilon_o r}$	$= 18 \times 10^9 \dfrac{\lambda}{r}$	$= 18 \times 10^9 \dfrac{\lambda}{\varepsilon_s r}$ [V/m]	선전하 λ [C/m] 거리 r [m]

2) 내부(전계 E값 ∝ 체적)

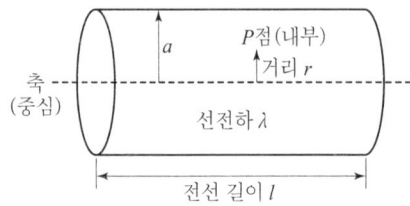

$$E = \dfrac{r\lambda}{2\pi\varepsilon_o a^2} \text{ [V/m]}$$

거리 r [m]
반지름 a [m]
선전하 λ [C/m]

(3) 무한평면 (면전하 밀도 e [C/m²] 사용)

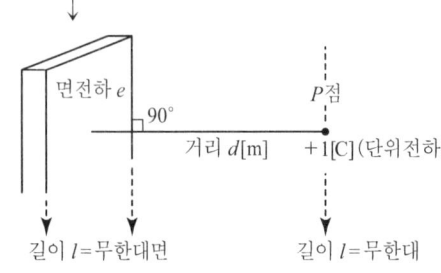

무한평면의 전계 E 공식	전계 $E = \dfrac{e}{2\varepsilon_o}$ [V/m]	★ 전계 E는 거리 d와 무관하다. • 면전하밀도 e [C/m²] • 진공 유전율 $\varepsilon_o = 8.855 \times 10^{-12}$ [F/m]

[전계 E값 정리]

① 구 : 구전하 $Q[C]$ 사용

외부값	내부값
$E = \dfrac{Q}{4\pi\varepsilon_o r^2} = 9\times 10^9 \dfrac{Q}{r^2} = \dfrac{f}{Q}$ [N/C 또는 V/m]	$E = \dfrac{rQ}{4\pi\varepsilon_o a^3}$

② 원주(무한장직선, 전선) : 선전하 $\lambda[C/m]$ 사용

외부값	내부값
$E = \dfrac{\lambda}{2\pi\varepsilon_o r} = 18\times 10^9 \dfrac{\lambda}{r}$ [V/m]	$E = \dfrac{r\lambda}{2\pi\varepsilon_o a^2}$

③ 무한평면 : 면전하 $e[C/m^2]$ 사용

종류	외부값		내부값	
극성이 같은 경우	+ ☐ + •P	$E = \dfrac{e}{\varepsilon_o}$	+ •P +	$E = 0$
극성이 다른 경우	+ ☐ - •P	$E = 0$	+ •P -	$E = \dfrac{e}{\varepsilon_o}$

(4) 전계의 세기 $E = 0$ 인 점 찾기 : 구전하 Q에서

1) 적용 공식 : $\dfrac{Q_1}{r_1^2} = \dfrac{Q_2}{r_2^2}$

2) 출제 유형

조 건	"전계의 세기 $E = 0$점" 존재 영역
두 전하 부호(극성) 같은 경우	두 전하 사이에 존재한다.
두 전하 부호(극성) 다른 경우	절대값이 작은 전하 밖에 존재한다.

(5) 전계의 벡터 표시

유형	구(점)전하 Q에서	원주(선전하 λ)에서
크기	$E = \dfrac{Q}{4\pi\varepsilon_o r^2} = 9\times 10^9 \dfrac{Q}{r^2}$ [V/m]	$E = \dfrac{\lambda}{2\pi\varepsilon_o r^1} = 18\times 10^9 \dfrac{\lambda}{r}$ [V/m]
방향	$\dfrac{\text{벡터}}{\text{스칼라}} = \dfrac{\text{거리 벡터 } r}{\text{거리 크기 } |r|}$	$\dfrac{r}{|r|}$
벡터 표기	크기×방향 $= 9\times 10^9 \dfrac{Q}{r^2} \times \dfrac{r}{|r|}$	크기×방향 $= 18\times 10^9 \dfrac{\lambda}{r} \times \dfrac{r}{|r|}$

3. 전위(전압, 전위차) V [V]

1) 구(도체)

출제 유형	식 찾을 때 사용	거리 r 주어진 경우 사용	ε_s 주어진 경우 사용	응용 식(단위 적용)
구 전위 V 공식	$V = \dfrac{Q}{4\pi\varepsilon_o r}$	$= 9\times 10^9 \dfrac{Q}{r}$	$= 9\times 10^9 \dfrac{Q}{\varepsilon_s r} =$	전계 E×반지름 r 전계 E×거리 d 절연내력 G×반지름 r

2) 원주(무한장직선)

출제 유형	조건이 없는 경우	조건(거리 r_2>거리 r_1일 때)이 주어진 경우
원주 전위 V 공식	V=무한대 ∞값 (상상할 수 없는 큰 값)	$V = \dfrac{\lambda}{2\pi\varepsilon_o} \ln \dfrac{r_2}{r_1}$ [V]
조건	+전선 +1(E=0) (∞점) r점 선전하 λ	+전선 r_1점 r_2점 +1[C] 선전하 λ

3) 무한평면

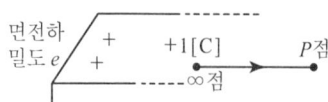

조건이 없는 경우	조건이 주어진 경우
$V = \infty$값	$V = \dfrac{e}{\varepsilon_o} \times d$

[전계 E값 정리]

① 구 : 구전하 $Q[C]$ 사용

외부값	내부값
$E = \dfrac{Q}{4\pi\varepsilon_o r^2} = 9\times 10^9 \dfrac{Q}{r^2} = \dfrac{f}{Q}$ [N/C 또는 V/m]	$E = \dfrac{rQ}{4\pi\varepsilon_o a^3}$

② 원주(무한장직선, 전선) : 선전하 $\lambda[C/m]$ 사용

외부값	내부값
$E = \dfrac{\lambda}{2\pi\varepsilon_o r} = 18\times 10^9 \dfrac{\lambda}{r}$ [V/m]	$E = \dfrac{r\lambda}{2\pi\varepsilon_o a^2}$

③ 무한평면 : 면전하 $e[C/m^2]$ 사용

종 류	외부값		내부값	
극성이 같은 경우	+▢+•P	$E = \dfrac{e}{\varepsilon_o}$	+▣+ (•P)	$E = 0$
극성이 다른 경우	+▢-•P	$E = 0$	+▣- (•P)	$E = \dfrac{e}{\varepsilon_o}$

(4) 전계의 세기 $E=0$ 인 점 찾기 : 구전하 Q에서

1) 적용 공식 : $\dfrac{Q_1}{r_1^2} = \dfrac{Q_2}{r_2^2}$

2) 출제 유형

조 건	"전계의 세기 $E=0$점" 존재 영역
두 전하 부호(극성) 같은 경우	두 전하 사이에 존재한다.
두 전하 부호(극성) 다른 경우	절대값이 작은 전하 밖에 존재한다.

(5) 전계의 벡터 표시

유형	구(점)전하 Q에서	원주(선전하 λ)에서
크기	$E = \dfrac{Q}{4\pi\varepsilon_o r^2} = 9\times 10^9 \dfrac{Q}{r^2}$ [V/m]	$E = \dfrac{\lambda}{2\pi\varepsilon_o r^1} = 18\times 10^9 \dfrac{\lambda}{r}$ [V/m]
방향	$\dfrac{벡터}{스칼라} = \dfrac{거리\ 벡터\ r}{거리\ 크기\ |r|}$	$\dfrac{r}{|r|}$
벡터 표기	크기×방향 $= 9\times 10^9 \dfrac{Q}{r^2} \times \dfrac{r}{|r|}$	크기×방향 $= 18\times 10^9 \dfrac{\lambda}{r} \times \dfrac{r}{|r|}$

3. 전위(전압, 전위차) V [V]

1) 구(도체)

출제 유형	식 찾을 때 사용	거리 r 주어진 경우 사용	ε_s 주어진 경우 사용	응용 식(단위 적용)
구 전위 V 공식	$V = \dfrac{Q}{4\pi\varepsilon_o r}$	$= 9\times 10^9 \dfrac{Q}{r}$	$= 9\times 10^9 \dfrac{Q}{\varepsilon_s r} =$	전계 E×반지름 r 전계 E×거리 d 절연내력 G×반지름 r

2) 원주(무한장직선)

출제 유형	조건이 없는 경우	조건(거리 r_2>거리 r_1일 때)이 주어진 경우
원주 전위 V 공식	V=무한대 ∞값 (상상할 수 없는 큰 값)	$V = \dfrac{\lambda}{2\pi\varepsilon_o} \ln \dfrac{r_2}{r_1}$ [V]
조 건	+전선 +1(E=0) (∞점) r점 선전하 λ	+전선 r_1점　　r_2점 +1[C] 선전하 λ

3) 무한평면

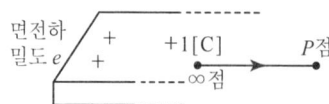

조건이 없는 경우	조건이 주어진 경우
$V = \infty$ 값	$V = \dfrac{e}{\varepsilon_o} \times d$

4. 전기 쌍극자

① 전기 쌍극자 모멘트 $M =$ 전하 $Q \times$ 미소거리 δ [C·m]

② | 전 위 | $V = \dfrac{Q\delta\cos\theta}{4\pi\varepsilon_o r^2} = \dfrac{M\cos\theta}{4\pi\varepsilon_o r^2} = 9\times 10^9 \dfrac{M\cos\theta}{r^2}$ [V] |

③ | 전계의 세기 | $E = \dfrac{M}{4\pi\varepsilon_o r^3} \times \sqrt{1+3\cos^2\theta}$ [V/m] |

5. 전기 2중층의 전위 V [V]

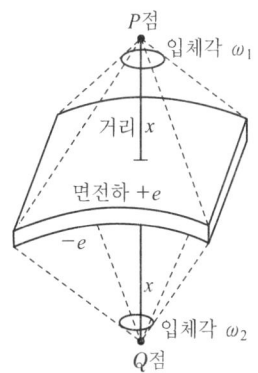

| 전위 $V = \dfrac{M}{4\pi\varepsilon_o} \times \omega$ [V] | 전기쌍극자 M [C·m]
입체각 ω [rad/s] |

출제 유형	P점이 면에 무한히 접근시	반지름 a인 원형 중심에서 거리 x만큼 떨어진 경우	
전 위	$V = \dfrac{M}{\varepsilon_o}$ [V]	$V = \dfrac{M}{2\varepsilon_o}\left(1 - \dfrac{x}{\sqrt{a^2+x^2}}\right)$ [V]	전기쌍극자 M 거리 x [m] 반지름 a [m]
적용 그림	거리 $x=0$, P점·Q점, $0°$ $360°=2\pi$	P점, 입체각 ω, r, x, a	

6. 전위의 기울기

전위의 기울기 = 전위경도 = 전계의 세기 E	전계 $E = -\text{grad } V = -\nabla \cdot V = -\left(\dfrac{\partial V}{\partial x}i + \dfrac{\partial V}{\partial y}j + \dfrac{\partial V}{\partial Z}k\right)[\text{V/m}]$ (단, ⊖는 방향이 반대라는 의미.)

7. 푸아송의 방정식 : 전기를 가하면 체적전하가 생긴다.

적용공식	$\nabla^2 V = -\dfrac{e}{\varepsilon_o} = \dfrac{\partial^2 V}{\partial x^2} + \dfrac{\partial^2 V}{\partial y^2} + \dfrac{\partial^2 V}{\partial z^2}$	체적(공간, 원천) 전하밀도 $e[\text{C/m}^3]$: 단위체적당 전하
계산시 공 식	체적전하 $e = -\varepsilon_o \times \left(\dfrac{\partial^2 V}{\partial x^2} + \dfrac{\partial^2 V}{\partial y^2} + \dfrac{\partial^2 V}{\partial z^2}\right)[\text{C/m}^3]$ $= -\varepsilon_o \times (x\,2번\,미분값 + y\,2번\,미분값 + z\,2번\,미분값)$	

출제유형	상수가 안 주어진 경우 e값	상수가 주어진 경우 e값
체적전하 e	$-\varepsilon_o(x$의 승수 $+ y$의 승수 $+ z$의 승수$)$	$-\varepsilon_o(a \times x$의 승수 $+ b \times y$의 승수 $+ c \times z$의 승수$)$
과년도 문제	전위 $V = x^2 + y^2$일 때 $e = -\varepsilon_o(2승 + 2승)$ $= -4\varepsilon_o[\text{C/m}^3]$	전위 $V = 2x^2 + 3y^2$일 때 $e = -\varepsilon_o(2 \times 2승 + 3 \times 2승)$ $= -10\varepsilon_o[\text{C/m}^3]$

• 라플라스 방정식

정 의	전기를 가하지 않으면 체적전하 발생이 없다.
공 식	$\nabla^2 V = 0$ 또는 $\nabla \times \nabla V = 0$

8. 전(기)력선의 방정식

(1) 적용 공식 : $\dfrac{dx}{E_x} = \dfrac{dy}{E_y}$

(2) 계산 출제 유형

유 형	① 좌표(x, y)가 주어진 경우	② 좌표가 안 주어진 경우
전기력선 방정식	대입법 사용	㉠ 공식에 적용 계산 ㉡ $y = $상수 kx

9. 전(기)력선의 성질

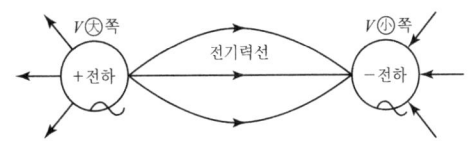

① 전기력선의 밀도 = 전계의 세기 E와 일치한다.
② 전기력선은 정전하($+Q$)에서 시작하여 부전하($-Q$)에서 끝난다.
   (즉, ★ 폐곡선이 안된다.)
③ 전기력선은 전위가 높은 점(V 大)에서 낮은 점(V 小)으로 향한다.
   (즉, ★ V 大 → V 小, 전계 E 방향 = 전기력선 방향)
④ 전기력선은 대전·평형상태에서는 도체 표면과 외부공간에만 존재한다.
   (즉, ★ 내부 $E=0$이고 표면과 외부공간 $E\neq 0$이다.)
⑤ 전기력선은 도체 표면(등전위면)에 항상 수직(90°)으로 향한다.
⑥ 전하(전기력선의 밀도)는 뾰족할수록 많이 모인다.(크다.)
   즉 ┌ ㉠ 곡률반경이 작을수록 ┐ 크다(높다)
      └ ㉡ 곡률(구부러진 정도)이 클수록 ┘
⑦ 전속수 : Q개(가상적인 전기력선수)
⑧ 전(기)력선수

출제 유형	기준(공기중일 때)	기타(비유전율 ε_s 주어진 경우)
전기력선수	$\dfrac{Q(구전하)}{\varepsilon_o}$ [개]	$\dfrac{Q}{\varepsilon}=\dfrac{Q}{\varepsilon_o \varepsilon_s}$ [개]

10. 전속밀도 $D\,[\text{C/m}^2]$

출제 유형	공기중 ε_o일 때	비유전율 ε_s 주어진 경우
전속밀도 D	$D=\varepsilon_o E$	$D=\varepsilon_o \varepsilon_s E = \varepsilon E$

11. 전하 q 이동시 에너지 $W[\text{J}] = qV$

(1) 전위 V값에 따른 출제 유형

유형	각 도체 V가 주어진 경우	전계 E 및 거리 r가 주어진 경우	구간이 주어진 경우
전위 V값	$V = V_1 - V_2$	$V = E \times d = Er$	$V = \int_A^B E dx = -\int_B^A E dx$

(2) 에너지 $W = 0$인 경우 ★

① 정의	등전위면 또는 폐곡선에서는 전하 q가 이동할 수 없기 때문에 일 $W=0$이다.
② 이유	등전위면에서는 전위차가 0이기 때문에 전기가 이동할 수 없다.

12. 에너지 밀도

출제 유형	E와 D가 주어지면 사용	E만 주어진 경우 사용	D만 주어진 경우 사용
힘	$f = \dfrac{1}{2}ED$	$= \dfrac{1}{2}\varepsilon_o E^2$	$= \dfrac{D^2}{2\varepsilon_o} [\text{N/m}^2]$ (단위 면적당 힘)
에너지	$W = \dfrac{1}{2}ED$	$= \dfrac{1}{2}\varepsilon_o E^2$	$= \dfrac{D^2}{2\varepsilon_o} [\text{J/m}^3]$ (단위 체적당 에너지)
주의사항	면적 S값이나 체적 v값이 주어지면 공식에 곱한다. 비유전율 $\varepsilon_s \xrightarrow{\text{주어지면}} \varepsilon_o \times \varepsilon_s = \varepsilon$을 사용할 것.		

제 3 장 진공중의 도체계

① 정전용량 $C[\text{F}]$ ② 전하(전기량, 전자) $Q = CV[\text{C}]$

1. 전위계수 및 용량계수, 유도계수

구분	전위계수 $P = \dfrac{1}{C}$ 값 $[1/\text{F}]$ 예) $P_{11}, P_{12}, P_{21}, P_{22}$	용량계수 $q(q_{11}, q_{22})$: +부호 유도계수 $q(q_{12}, q_{21})$: -부호 ⎤ C값[F]
공식	1도체 전위 $V_1 = P_{11}Q_1 + P_{12}Q_2 [\text{V}]$ 2도체 전위 $V_2 = P_{21}Q_1 + P_{22}Q_2 [\text{V}]$	1도체 전하 $Q_1 = q_{11}V_1 + q_{12}V_2 [\text{C}]$ 2도체 전하 $Q_2 = q_{21}V_1 + q_{22}V_2 [\text{C}]$
성질	전위계수 P 성질 ① $P_{rr}, P_{rs} > 0$ 예) $P_{11}, P_{22} > 0$ ② $P_{rs} = P_{sr} \geq 0$ 예) $P_{12} = P_{21} \geq 0$ ③ $P_{rr} \geq P_{sr}$ 예) $P_{11} \geq P_{21}$	용량 및 유도계수 성질 ① 용량계수 $q_{rr}, q_{ss} > 0$ ② 유도계수 $q_{rs} = q_{sr} \leq 0$ ③ 용량계수 $q_{rr} \geq -q_{sr}$(유도계수)
의미	$P_{rr} = P_{sr}$: S도체가 r도체에 속한다. (r도체 안에 S도체) ← 강심 알루미늄 연선 ACSR → (Al 강)	$q_{rr} = -q_{sr}$: r도체가 S도체에 속한다. (S도체 안에 r도체)

출제 유형	두 도체간 전위차 V값	두 도체간 정전용량 C값
적용 공식	$V = Q(P_{11} - 2P_{12} + P_{22})[\text{V}]$	$C = \dfrac{1}{P_{11} - 2P_{12} + P_{22}}[\text{F}]$

2. 정전용량 $C\,[\mathrm{F}]$

(1) 구

1) 고립 도체구

2) 동심구

3) 케이블

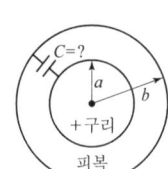
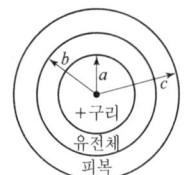

(2) 원주

(3) 평행도선

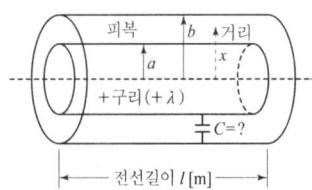
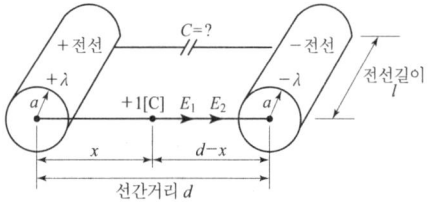

(4) 평행도체(콘덴서)

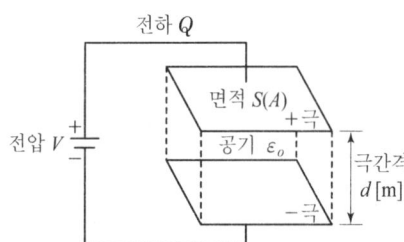

종류	고립 도체구	동심구	케이블	원 주	평행도선	평행도체
공식 C값	$4\pi\varepsilon_o a$	$\dfrac{4\pi\varepsilon_o}{\dfrac{1}{a}-\dfrac{1}{b}}$	$\dfrac{4\pi\varepsilon_o}{\dfrac{1}{a}-\dfrac{1}{b}+\dfrac{1}{c}}$	$\dfrac{2\pi\varepsilon_o}{\ln\dfrac{b}{a}}\times l$	$\dfrac{\pi\varepsilon_o}{\ln\dfrac{d}{a}}\times l$	$\dfrac{\varepsilon_o S}{d}$
용어	구 반지름 a	반지름 a, b	반지름 a, b, c	전선 반지름 a, b 전선길이 l	전선 반지름 a 선간거리 d	판면적 S 극간격 d
암기	구 → 4			원 → 2	평 → π	공기 콘덴서

3. 콘덴서 연결(접속)

(1) 직렬 연결

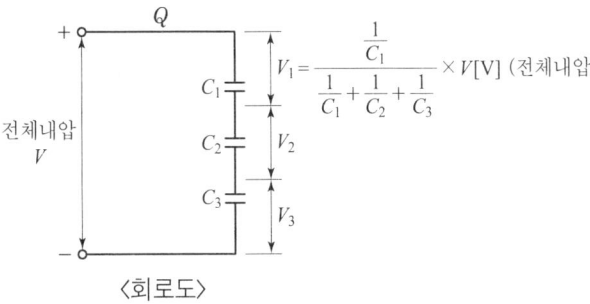

⟨회로도⟩

$$V_1 = \frac{\frac{1}{C_1}}{\frac{1}{C_1}+\frac{1}{C_2}+\frac{1}{C_3}} \times V[\text{V}] \text{ (전체내압)}$$

1) 합성 정전용량 C_o 계산

출제 유형	콘덴서 2개일 때	콘덴서 3개일 때	콘덴서가 모두 같은 경우
회로도 (그림)	+─┤├─┤├─− $C_1\ C_2$	+─┤├─┤├─┤├─− $C_1\ C_2\ C_3$	+─┤├─┤├─┤├─······ n개 연결 ─− $C\ \ C\ \ C$
합성 C_o (공식)	$\dfrac{C_1 \cdot C_2}{C_1 + C_2}$	$\dfrac{C_1 C_2 C_3}{C_1 C_2 + C_2 C_3 + C_3 C_1}$	$\dfrac{1\text{개 콘덴서 } C\text{값}}{\text{연결(주어진) 개수 } n}$

2) 전하 Q값이 가장 작은 콘덴서가 먼저 파괴된다.

3) 전체 내압(콘덴서 먼저 파괴시) $V = \dfrac{\dfrac{1}{C_1}+\dfrac{1}{C_2}+\dfrac{1}{C_3}}{\dfrac{1}{C_1}} \times V_1$

4) 전압 분배식

회로도	콘덴서 C_1 분배전압식	콘덴서 C_2 분배전압식	암기 방법
V ─ $C_1\ V_1$ / $C_2\ V_2$	$V_1 = \dfrac{C_2}{C_1+C_2} \times V$	$V_2 = \dfrac{C_1}{C_1+C_2} \times V$	분자에 상대편값 대입

(2) 병렬 연결

1) 합성 정전용량 C_o

출제 유형	콘덴서 크기가 모두 다른 경우	콘덴서 크기가 모두 같은 경우
회로도	+전선 — C_1 ∥ C_2 ∥ C_3 ∥ ⋯ — −전선	+ — C ∥ C ∥ ⋯ n개 연결 — −
합성 C_o값	$C_o = C_1 + C_2 + C_3 + \cdots$	$C_o = $ 1개 C값 × 연결개수 n

2) 공통전압(전위) V_{ab}

출제 유형	Q_1과 Q_2 주어진 경우 사용	C_1V_1과 C_2V_2 주어진 경우 사용	구 반지름 r_1, r_2 주어진 경우 사용
회로도 (그림)	Q_1 ↓ C_1, Q_2 ↓ C_2	C_1 ─ V_1, C_2 ─ V_2	V_1 구(r_1), V_2 구(r_2)
공통전위 V_{ab}	$= \dfrac{Q_1 + Q_2}{C_1 + C_2}$	$= \dfrac{C_1V_1 + C_2V_2}{C_1 + C_2}$	$= \dfrac{r_1V_1 + r_2V_2}{r_1 + r_2}$

3) 전하 분배식

회로도	콘덴서 C_1 전하 분배식	콘덴서 C_2 전하 분배식	암기 방법
+전선 → Q, Q_1 ↓ C_1, Q_2 ↓ C_2, −전선	$Q_1 = \dfrac{C_1}{C_1 + C_2} \times Q\,[\text{C}]$	$Q_2 = \dfrac{C_2}{C_1 + C_2} \times Q\,[\text{C}]$	분자값은 자기편값 대입

4. 정전(콘덴서 축적) 에너지 W

출제 유형	Q와 V 주어진 경우 사용	C와 V 주어진 경우 사용	C와 Q 주어진 경우 사용
적용 공식	에너지 $W = \frac{1}{2}QV$	$= \frac{1}{2}CV^2$	$= \frac{Q^2}{2C}$ [J]
공기 콘덴서 $C = \frac{\varepsilon_o S}{d}$ 적용시	에너지 W	$= \frac{\varepsilon_o S V^2}{2d}$	$= \frac{dQ^2}{2\varepsilon_o S}$ [J]
힘(정전력)	$F = \frac{W}{d}$	$= \frac{\varepsilon_o S V^2}{2d^2}$	$= \frac{Q^2}{2\varepsilon_o S}$ [N]

제 4 장 유전체(절연체)

1. 분극의 세기(분극도) $P\,[\text{C/m}^2]$

- 정의 : 유전체에서 단위체적당($v=1\,\text{m}^3$) 나타나는 쌍극자 모멘트($M=Q\delta$)

(1) 분극의 세기 $P\,[\text{C/m}^2]$

출제 유형	ε_s와 E가 주어진 경우 사용	ε_s와 D가 주어진 경우 사용
적용 공식	분극도 $P=\varepsilon_o(\varepsilon_s-1)E$	$=D\left(1-\dfrac{1}{\varepsilon_s}\right)[\text{C/m}^2]$

(2) 분극률 $X\,[\text{F/m}]$

공 식	분극률 $X=\varepsilon_o(\varepsilon_s-1)[\text{F/m}]\ \rightarrow\ P=XE$ 　　　　　└─ 진공중의 유전율 $\varepsilon_o=8.855\times10^{-12}=\dfrac{10^{-9}}{36\pi}$ 사용

2. 유전체 경계 조건

①

경계조건	전속밀도의 법선(수직) 성분은 같다	전계의 접선(수평) 성분은 같다
적 용 식	$D_1\cos\theta_1=D_2\cos\theta_2$ $\varepsilon_1 E_1\cos\theta_1=\varepsilon_2 E_2\cos\theta_2$	$E_1\sin\theta_1=E_2\sin\theta_2$
용어 및 명칭	입사 전속밀도 D_1 입사 전계 E_1 입사각 θ_1	굴절(투과) 전속밀도 D_2 굴절 전계 E_2 굴절각 θ_2

② 굴절의 법칙

동일 공식	$\dfrac{\tan\theta_1}{\tan\theta_2}=\dfrac{\varepsilon_1}{\varepsilon_2}$	$\dfrac{\tan\theta_2}{\tan\theta_1}=\dfrac{\varepsilon_2}{\varepsilon_1}$	$\varepsilon_1\tan\theta_2=\varepsilon_2\tan\theta_1$

③ 유전체 조건($\varepsilon_1 > \varepsilon_2$일 때)이 주어진 경우 특징

기타 조건	$\theta_1 > \theta_2,\ D_1 > D_2,\ E_1 < E_2$
힘 f의 방향	유전율이 큰 쪽 ε_1(大)에서 작은쪽 ε_2(小)으로 향한다.
	[암기] ε_1(大) $\xrightarrow{\text{힘 } f \text{방향}}$ ε_2(小)
특 징	전속선은 유전율이 큰 쪽으로 모인다.

3. 정전력(힘) F

경계면에 수직인 경우	$F = \dfrac{1}{2}\dfrac{D^2}{\varepsilon} = \dfrac{1}{2}\left(\dfrac{1}{\varepsilon_2} - \dfrac{1}{\varepsilon_1}\right)D^2\,[\text{N/m}^2]$
경계면에 수평인 경우	$F = \dfrac{1}{2}\varepsilon E^2 = \dfrac{1}{2}(\varepsilon_1 - \varepsilon_2)E^2\,[\text{N/m}^2]$

4. 콘덴서 합성 용량 계산

기 준	약 호	공 식	그림 표기	
공기 콘덴서	C_o	$= \dfrac{\varepsilon_o S}{d}$	판면적 $S(A)$, 공기 ε_o, 극간격 d	문제에서 아무 조건이 없거나, 공기 조건이 주어진 경우 사용

(1) 직렬 연결인 경우

출제 유형	콘덴서 두께가 다른 경우 사용 (d_1, d_2일 때)	콘덴서 두께가 같은 경우 사용 $\left(d_1 = d_2 = \dfrac{d}{2}\text{일 때}\right)$
회 로 도	$C_1\,\varepsilon_1$ / $C_2\,\varepsilon_2$, d_1, d_2 → $d_1 \neq d_2$ 일 때	$C_1\,\varepsilon_1$ / $C_2\,\varepsilon_2$, $d_1 = \dfrac{d}{2}$, $d_2 = \dfrac{d}{2}$ → $d_1 = d_2$ 일 때
적용 공식	합성 정전용량 $C = \dfrac{\varepsilon_1 \varepsilon_2 S}{\varepsilon_1 d_2 + \varepsilon_2 d_1}\,[\text{F}]$	합성 $C = \dfrac{2C_o(\text{공기 콘덴서})}{1 + \dfrac{1}{\varepsilon_s}}\,[\text{F}]$

(2) 병렬 연결시 합성 정전용량 $C = \dfrac{1}{d}(\varepsilon_1 S_1 + \varepsilon_2 S_2)\,[\text{F}]$

5. 전속밀도 D와 푸아송의 방정식

정 의	전속밀도 D의 발산 div은 체적전하 $e\,[C/m^3]$가 된다.
공 식	$\text{div}\,D = e\,[C/m^3] \xrightarrow{\text{동일식}} \nabla \cdot D = e$
	푸아송의 유도식에 적용 : $\text{div}\,\varepsilon_o E = e \to \text{div}\,E = \dfrac{e}{\varepsilon_o}$

6. 패러데이관 : 단위전하(+1C)에서 출발하는 유전속관

| 성질(특징) | ① 패러데이관 내의 전속수는 일정하다.
② 패러데이관 양단에 정(+)·부(−) 단위전하 존재
③ 진전하가 없는 점에서 패러데이관은 연속적이다.
④ 패러데이관의 밀도=전속밀도 | 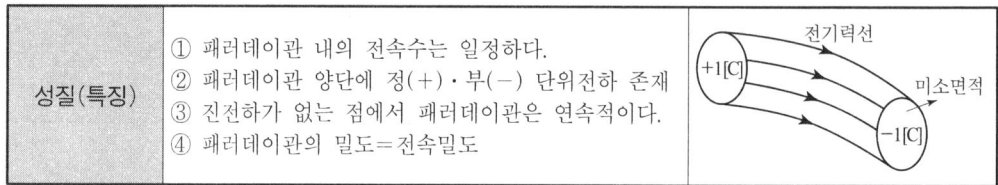 |

7. 유전체의 특수효과

(1) 파이로 전기(Pyro electricity)

전기석과 같은 결정체를 냉각시키거나 가열시키면 전기분극[한 +면에 부(−)의 전기 발생]이 일어나는 현상. 예 전기석, 수정, 로셀염 등

(2) 압전효과(압전기)

파이로 전기가 발생되는 수정에 기계적 응력을 가하면 전기가 생기는 효과.
(사용예 : 수정 발전기, 초음파 발생기, crystal pick-up 등)

● 정리 ●

출제 유형	비유전율 ε_s와 비례관계값	ε_s와 반비례관계값
유전체(ε_s) 추가시 용량과 크기의 관계	(정전)용량 $C \propto \varepsilon_s$ 즉 $C(\uparrow 증가) \propto \varepsilon_s(\uparrow 증가)$	크기(전위 V, 전계 E, 힘 f) $\propto \dfrac{1}{\varepsilon_s}$ 즉 $V(\uparrow 증가) \propto \dfrac{1}{\varepsilon_s(\downarrow 감소)}$
암 기	용비(용)량은 ε_s에 (비)례	크반(크)기는 ε_s에 (반)비례

전계의 특수 해법 (전기 영상법)

제 5 장

1. 무한평면과 점전하

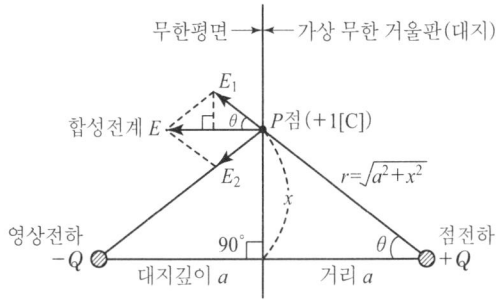

(1) P점의 전계의 세기

$$E = \frac{aQ}{2\pi\varepsilon_o(a^2+x^2)^{\frac{3}{2}}} \ [\text{V/m}]$$

(2) (대지) 표면 전속(전하)밀도

구 분	조 건	그림 출제 유형	적용 공식
최대 전속밀도 $e_{\max}$	거리 $x=0$일 때 점전하 수직(90°)인 지점의 대지	대지 90° a Q 또는 $+Q$ 90° a 대지	$e_{\max} = -\frac{Q}{2\pi a^2}$

(3) 무한평면(대지)와 구전하 사이의 힘 $F = -\dfrac{Q^2}{16\pi\varepsilon_o a^2} \ [\text{N}]$

2. 접지 도체구(대지, 지구)와 점전하 Q

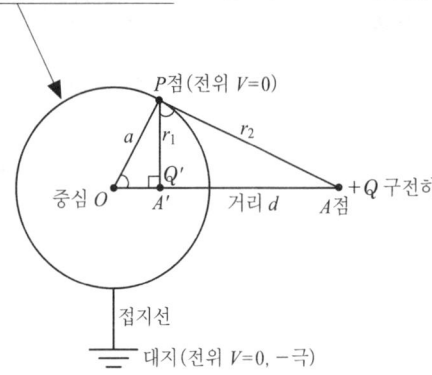

(1) 영상전하 Q' : 접지도체구에서 유기되는 전하

영상전하 $Q' = -\dfrac{a}{d} \times Q$ [C] (단, 구의 반지름 a, 거리 d)

(2) 영상전하 위치 $\overline{OA'} = \dfrac{a^2}{d}$ [m] (단, 구 반지름 a, 거리 d)

(3) 두 전하(영상전하 Q'와 구전하 Q) **사이의 힘** F **계산**

힘 $f = \dfrac{QQ'}{4\pi\varepsilon_o(d-\overline{OA'})^2} = \dfrac{-adQ^2}{4\pi\varepsilon_o(d^2-a^2)^2}$ [N]

3. 무한평면(대지)과 선전하(원주)

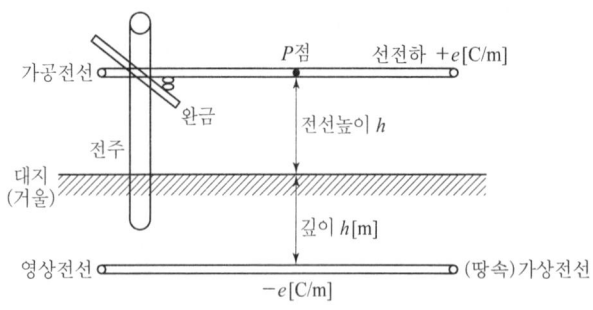

구 분	전계의 세기	작용 힘	거리 h와 관계
무한평면과 선전하	$E = -\dfrac{e}{4\pi\varepsilon_o h}$ [V/m]	$F = -\dfrac{e^2}{4\pi\varepsilon_o h}$ [N]	E와 $F \propto \dfrac{1}{h}$ (반비례)
동일 용어	선전하=원주(무한장직선)=동축원통=전선=선		

제6장 전류 $I[A]$

1. 전류밀도 $i = \dfrac{I}{S} = k\dfrac{V}{l} = kE \ [A/m^2]$

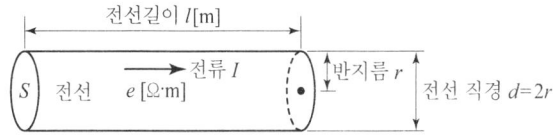

전하 Q식 및 전자개수	$Q = $ 전류 $I \times$ 시간 $t = $ 전자개수 $n \times$ 전자크기 e [C] ↑ 1.602×10^{-19} [C] $\therefore$ 전자개수 $n = \dfrac{I \times t}{e}$ [개]

2. 도체저항과 저항온도계수(저항 $R \propto$ 온도 T)

출제 유형	처음저항 R_1 값이 주어진 경우 사용 식	고유저항 e, 길이 l, 단면적 S가 주어진 경우 사용 식
나중저항 $R_2 [\Omega]$ 계산 공식 (온도 T_2일 때)	$R_2 = R_1[1 + \alpha(T_2 - T_1)]$	$R_2 = e\dfrac{l}{S} \times [1 + \alpha(T_2 - T_1)] \ [\Omega]$

3. 전기저항 R과 정전용량 C

- 적용 공식 : $RC = e\varepsilon$

1) 고립 도체구 2) 반구 3) 동심구

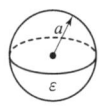 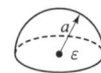 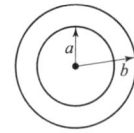

4) 원주 5) 평행도선

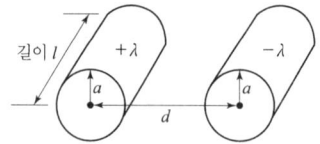

도체 종류	고립도체구	반구	동심구	원주	평행도선
전기저항 R값 공식	$\dfrac{e}{4\pi a}$	$\dfrac{e}{2\pi a}$	$\dfrac{e}{4\pi}\times\left(\dfrac{1}{a}-\dfrac{1}{b}\right)$	$\dfrac{e}{2\pi l}\ln\dfrac{b}{a}$	$\dfrac{e}{\pi l}\ln\dfrac{d}{a}$

4. 건전지

(1) 직렬연결인 경우 (각 저항의 전류 I가 일정하다)

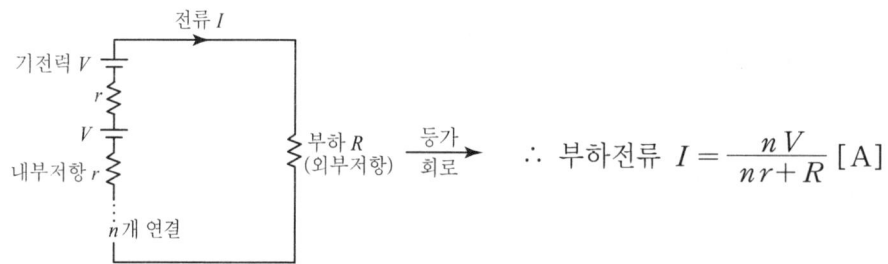

$$\therefore \text{부하전류 } I = \dfrac{nV}{nr+R} \;[\text{A}]$$

(2) 병렬연결인 경우 (각 저항의 전압 V이 같다)

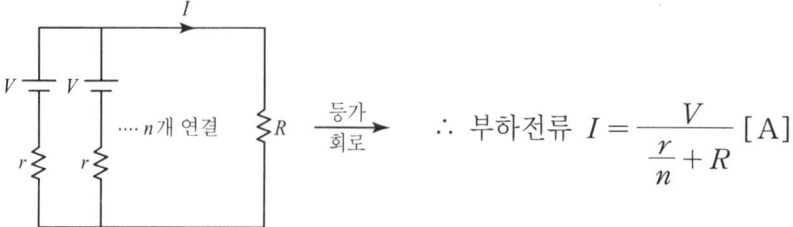

$$\therefore \text{부하전류 } I = \dfrac{V}{\dfrac{r}{n}+R} \;[\text{A}]$$

(3) 배율기

정 의	저항 R_m을 직렬로 삽입하여 전압의 측정범위를 확대시키는 것
적용 공식	배율 $M(전압비) = \dfrac{E}{V} = 1 + \dfrac{R_m(배율기\ 저항)}{r(전압계\ 내부저항)}$

(4) 분류기

정 의	전류의 측정범위를 확대하기 위해 저항을 병렬 삽입시킨 것
적용 공식	분류비 $M(전류비) = \dfrac{I}{I_r} = 1 + \dfrac{r(전류계\ 내부저항)}{R_m(분류기\ 저항)}$

5. 열전현상

(1) 제백(Seeback) 효과

① 정의 : 두 종류의 금속의 접속점에 온도의 차이를 주면 전류가 흐른다.(★온도차 → 전기 발생)
② 용도 : 열전 온도계(열전쌍 이용, 온도 측정), 열전계기, 열전대식 감지기

(2) 펠티에(Peltier) 효과

① 정의 : 두 종류의 금속의 접속점에 전류를 흘리면 열의 흡수, 또는 발생현상이 생기는 것.(★전류차 → 열 흡수)
② 용도 : 전자 냉동기

(3) 톰슨(Thomson) 효과

동일 금속을 접합시키고 온도차의 전류차를 주면 열이 흡수 또는 발생하는 효과.
예 냉동기

(4) 홀(Hall) 효과

전류 존재 도체에 자계를 가하면 도체 측면에 정부의 전하가 나타나 두 면 간에 전위차 발생 효과.

제 7 장 진공중의 정자계

1. 쿨롱의 법칙(Coulomb's law)

• 공기중에서

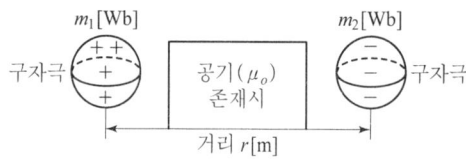

• 유전체(μ_s 추가)에서

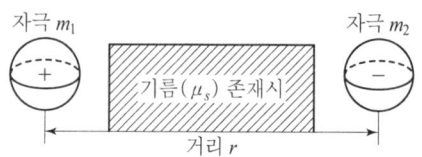

출제 유형	공식 찾을 때	거리 r이 주어진 경우	μ_s 주어진 경우	거리 r이 안 주어진 경우
정자계에서	힘 $f = \dfrac{m_1 m_2}{4\pi \mu_o r^2}$ $\;\;\;\;\;\;\;\;\;\;\;\;\;\uparrow\uparrow$ $\;\;\;\;\;\;\;\;\;\;\;\;4\pi \times 10^{-7}$ $\;\;\;\;\;\;\;\;\;\;\;\;3.14$	$= 6.33 \times 10^4 \dfrac{m_1 m_2}{r^2}$	$= 6.33 \times 10^4 \dfrac{m_1 m_2}{\mu_s r^2}$	$= mH\,[\text{N}]$
정전계에서	힘 $f = \dfrac{Q_1 Q_2}{4\pi \varepsilon_o r^2}$	$= 9 \times 10^9 \times \dfrac{Q_1 Q_2}{r^2}$	$= 9 \times 10^9 \dfrac{Q_1 Q_2}{\varepsilon_s r^2}$	$= QE\,[\text{N}]$

(1) 투자율 $\mu = \mu_o \times \mu_s\,[\text{H/m}]$

구 분		정자계에서	정전계에서
적용 방법	① 기준	공기중일 때 또는 문제에서 아무 조건이 없는 경우 $\mu = \mu_o \times \mu_s$ (공기 1값) $= \mu_o = 4\pi \times 10^{-7}\,[\text{H/m}]$ 값 사용	$\varepsilon = \varepsilon_o$ (공기 $\varepsilon_s = 1$) $= 8.855 \times 10^{-12}\,[\text{F/m}]$
	② 기타	비투자율 μ_s가 주어진 경우(추가된 경우) $\mu = \mu_o \times \mu_s = 4\pi \times 10^{-7} \times \mu_s\,[\text{H/m}]$	$\varepsilon = \varepsilon_o \times \varepsilon_s\,[\text{F/m}]$

2. 자계(자장)의 세기 H [AT/m 또는 A/m]

(1) 구(도체) 자극

- 기준 : 구 외부

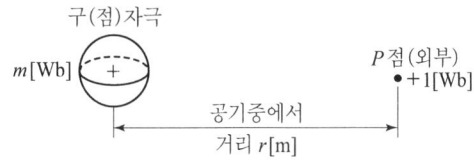

출제 유형	식 찾을 때	거리 r이 주어진 경우	μ_s가 주어진 경우	거리 r이 안 주어진 경우
구 외부 공식	자계 $H = \dfrac{m}{4\pi\mu_o r^2}$	$= 6.33 \times 10^4 \dfrac{m}{r^2}$	$= 6.33 \times 10^4 \times \dfrac{m}{\mu_s r^2}$ [AT/m]	$= \dfrac{\text{힘}\,F}{\text{자극}\,m}$ [N/Wb]
정전계 (유전체)에서	전계 $E = \dfrac{Q}{4\pi\varepsilon_o r^2}$	$= 9 \times 10^9 \dfrac{Q}{r^2}$	$= 9 \times 10^9 \times \dfrac{Q}{\varepsilon_s r^2}$ [V/m]	$= \dfrac{\text{힘}\,F}{\text{전하}\,Q}$ [N/C]

(2) 무한장 직선(원주, 동축원통)

1) 외부

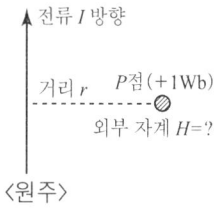

⟨원주⟩

2) 내부 H 값 ∝ 체적

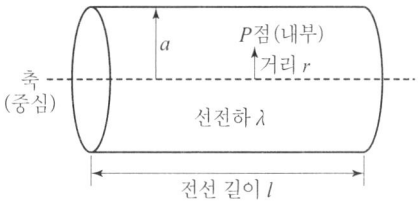

출제유형	자계의 세기 H 값	전계의 세기 E 값	용 어
외부값(기준)	$H = \dfrac{I}{2\pi r}$ [AT/m]	$E = \dfrac{\lambda}{2\pi\varepsilon_o r}$ [V/m]	• 전류 I [A] • 선전하 λ [C/m] • 거리 r [m] • 전선 반지름 a [m]
내부값	$H = \dfrac{rI}{2\pi a^2}$	$E = \dfrac{r\lambda}{2\pi\varepsilon_o a^2}$	

(3) 유한장 직선의 자계 H값

정 의	그 림	적용 공식
전선 일부분 존재시 자계 H값	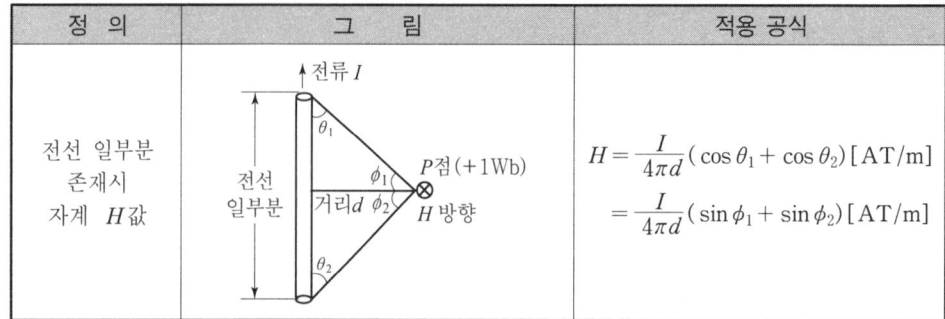	$H = \dfrac{I}{4\pi d}(\cos\theta_1 + \cos\theta_2)\,[\text{AT/m}]$ $= \dfrac{I}{4\pi d}(\sin\phi_1 + \sin\phi_2)\,[\text{AT/m}]$

• 유한장 직선 응용 문제

① 정3각형   ② 정4각형   ③ 정6각형

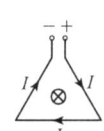   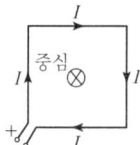   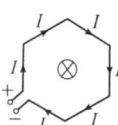

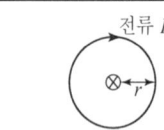

구 분	정3각형인 경우	정4각형인 경우	정6각형인 경우	정 n각형인 경우
중심의 자계 H값	$H_3 = \dfrac{9I}{2\pi l}$	$H_4 = \dfrac{2\sqrt{2}\,I}{\pi l}$	$H_6 = \dfrac{\sqrt{3}\,I}{\pi l}$	$H_n = \dfrac{nI}{2\pi R}\tan\dfrac{\pi}{n}$
용 어	전류 $I\,[\text{A}]$, $\pi=3.14$, 한 변의 길이 $l\,[\text{m}]$, 반지름 $R\,[\text{m}]$			

(4) 원형 코일의 자계 H값

전류 I (그림)	$H = \dfrac{NI}{2r}\,[\text{AT/m}]$ (코일 권수 N, 원형 코일 반지름 r)

비오-사바르 법칙 적용	전류와 자계의 세기(크기) 관계 정의 법칙
적용 공식	일부분자계 $dH = \dfrac{Idl\sin\theta}{4\pi r^2}\,[\text{AT/m}]$

(5) 환상 철심(솔레노이드, 변압기)

환상철심 자계 H값	철심 내부 자계 $H = \dfrac{NI}{2\pi r}$ [AT/m]	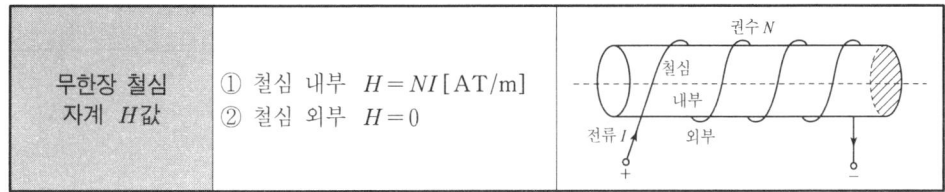
	중심 및 외부 자계 $H = 0$	

(6) 무한장 철심(솔레노이드)

무한장 철심 자계 H값	① 철심 내부 $H = NI$ [AT/m] ② 철심 외부 $H = 0$	

●정리●

◎ 자계의 세기 H[AT/m] 값

종류	구(점)자극	무한장직선	원형코일중심	환상철심	무한장철심
H값	$\dfrac{m}{4\pi\mu_o r^2}$	$\dfrac{I}{2\pi r}$	$\dfrac{NI}{2r}$	$\dfrac{NI}{2\pi r}$	NI

유한장 직선 $H = \dfrac{I}{4\pi d} \times (\cos\theta_1 + \cos\theta_2)$ ① $H_3 = \dfrac{9I}{2\pi l}$ ② $H_4 = \dfrac{2\sqrt{2}I}{\pi l}$ ③ $H_6 = \dfrac{\sqrt{3}I}{\pi l}$

◎ 제2장 전계의 세기 E[V/m] 값

종류	구(점)전하	원주(무한장직선)	무한평면
전계 E값	$\dfrac{Q}{4\pi\varepsilon_o r^2}$	$\dfrac{\lambda(\text{선전하})}{2\pi\varepsilon_o r}$	$\dfrac{e(\text{면전하})}{2\varepsilon_o}$

3. 자위 U[AT 또는 A]

구 분	구자극 m[Wb]일 때 자위 U값	구전하 Q[C]일 때 전위 V값
적용 공식	$U = \dfrac{m}{4\pi\mu_o r} = 6.33 \times 10^4 \dfrac{m}{r}$ [AT]	$V = \dfrac{Q}{4\pi\varepsilon_o r} = 9 \times 10^9 \dfrac{Q}{r}$ [V]

4. 자기 쌍극자 (막대자석, 봉자석, 소자석에 적용)

구 분	정전계	정자계
쌍극자	전기 쌍극자 모멘트 $M = Q\delta \, [\text{C} \cdot \text{m}]$	자기 쌍극자 모멘트 $M = ml \, [\text{Wb} \cdot \text{m}]$
전위 $V\,[\text{V}]$ 및 자위 $U\,[\text{AT}]$	전위 $V = \dfrac{M\cos\theta}{4\pi\varepsilon_o r^2} = 9\times 10^9 \dfrac{M\cos\theta}{r^2}$	자위 $U = \dfrac{M\cos\theta}{4\pi\mu_o r^2} = 6.33\times 10^4 \dfrac{M\cos\theta}{r^2}$
전계 $E\,[\text{V/m}]$ 및 자계 $H\,[\text{AT/m}]$	전계 $E = \dfrac{M}{4\pi\varepsilon_o r^3}\times\sqrt{1+3\cos^2\theta}$	자계 $H = \dfrac{M}{4\pi\mu_o r^3}\times\sqrt{1+3\cos^2\theta}$

5. 자기 2중층 (판자석에 적용)

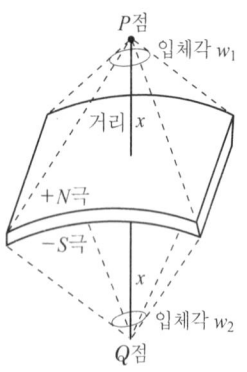

자위 $U = \dfrac{M}{4\pi\mu_o}\times\omega\,[\text{AT}]$	• 자기 쌍극자 $M\,[\text{Wb}\cdot\text{m}]$
전위 $V = \dfrac{M}{4\pi\varepsilon_o}\times\omega\,[\text{V}]$	• 입체각 $\omega\,[\text{rad/s}]$

출제 유형	P점이 면에 무한히 접근시	반지름 a인 원형 중심거리 x만큼 떨어진 경우	
전위 V	$V = \dfrac{M}{\varepsilon_o}\,[\text{V}]$	$V = \dfrac{M}{2\varepsilon_o}\left(1 - \dfrac{x}{\sqrt{a^2+x^2}}\right)[\text{V}]$	• 전기쌍극자 M • 거리 $x\,[\text{m}]$ • 반지름 $a\,[\text{m}]$
자위 U	$U = \dfrac{M}{\mu_o}\,[\text{AT 또는 A}]$	$U = \dfrac{M}{2\mu_o}\left(1 - \dfrac{x}{\sqrt{a^2+x^2}}\right)[\text{AT}]$	• 자기쌍극자 M • 거리 $x\,[\text{m}]$ • 반지름 $a\,[\text{m}]$

6. 자속밀도 $B\,[\text{Wb/m}^2]$

출제 유형	공기중 μ_o일 때 사용 식	비투자율 μ_s 주어진 경우 사용 식
자속밀도 B공식	$B = \mu_o H\,[\text{Wb/m}^2]$	$B = \mu_o\mu_s H = \mu H$
전속밀도 D공식	$D = \varepsilon_o E\,[\text{C/m}^2]$	$D = \varepsilon_o\varepsilon_s E = \varepsilon E$

7. 자(기)력선

구 분	기준(공기중일 때)	기타(비투자율 μ_s 주어진 경우)
자기력선수	$\dfrac{m(\text{구자극})}{\mu_o}$ [개]	$\dfrac{m}{\mu} = \dfrac{m}{\mu_o \mu_s}$ [개]
전기력선수	$\dfrac{Q}{\varepsilon_o}$ [개]	$\dfrac{Q}{\varepsilon} = \dfrac{Q}{\varepsilon_o \varepsilon_s}$ [개]

8. 회전력(토크) T 또는 $\tau[\mathrm{N\cdot m}]$

(1) 막대자석의 회전력 T

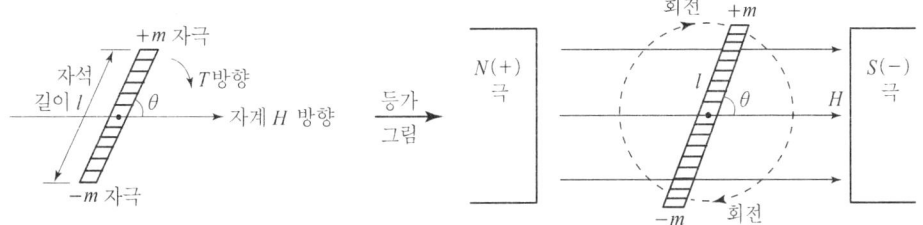

출제 유형	m과 l이 주어진 경우 사용 식	M이 주어진 경우 사용 식	벡터(량) 표기 식
적용 공식 (토크)	$T = mlH\sin\theta$	$= MH\sin\theta$	$= M \times H\,[\mathrm{N\cdot m}]$
용 어	자극 $m[\mathrm{Wb}]$, 자석길이 $l[\mathrm{m}]$, 자계 $H[\mathrm{AT/m}]$, 자기쌍극자(모멘트) $M[\mathrm{Wb\cdot m}]$, 막대자석과 자계 H와 이루는 각 $\theta[\mathrm{rad}]$		

(2) 평판 코일에 의한 회전력 T

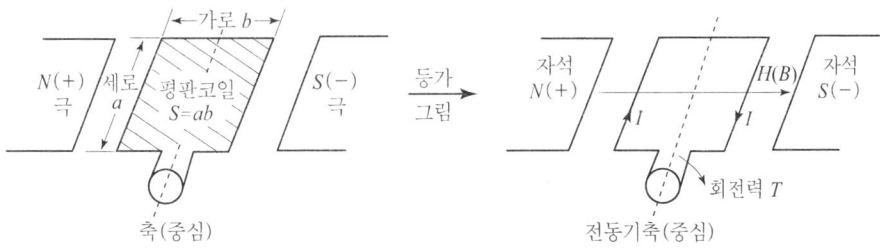

출제 유형	면적 S가 주어진 경우 사용 식	면적 S 대신 세로 a와 가로 b가 주어진 경우 사용 식
토크 공식	$T = NBSI\cos\theta\,[\mathrm{N\cdot m}]$	$T = NBa \times bI\cos\theta\,[\mathrm{N\cdot m}]$
용 어	권수 N, 자속밀도 $B[\mathrm{Wb/m^2}]$, 평판코일 면적 $S = a \times b[\mathrm{m^2}]$, 코일에 흐르는 전류 $I[\mathrm{A}]$, 코일과 자계가 이루는 각 θ	

9. 힘 F 또는 f [N]

(1) 선전류에 작용하는 힘 f

플레밍의 왼손법칙 적용	암 기	전동기 플레밍의 왼손법칙 적용 그림
힘 $F=IBl\sin\theta$ 방향 엄지, 중지 → 자계 $H(B)$ 방향 = 자속 ϕ 검지 → 전류 I 방향	F B I	축, 힘 F 방향 N극(+), S극(-), 선전류 I 방향, B 방향 힘 F 방향 $=IBl\sin\theta$

출제 유형	B가 주어진 경우 사용 식	H가 주어진 경우 사용 식	벡터량 표기 식	도체와 자계가 수직(90°)인 경우
힘 F 적용 공식	$F=IBl\sin\theta$	$=I\mu_o Hl\sin\theta$	$=(I\times B)l$	$=IBl$ [N], $\sin 90°=1$
용 어	전류 I [A], 자속밀도 B [Wb/m²], 자계 H [AT/m], 진공중의 투자율 μ_o [H/m], 전선 길이 l [m], 자계 H와 이루는 각 θ [rad]			

(2) 평행도선(전선 2가닥, 복도체, 왕복도선) 간의 작용하는 힘 F 계산

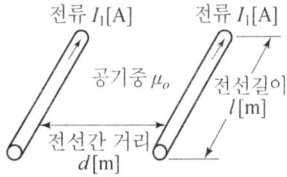

힘 $F = \dfrac{\mu_o I_1 I_2}{2\pi r} \times l = 2 \times \dfrac{I_1 I_2 \times 10^{-7}}{r} \times l$ [N]

단, ┌ 흡인력 : 전류 방향이 같을 때 ($\overset{I_1\ I_2}{\underset{r}{\mid\ \mid}}$)

└ 반발력 : 전류 방향이 다른 경우 ($\overset{I_1}{\underset{I_2}{\mid\ \mid}}_r$)

(3) 하전입자에 작용하는 힘 F

출제 유형	B가 주어진 경우 사용 식	H가 주어진 경우 사용 식	벡터량 표기 식	수직(90°) 주어진 경우
적용 공식	힘 $F = qvB\sin\theta$	$= qv\mu_o H \sin\theta$	$= q(v \times B)$	$= qvB$ 또는 $qv\mu_o H$
용 어	전하(전자) q 또는 e [C], 전하 이동속도 v [m/s], 자속밀도 B [Wb/m²], 자계 H [AT/m], 진공중의 투자율 $\mu_o = 4\pi \times 10^{-7}$ [H/m], 전하 q와 자계 $B(H)$가 이루는 각 θ			

(4) 전계 E와 자계 H 동시 존재시 힘 F

구 분	적용 공식	용 어
힘 F	$F = q(E + v \times B)$ [N]	• 전하 q = 전자 e [C] • 전계의 세기 E [V/m] • 전자(전하) 이동속도 v [m/s] • 자속밀도 B [Wb/m²] • 전자질량 m • 파이 $\pi = 3.14$
궤도 반경 r	$r = \dfrac{mv}{eB}$ [m]	
각속도 ω ($2\pi f$값)	$\omega = \dfrac{eB}{m}$ [rad/s] ← $\dfrac{2\pi}{T}$	
주기 T	$T = \dfrac{2\pi m}{eB}$ [S]	

(5) 유기 기전력(유도 기전력) e [V]

플레밍의 오른손 법칙 적용	암기	발전기 플레밍의 오른손 법칙 적용 그림
도체의 운동(속도 v) 방향 — 엄지 자기장 $H(B)$ 방향 — 검지 유기 기전력 $e = vBl\sin\theta$ 방향 — 중지	도 자 기	속도 v, 자계 B방향, N극(+), S극(-), 전압 e 방향, 회전 방향

출제 유형	B가 주어진 경우 사용 식	H가 주어진 경우 사용 식	벡터량 표기 식	도체와 자계가 수직(90°)인 경우
전압 e 공식	$e = vBl\sin\theta$	$= v\mu_o Hl\sin\theta$	$= (v \times B)l$	$= vBl$ [V], $\sin 90° = 1$
용 어	코일 이동속도 v [m/s], 자속밀도 B [Wb/m²], 자계 H [AT/m], 진공중의 투자율 μ_o [H/m], 전선 길이 l [m], 자계 H와 이루는 각 θ [rad]			

제 8 장 자성체와 자기회로

1. 자화의 세기 $J[\text{Wb/m}^2]$

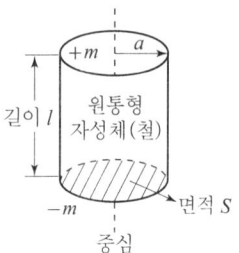

자성체에서 단위체적당($v=1\text{m}^3$) 나타나는 자기 쌍극자 모멘트($M=ml$)

(1) 자화의 세기 J

출제 유형	자계 H가 주어진 경우 사용 식	자속밀도 B가 주어진 경우 사용 식
정자계(자성체)에서	자화의 세기 $J=\mu_o(\mu_s-1)H$	$=B\left(1-\dfrac{1}{\mu_s}\right)[\text{Wb/m}^2]$
용어	진공중의 투자율 $\mu_o=4\pi\times10^{-7}[\text{H/m}]$, 비투자율 $\mu_s[\text{H/m}]$, 자속밀도 $B[\text{Wb/m}^2]$	
정전계(유전체)에서	분극의 세기 $P=\varepsilon_o(\varepsilon_s-1)E$	$=D\left(1-\dfrac{1}{\varepsilon_s}\right)[\text{C/m}^2]$

(2) 자화율 X

정자계(자성체)에서	자화율 $X=\mu_o(\mu_s-1)[\text{H/m}] \rightarrow J=XH$
정전계(유전체)에서	분극률 $X=\varepsilon_o(\varepsilon_s-1)[\text{F/m}] \rightarrow P=XE$

(3) 자기 쌍자 모멘트 $M[\text{Wb}\cdot\text{m}]$

공 식	자기(쌍극자) 모멘트 $M=$ 자화의 세기 $J\times$ 체적 $V=J\times\pi a^2\times l\,[\text{Wb}\cdot\text{m}]$
용 어	자화의 세기 $J[\text{Wb/m}^2]$, $\pi=3.14$, 자성체의 반지름 $a[\text{m}]$, 자성체 길이 $l[\text{m}]$

(4) 자극 m [Wb] 계산

공식	자극 $m =$ 자화의 세기 $J \times$ 면적 $S = J \times \pi a^2$ [Wb]

2. 자성체의 경계조건

(1) 자속밀도 B의 법선 성분은 같다

	기본 공식	응용 공식
자성체에서	$B_1 \cos\theta_1 = B_2 \cos\theta_2$	$\mu_1 H_1 \cos\theta_1 = \mu_2 H_2 \cos\theta_2$
유전체에서	$D_1 \cos\theta_1 = D_2 \cos\theta_2$	$\varepsilon_1 E_1 \cos\theta_1 = \varepsilon_2 E_2 \cos\theta_2$

(2) 자계 H의 접선 성분은 같다

자성체에서	공식	$H_1 \sin\theta_1 = H_2 \sin\theta_2$	
	용어 및 명칭	입사자속밀도 B_1 입사자계 H_1 입사각 θ_1	굴절(투과)자속밀도 B_2 굴절자계 H_2 굴절각 θ_2
유전체에서	공식	$E_1 \sin\theta_1 = E_2 \sin\theta_2$	

(3) 굴절의 법칙

동일 공식	자성체에서	$\dfrac{\tan\theta_1}{\tan\theta_2} = \dfrac{\mu_1}{\mu_2}$	$\dfrac{\tan\theta_2}{\tan\theta_1} = \dfrac{\mu_2}{\mu_1}$	$\mu_1 \tan\theta_2 = \mu_2 \tan\theta_1$
	유전체에서	$\dfrac{\tan\theta_1}{\tan\theta_2} = \dfrac{\varepsilon_1}{\varepsilon_2}$	$\dfrac{\tan\theta_2}{\tan\theta_1} = \dfrac{\varepsilon_2}{\varepsilon_1}$	$\varepsilon_1 \tan\theta_2 = \varepsilon_2 \tan\theta_1$

(4) 자성체 조건($\mu_1 > \mu_2$일 때)이 주어진 경우 특징

구 분	자성체($\mu_1 > \mu_2$일 때)에서	유전체($\varepsilon_1 > \varepsilon_2$일 때)에서
특 징	입사각 $\theta_1 > \theta_2$ 투과각 입사자속밀도 $B_1 > B_2$ 투과자속밀도 입사자계 $H_1 < H_2$ 투과자계	입사각 $\theta_1 > \theta_2$ 굴절각 입사전속밀도 $D_1 > D_2$ 굴절전속밀도 입사전계 $E_1 < E_2$ 굴절전계

3. 자기저항 R_m [AT/Wb] 또는 R

출제 유형	재질(μ, S, l)이 주어진 경우	기자력 F 주어진 경우	권수 N과 전류 I 주어진 경우	N과 L이 주어진 경우
적용 공식	$R_m(R) = \dfrac{l}{\mu S}$	$= \dfrac{F(\text{기자력})}{\phi(\text{자속})}$	$= \dfrac{\text{권수 }N \times \text{전류 }I}{\phi}$	$= \dfrac{N^2}{L(\text{인덕턴스})}$ [AT/Wb]
용어 (환상 철심)	① 자로 l(자속 ϕ가 다니는 길)[m] ② 기자력 F(철심에서 생기는 힘) $= NI$ [AT] ③ 철의 투자율 $\mu = \mu_o \times \mu_s$ [H/m] ④ 인덕턴스 L(코일 주변의 자계 값)[H]			

◎ 비슷한 유형 공식

구 분	환상철심 자기저항 R_m	전선의 전기저항 R	공기 콘덴서 C_o (정전용량)
공 식	$R_m = \dfrac{l}{\mu S}$	$R = e\dfrac{l}{S}$	$C_o = \dfrac{\varepsilon_o S}{d}$
적용 그림			

4. 자속 ϕ [Wb]

출제 유형	기본 공식			응용 공식	
	F가 주어진 경우 사용	N과 I 및 R 주어진 경우	μ와 S 주어진 경우	B 주어진 경우	H 주어진 경우
적용 공식	자속 $\phi = \dfrac{F}{R}$	$= \dfrac{NI}{R}$	$= \dfrac{\mu SNI}{l}$	$= BS$	$= \mu HS$ [Wb]
용 어	기자력 $F = NI$ [AT], 권수 N, 전류 I [A], 자기저항 R [AT/Wb], 투자율 $\mu = \mu_o \times \mu_s$ [H/m], 철심 단면적 S [m^2], 자로길이 l [m], 자속밀도 B [Wb/m^2], 자계 H [AT/m]				

5. 철심 내의 작용 힘 F와 에너지 W

	출제 유형	B와 H 주어진 경우 사용 식	H만 주어진 경우 사용 식	B만 주어진 경우 사용 식
자계에서	힘 f와 에너지 W 공식	$f = \dfrac{1}{2} BH$	$= \dfrac{1}{2}\mu H^2$	$= \dfrac{B^2}{2\mu}$ [N 또는 N/m² 또는 N/m³] ↓ 면적당 ↓ 체적당
용	어	자속밀도 $B[\text{Wb/m}^2]$, 자계 $H[\text{AT/m}]$ 투자율 $\mu = \mu_o \cdot \mu_s [\text{H/m}]$		
정전계에서	힘 f와 에너지 W 공식	$W = \dfrac{1}{2} ED$	$= \dfrac{1}{2}\varepsilon E^2$	$= \dfrac{D^2}{2\varepsilon}$ [J 또는 J/m² 또는 J/m³] ↓ 면적당 ↓ 체적당

[주의] 철심 면적 S가 주어진 경우 "힘 $F = \dfrac{B^2}{2\mu} \times$ 주어진 면적 S [N]" 사용할 것.

6. 미소 공극이 있는 철심인 경우 자기저항

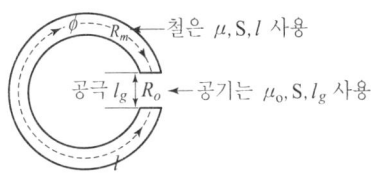
철은 μ, S, l 사용
공기는 μ_o, S, l_g 사용

$$\text{자기저항비} = \frac{\text{공극 존재시 자기저항}(R_m + R_o)}{\text{공극이 없는 경우 자기저항 } R_m} = 1 + \frac{l_g \mu}{l \mu_o}$$

7. 환상철심의 손실 P_l (변압기 철손)

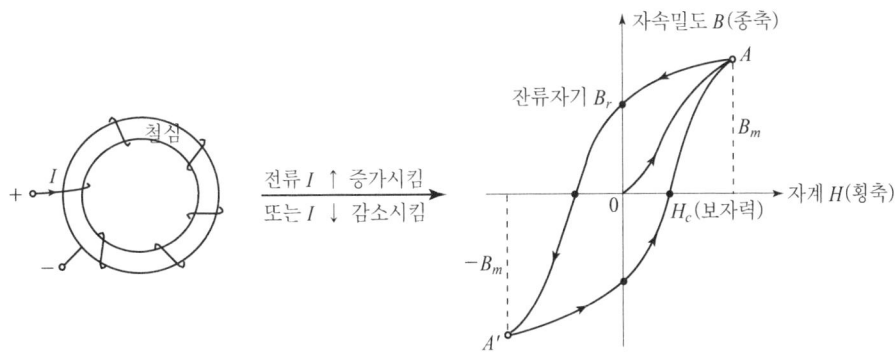

구 분	와류손 P_e	히스테리시스손 P_h
공 식	$P_e = k(fB_m t)^2$	$P_h = kfB_m^{1.6}t$
용 어	재료에 따른 상수 k, 주파수 f[Hz], 자속밀도 B_m[Wb/m^2], 철두께 t	
잔류자기 B_r	전류 $I=0$일 때 철심에 존재하는 자석의 성질(자속밀도 B)	
보자력(항자력)	자화된 자성체를 처음 0(자화 안된) 상태로 되돌리는 데 필요한 힘(자계 H값)	

8. 자성체 종류와 특징

종 류	정의 및 자기 모멘트 배열상태		비투자율 μ_s 조건	투자율 μ 조건	비자하율 X_m 조건	예
상자성체	인접 영구자기 쌍극자의 방향이 규칙성이 없는 재질		$\mu_s > 1$ 일 것.	$\mu > \mu_o$ 일 것.	$X_m > 0$ 일 것.	알루미늄 Al, 백금 Pt, 산소 O$_2$
강자성체	인접 영구자기 쌍극자의 방향이 같은 방향으로 배열하는 재질		$\mu_s \gg 1$	$\mu \gg \mu_o$	$X_m \gg 1$	니켈 Ni, 코발트 Co, 망간 Mn, 철 Fe
반강자성체	인접 영구자기 쌍극자의 방향이 서로 반대인 재질		$\mu_s < 1$	$\mu < \mu_o$	$X_m < 0$	산화망간 Mno, 황화철 FeS, 철-망가니즈 합금
반자성체 (역자성체)	영구자기 쌍극자가 없는 재질		$\mu_s < 1$	$\mu < \mu_o$	$X_m < 0$	금 Au, 은 Ag, 구리 Cu, 납 Pb, 수은 Hg

9. 자석의 종류와 특징

구분 \ 종류	영구자석	전자석
보 자 력	크다	작다 小
전류자기	크다	크다
히스테리시스 곡선 면적	크다	작다 小

제 9 장 전자유도

1. 패러데이(Faraday)의 전자유도 법칙

패러데이 법칙	유도 기전력의 (크기) 결정 법칙(전압 크기 결정)
렌츠의 법칙	유도 기전력의 (방향) 결정 법칙(전압 방향 결정)

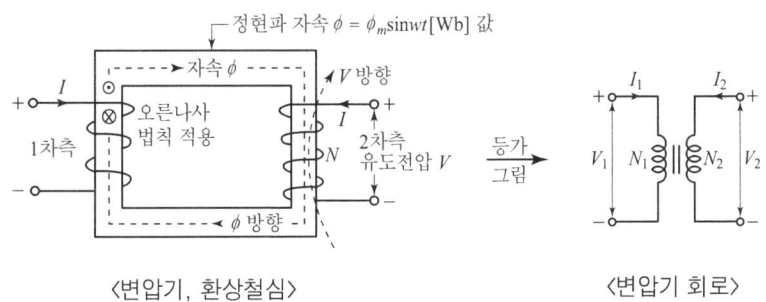

⟨변압기, 환상철심⟩　　　　⟨변압기 회로⟩

2차측 유도 기전력 $V = -N\dfrac{d\phi}{dt} = \ominus \times \boxed{N \times \dfrac{d\phi}{dt}}$ [V]

　　　　　　　　　　　　↑렌츠의 법칙(방향)　　↑패러데이 법칙(크기)

출제 유형	자속 ϕ가 상수인 경우	$\phi=$정현파 자속$= \phi_m \sin \omega t$ 주어진 경우		자속밀도 B와 면적 $S = a \times b$가 주어진 경우
전압	$V = -N\dfrac{d\phi}{dt}$	$= -\omega N \phi_m \cos \omega t$	$= +\omega N \phi_m \sin(wt - 90°)$	$= \omega N B a b \sin(wt - 90°)$
용어	권수 N, 자속 ϕ [Wb], 각속도 ω [rad/s]$= 2\pi f$, 최대자속 ϕ_m [Wb], 자속밀도 B [Wb/m^2], 코일 가로길이 a와 세로길이 b			
결론	유도 기전력은 $\dfrac{\pi}{2}$(90°) 만큼 자속보다 뒤진다.			

2. 표피효과와 침투깊이 $\delta[m]$

(1) 표피효과

전압 및 주파수가 클수록 전선(도체) 표면으로 전류가 집중적으로 흐르려는 현상. 즉 도체 중심으로 갈수록 전류밀도가 작아진다.

(2) 침투깊이 $\delta = \sqrt{\dfrac{2}{w\delta\mu}} = \sqrt{\dfrac{2e}{w\mu}}\,[m]$

전압 V와 주파수 f 크기에 따른 전류가 흐르는 전선 표면 깊이 값.

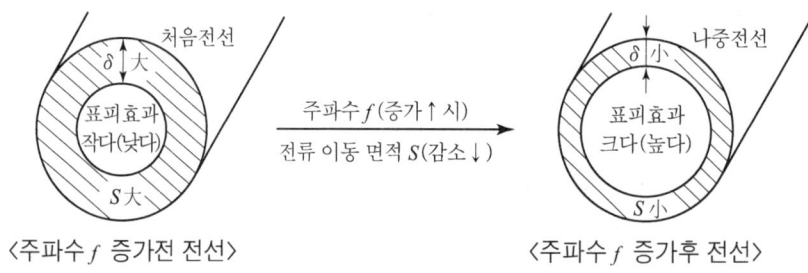

〈주파수 f 증가전 전선〉   〈주파수 f 증가후 전선〉

출제 유형	표피효과가 주어진 경우(비례 적용)	침투깊이 δ가 주어진 경우(반비례 적용)	주파수 f, 도전율 δ, 투자율 μ 주어진 경우 사용
적용 공식	표피효과(비례관계)	$\propto \dfrac{1}{\text{침투깊이 }\delta}$	$= \sqrt{\dfrac{w\delta\mu}{2}} \propto f \cdot \delta \cdot \mu \propto$ 저항 R
용어	각속도 $w = 2\pi f\,[rad/s]$, 도전율 $\delta(k)\,[℧/m] = \dfrac{1}{\text{고유저항 }e\,[\Omega \cdot m]}$, 투자율 $\mu = \mu_o \times \mu_s\,[H/m]$		

제10장 인덕턴스 L[H]

1. 인덕턴스 L

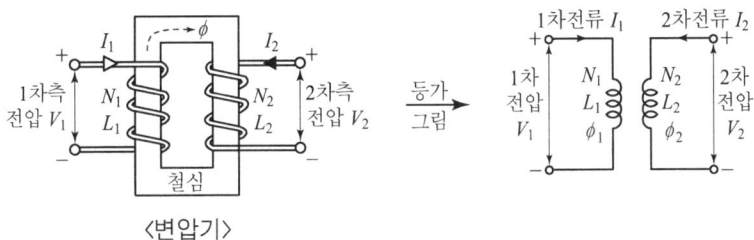

〈변압기〉

용어 정의	자기 인덕턴스 L_1, L_2[H]	각 1차, 2차 전류에 의해 생긴 전자유도값
	상호 인덕턴스 M[H]	상대편 전류에 의해 생긴 전자유도 값
공 식	$M = k\sqrt{L_1 L_2}$[H] (단, 결합계수 k. 이상결합인 경우는 $k=1$ 처리)	

유도전압 방향(렌츠의 법칙)

1차측 전압 $V_1 = \ominus \boxed{N_1 \dfrac{d\phi_1}{dt}} = \ominus \boxed{L_1 \dfrac{dI_1}{dt}} = \ominus \boxed{M \dfrac{dI_2}{dt}}$ [V]

2차측 전압 $V_2 = \ominus \boxed{N_2 \dfrac{d\phi_2}{dt}} = \ominus \boxed{L_2 \dfrac{dI_2}{dt}} = \ominus \boxed{M \dfrac{dI_1}{dt}}$ [V]

유도 기전력 크기(패러데이 법칙)

2. 인덕턴스 L 계산 : $LI = N\phi$ 사용

(1) 철심(솔레노이드)의 L값

1) 환상철심인 경우

출제 유형	N, ϕ, I 주어진 경우 사용 식	N과 R 주어진 경우 사용 식	μ와 S 주어진 경우 사용 식
인덕턴스 L값	환상철심 $L = \dfrac{N\phi}{I}$	$= \dfrac{N^2}{R}$	$= \dfrac{\mu S N^2}{l}$ 또는 $\dfrac{\mu S N^2}{2\pi a}$ [H]
용어	인덕턴스 L[H], 권수 N, 자속 ϕ[Wb], 전류 I[A], 자기저항 $R = \dfrac{l}{\mu S}$ [AT/Wb], 투자율 $\mu = \mu_o \times \mu_s$ [H/m], 철심 단면적 S[m^2], 자로 $l = 2\pi a$ [m]		
자계 H값	① 철심내부 $H = \dfrac{NI}{2\pi r}$	② 외부 및 중심 $H = 0$	

2) 무한장 철심인 경우

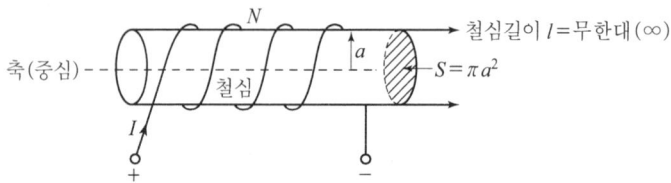

출제 유형	S가 주어진 경우 사용 식	a가 주어진 경우 사용 식	단위길이 1[m]당
인덕턴스 L값	무한장 철심 $L = \mu S N^2 l$	$= \mu \pi a^2 N^2 l$ [H]	$= \mu S N^2$ [H/m]
용어	투자율 $\mu = \mu_o \times \mu_s$ [H/m], 철심면적 S[m^2], 철심 반지름 a[m], $\pi = 3.14$, 철심길이 l[m]		
자계 H값	① 철심내부 $H = NI$	② 외부 $H = 0$	

(2) 원주(무한장 직선)의 L값

	외부 L값 공식	내부 L값 공식
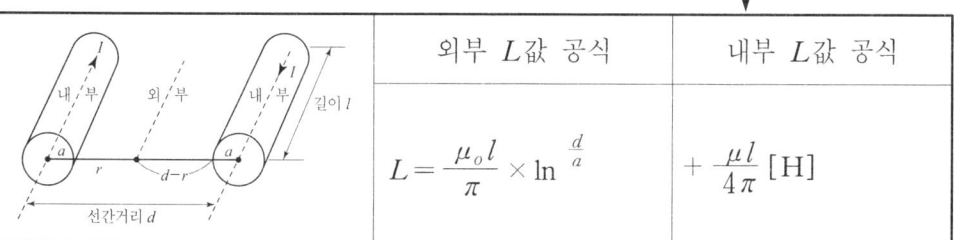	$L = \dfrac{\mu_o l}{2\pi} \times \log \dfrac{b}{a}$	$+ \dfrac{\mu l}{8\pi}$ [H]
자계 H값	$H = \dfrac{I}{2\pi r}$ [AT/m]	

(3) 평행(왕복)도선의 L값 (전선 2가닥, 복도체)

$\times \dfrac{1}{2}$ 배 적용

	외부 L값 공식	내부 L값 공식
	$L = \dfrac{\mu_o l}{\pi} \times \ln \dfrac{d}{a}$	$+ \dfrac{\mu l}{4\pi}$ [H]

3. 합성 인덕턴스

(1) 직렬 접속

출제 유형	가동접속인 경우 (전류방향이 같을 때) 大 값	차동접속인 경우 (전류방향이 다를 때) 小 값
적용 그림		
합성 인덕턴스	$L_o = L_1 + L_2 + 2M$ [H] $= L_1 + L_2 + 2k\sqrt{L_1 L_2}$	$L_o = L_1 + L_2 - 2M$ [H] $= L_1 + L_2 - 2k\sqrt{L_1 L_2}$
용 어	자기 인덕턴스 L_1, L_2 [H] / 상호 인덕턴스 M [H] / 결합계수 k	

(2) 병렬 접속

구 분	회로도	합성 인덕턴스 L_o
가동접속		$L_o = \dfrac{L_1 L_2 - M^2}{L_1 + L_2 - 2M}$ [H] 大값
차동접속		$L_o = \dfrac{L_1 L_2 - M^2}{L_1 + L_2 + 2M}$ [H] 小값

4. 코일(자계) 축적 에너지 W[J]

적용 식	$W = \dfrac{1}{2} L I^2 = \dfrac{1}{2} N\phi I$ [J]

Key Point ● 인덕턴스 종류와 각 코일 축적에너지 공식 ●

인덕턴스 종류	환상철심인 경우 사용 식	가동·차동 접속인 경우 사용 식	원주 내부인 경우
공 식	$L = \dfrac{N\phi}{I} = \dfrac{\mu S N^2}{l}$	$= L_1 + L_2 \pm 2M$	$= \dfrac{\mu l}{8\pi}$ [H]
에너지 식	$W = \dfrac{1}{2} \times \dfrac{\mu S N^2}{l} \times I^2$	$= \dfrac{1}{2} \times (L_1 + L_2 \pm 2M) \times I^2$	$= \dfrac{1}{2} \times \dfrac{\mu l}{8\pi} \times I^2$

제 11 장 전자계

1. 변위전류밀도 $i_d \, [\mathrm{A/m^2}]$

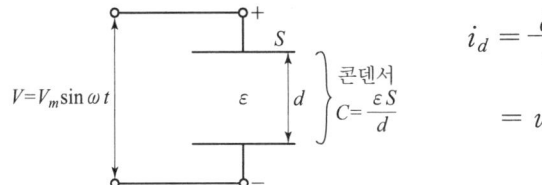

$$i_d = \frac{\partial D}{\partial t} \,(\text{전속밀도의 시간적 변화})$$

$$= w \frac{\varepsilon}{d} V_m \cos \omega t \, [\mathrm{A/m^2}]$$

변위(충전)전류 $I_d = \omega C V_m \cos \omega t = \omega C V_m \sin\left(\omega t + \frac{\pi}{2}\right) [\mathrm{A}]$

2. 전계 및 자계의 특성(고유, 파동) 임피던스 $Z \, [\Omega]$

구 분	조 건	적용 공식
기준 식	공기중일 때 (공기의 $\mu_s = \varepsilon_s = 1$)	$Z = \frac{E}{H} = \sqrt{\frac{\mu_o}{\varepsilon_o}} = 377$ 또는 $120\pi \, [\Omega]$
기타 식	μ_s와 ε_s 주어진 경우	$Z = \frac{E}{H} = \sqrt{\frac{\mu}{\varepsilon}} = 377 \times \sqrt{\frac{\mu_s}{\varepsilon_s}} \, [\Omega]$
용 어	전계 $E \, [\mathrm{V/m}]$, 자계 $H \, [\mathrm{AT/m}]$, 진공중의 투자율 $\mu_o = 4\pi \times 10^{-7} \, [\mathrm{H/m}]$, $\pi = 3.14$ 진공중의 유전율 $\varepsilon_o = 8.855 \times 10^{-12} \, [\mathrm{F/m}]$, 투자율 $\mu = \mu_o \times \mu_s$, 유전율 $\varepsilon = \varepsilon_o \times \varepsilon_s$	
응용 식	① $\sqrt{\mu} H = \sqrt{\varepsilon} E$ ② 전계 $E = 377 H$ ③ 자계 $H = \frac{1}{377} E$	

1) 전자파

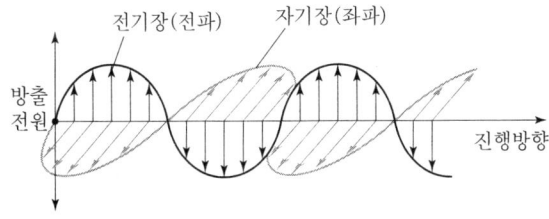

정 의	전류 I를 가하면 전계 E(전파)와 자계 H(좌파)가 항상 존재하는 파형
특 징	① 전계 E와 자계 H는 서로 직각($\underset{H방향}{\overset{90°}{\longrightarrow}E방향}$) 방향으로 진동한다. ② 전계 E와 자계 H는 동위상이다.(위상이 서로 같다.) ③ 전자파의 진행방향은 $E \times H$의 방향과 같다.
수직편파	전자파의 전계(자기장)가 대지에 대해서 수직(면)인 전자파
수평편파	전자파의 전계(전기장)가 대지에 대해서 수평(면)인 전자파

3. 전파(위상)속도 V[m/s] : 전자파의 진행속도값.

출제 유형	공기중일 때	μ_s와 ε_s 주어진 경우 사용 식	λ와 f 주어진 경우
전파속도	$V = 3 \times 10^8$	$= \dfrac{3 \times 10^8}{\sqrt{\mu_s \text{ 또는 } \mu_r \times \varepsilon_s \text{ 또는 } \varepsilon_r}}$	$= \lambda \times f$ [m/S]
용 어	비투자율 $\mu_s(\mu_r)$[H/m], 비유전율 $\varepsilon_s(\varepsilon_r)$[F/m], 파장 λ[m], 주파수 f[Hz]		

4. 포인팅 벡터 : $\vec{P}$ 또는 R[W/m²]

단위면적을 단위시간에 통과하는 에너지(전력 P[W]).

출제 유형	E와 H 주어진 경우 사용	H만 주어진 경우	E만 주어진 경우	P와 r이 주어진 경우
포인팅 벡터	$\vec{P} = EH$	$= 377H^2$	$= \dfrac{E^2}{377}$	$= \dfrac{전력\ P}{S(4\pi r^2)}$ [W/m²]
용 어	전계 E, 자계 H, 전력 P[W], 구의 표면적 $S = 4\pi r^2$ [m²]			

5. 전파(맥스웰) 방정식

종류 및 표기	내 용	적용 법칙
① $\text{div} D$ 또는 $\nabla \cdot D = e$ [C/m³]	전속밀도 D 발산은 체적전하 e가 된다.	가우스 발산 정리
② $\text{div} B$ 또는 $\nabla \cdot B = 0$	자계에서 고립된 자극(N, S)이 단독으로 존재하지 않으므로 자계의 발산은 0이다.	자속의 연속성 원리
③ $\text{rot} E$ 또는 $\nabla \times E = -\dfrac{\partial B}{\partial t}$	자계 B의 시간적 변화에 따라 전계 E의 회전이 생긴다.(발전기, 변압기에 적용)	패러데이의 전자유도 법칙
④ $\text{rot} H$ 또는 $\nabla \times H = i_c$(전도전류밀도) $+ \dfrac{\partial D}{\partial t}$ (변위전류밀도) $= J$(전류밀도) 내용 : 전도전류와 변위전류는 자계 H를 발생시킨다.(전동기에 적용)		암페어의 주회적분 법칙
⑤ $B = \text{rot} A = \nabla \times A$	자계 H는 비보존성이므로 그 회전값은 0이 아니다.	

PART 6

전기기기

[전기공사기사 · 산업기사 요점정리 Ⅲ]

제 1 장 직류기
제 2 장 변압기(transformer)
제 3 장 동기기(synchronous machine)
제 4 장 유도기
제 5 장 정류기
제 6 장 교류 정류 자기

구분	분권 발전기 G → 심벌 E	분권 전동기 M → 심벌 E-L
정의	기계에너지 → 전기에너지로 변환시키는 기계	전기에너지 → 기계에너지로 변환시키는 기계
적용 법칙	플레밍의 오른손 법칙	플레밍의 왼손 법칙
실제 회로	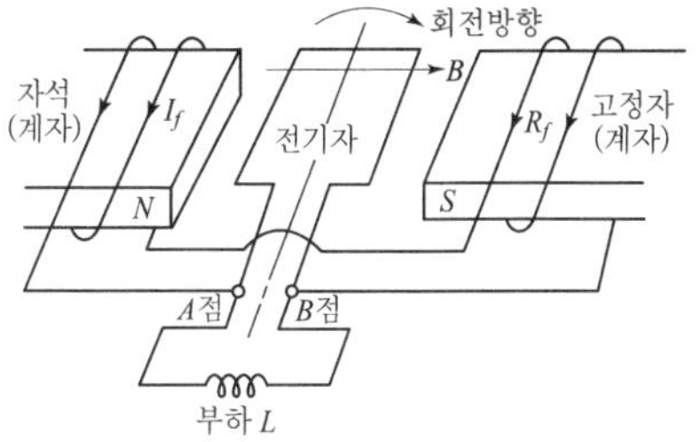 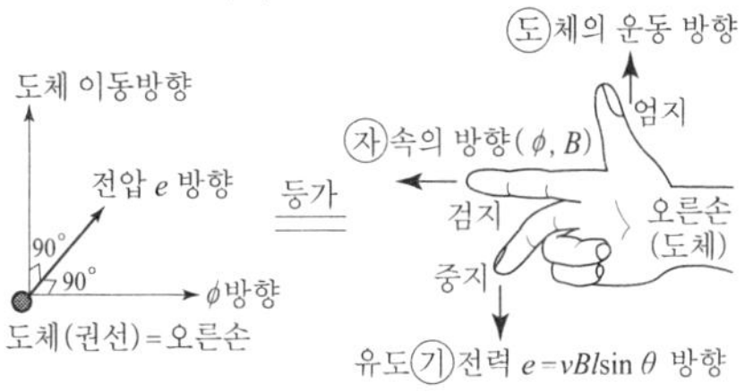	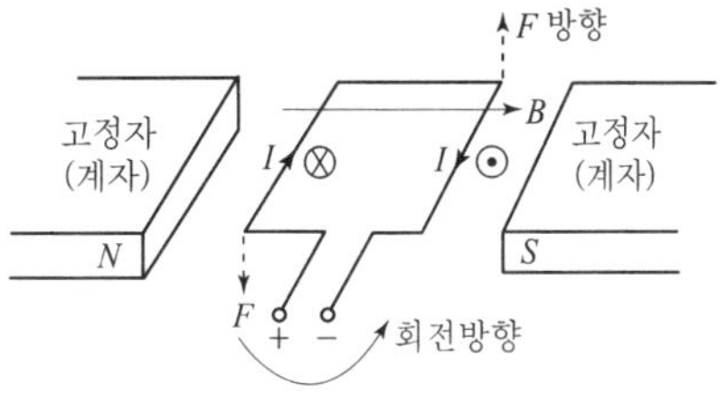 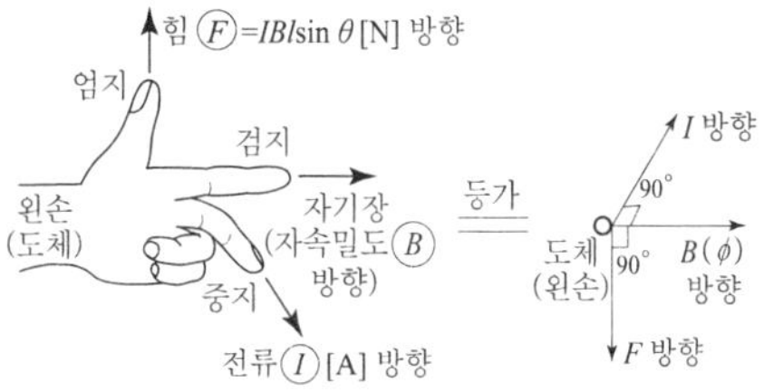
등가 회로 및 공식	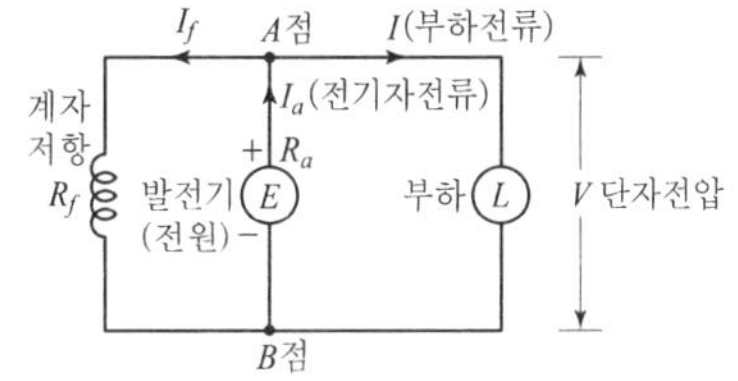 ① 전기자전류 $I_a = I + I_f = \dfrac{P}{V} + \dfrac{V}{R_f}$ $= \dfrac{E-V}{R_a}$ [A] ② 유기기전력 $E = V + I_a \cdot R_a + e_b + e_a$ $= \dfrac{P}{a} Z\phi \dfrac{N}{60} = k\phi N$ [V] ③ 입력 $P = EI_a$ ④ 출력 $P = VI$	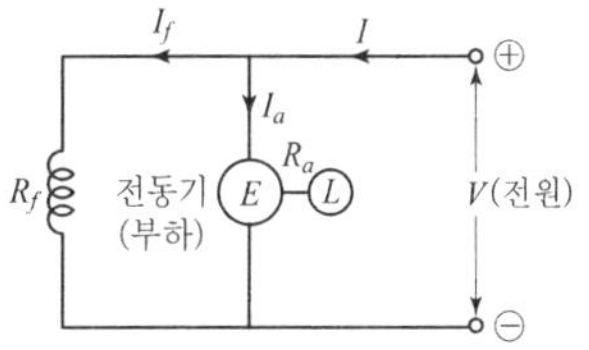 ① 전기자전류 $I_a = I - I_f = \dfrac{V-E}{R_a}$ [A] ② 역기전력 $E = V - I_a \cdot R_a = \dfrac{P}{a} Z\phi \dfrac{N}{60}$ ③ 입력 $P = VI$ ④ 출력 $P = EI_a$ ⑤ 회전수 $N = k\dfrac{V - I_a \cdot R_a}{\phi}$ [rpm] ⑥ 토크 $T = \dfrac{PZ}{2\pi a}\phi I_a$ [N·m] $= 0.975\dfrac{P}{N}$ [kg·m] 단위 1[kg·m] = 9.8[N·m]

앙페르의 오른나사 법칙 또는 암페어 오른손 법칙

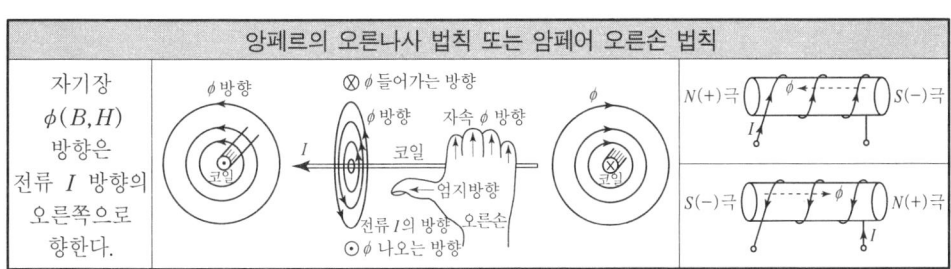

자기장 $\phi(B,H)$ 방향은 전류 I 방향의 오른쪽으로 향한다.

제1장 직류기

제1절 직류 발전기

(1) 직류기 3대 요소

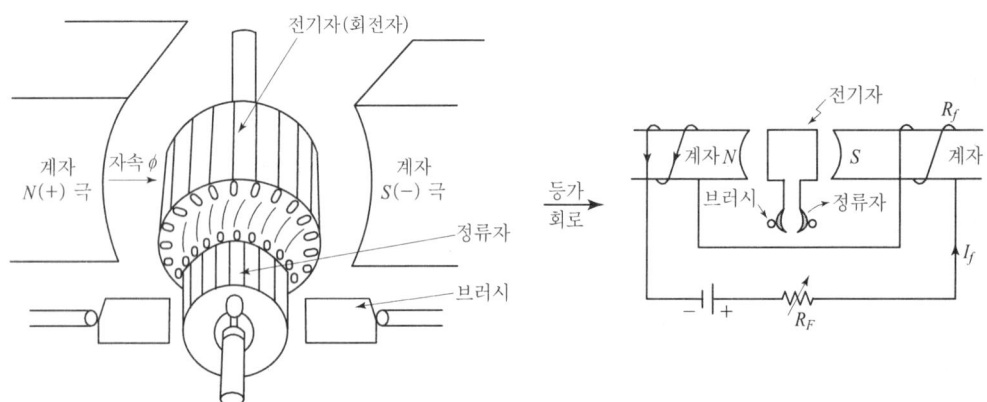

직류기 3요소	역 할(기 능)
계자	N극에서 S극으로 자속 ϕ [Wb]을 공급하는 것
전기자	자속 ϕ을 끊어서 기전력(전압)을 유도하는 것
정류자	교류(AC)를 직류(DC)로 바꾸어 주는 것

◎ 브러시(외부 회로와 내부 회로를 연결시켜 주는 것)

구 분	종 류	용 도
브러시 종 류	금속 흑연질 브러시	저전압 및 대전류에 사용
	전기 흑연질 브러시	직류 기계에 사용
	천연 탄소 브러시	소형 기계에 사용

구분	분권 발전기 G → 심벌 E	분권 전동기 M → 심벌 E L
정의	기계에너지 → 전기에너지로 변환시키는 기계	전기에너지 → 기계에너지로 변환시키는 기계
적용 법칙	플레밍의 오른손 법칙	플레밍의 왼손 법칙
실제 회로	(그림)	(그림)
등가 회로 및 공식	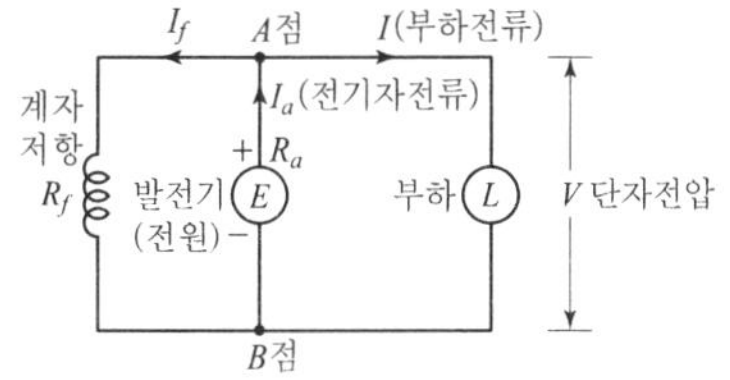 ① 전기자전류 $I_a = I + I_f = \dfrac{P}{V} + \dfrac{V}{R_f}$ $= \dfrac{E-V}{R_a}$ [A] ② 유기기전력 $E = V + I_a \cdot R_a + e_b + e_a$ $= \dfrac{P}{a} Z\phi \dfrac{N}{60} = k\phi N$ [V] ③ 입력 $P = EI_a$ ④ 출력 $P = VI$	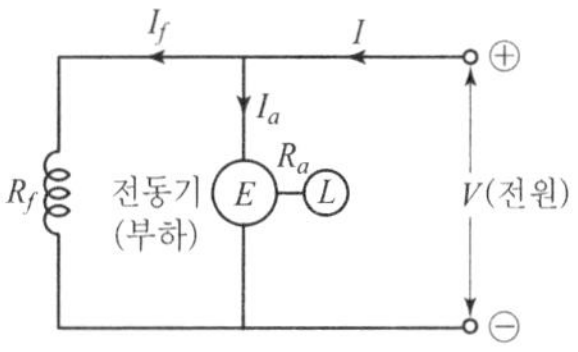 ① 전기자전류 $I_a = I - I_f = \dfrac{V-E}{R_a}$ [A] ② 역기전력 $E = V - I_a \cdot R_a = \dfrac{P}{a} Z\phi \dfrac{N}{60}$ ③ 입력 $P = VI$ ④ 출력 $P = EI_a$ ⑤ 회전수 $N = k\dfrac{V - I_a \cdot R_a}{\phi}$ [rpm] ⑥ 토크 $T = \dfrac{PZ}{2\pi a}\phi I_a$ [N·m] $= 0.975 \dfrac{P}{N}$ [kg·m] 단위 1[kg·m] = 9.8[N·m]

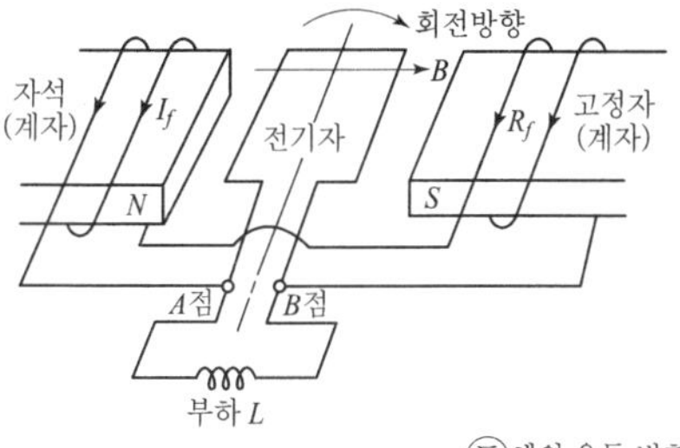

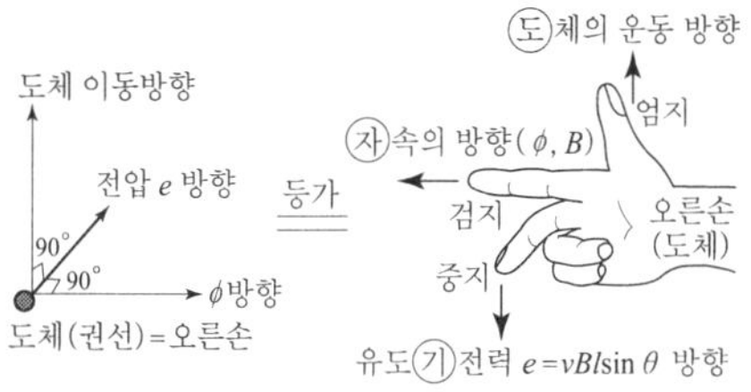

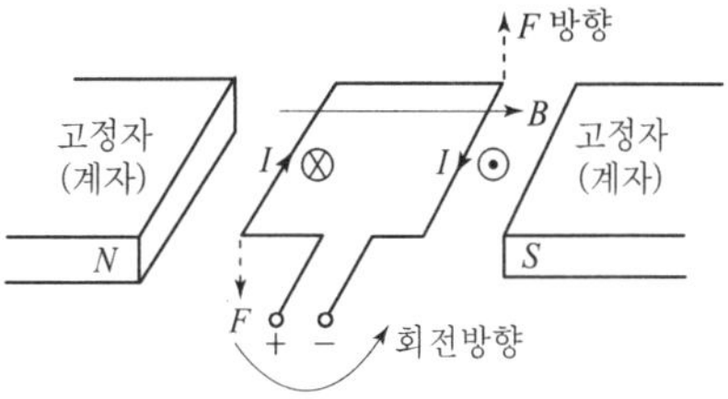

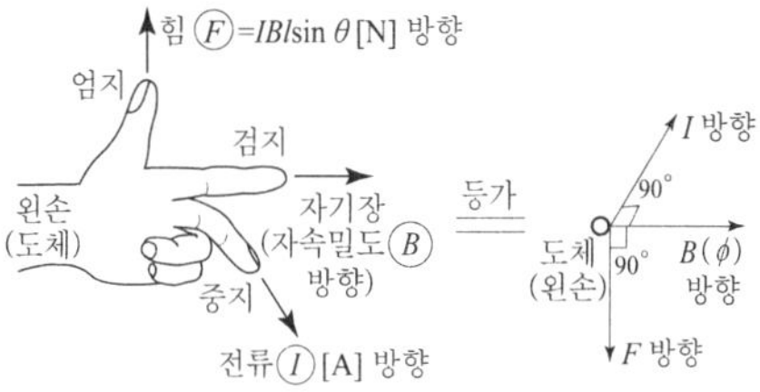

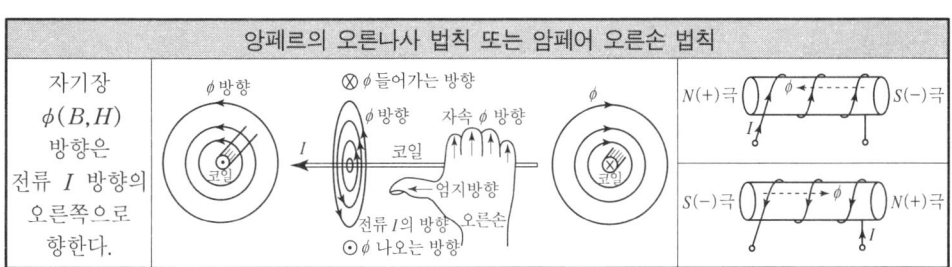

앙페르의 오른나사 법칙 또는 암페어 오른손 법칙

자기장 $\phi(B, H)$ 방향은 전류 I 방향의 오른쪽으로 향한다.

제1장 직류기

제1절 직류 발전기

(1) 직류기 3대 요소

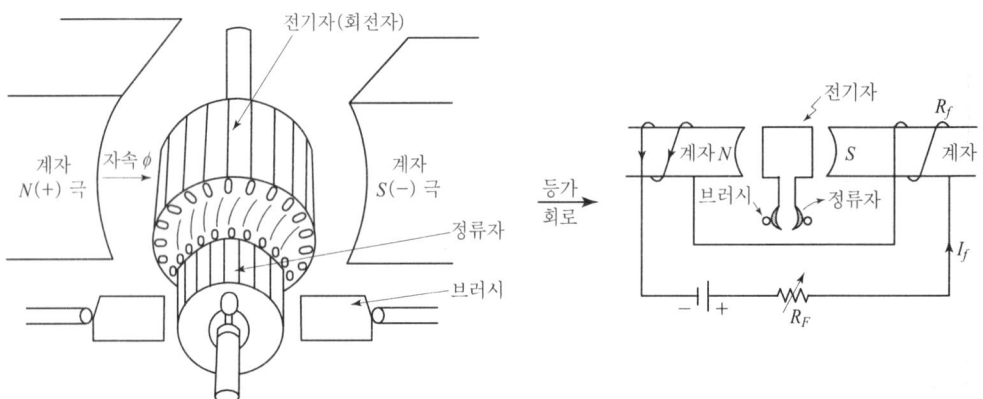

직류기 3요소	역 할(기 능)
계자	N극에서 S극으로 자속 ϕ[Wb]을 공급하는 것
전기자	자속 ϕ을 끊어서 기전력(전압)을 유도하는 것
정류자	교류(AC)를 직류(DC)로 바꾸어 주는 것

◎ 브러시(외부 회로와 내부 회로를 연결시켜 주는 것)

구 분	종 류	용 도
브러시 종 류	금속 흑연질 브러시	저전압 및 대전류에 사용
	전기 흑연질 브러시	직류 기계에 사용
	천연 탄소 브러시	소형 기계에 사용

(2) 전기자 권선

환상권	개로권 ┐ ┌ 단중권 폐로권 ┘ └ 다층권
고상권	개로권 ┐ ┌ 단층권 ─→ 중권(병렬권) : $a=b=P$ 폐로권 ┘ └ 2층권 ─→ 파권(직렬권) : $a=b=2$

★ 2층권 사용 이유 : 코일 제작 및 권선 작업이 용이하기 때문에
★ 직류기에 사용 권선법 : ① 이층권 ② 고상권 ③ 폐로권

구 분	용 도	a와 B와 P의 관계
중권(병렬권)	저전압 대전류(장점)	병렬회로수 a = 브러시수 b = 극수 P → 다중도 $m \times P$
파권(직렬권)	고전압(장점) 소전류	병렬회로수 a = 브러시수 b = 2

◎ 정류자 편수 $k = \dfrac{\text{총 도체수 } Z}{2\text{개}} = \dfrac{\text{전 슬롯수} \times \text{한 슬롯 내 도체수(1권수} \times \text{2도체)}}{2}$

(3) 유기 기전력 E [V] : 전기자 권선이 발생시킨 전압

구 분	중권 또는 파권이 주어진 경우 사용 식	중권 또는 파권이 안 주어진 경우 사용 식
유기 기전력	전압 $E = \dfrac{P}{a} Z\phi \dfrac{N}{60}$	$= k\phi N$ [V] (비례식)
용 어	중권 $a=b=P$ / 파권 $a=b=2$ / 총 도체수 Z = 전 슬롯수 × 한슬롯 도체수 자속 ϕ [Wb] / 회전속도 N [rpm]　　　　　　　　　　　　└→1권수×2도체	
전기자 주변속도	$v = \pi D \dfrac{N}{60}$ [m/s]	

(4) 전기자 반작용

전기자 코일에 전류가 흘러 주자속(계자) 에 영향을 미치는 현상

※ 전기각=기하각(전기자 반작용에 의한 자기 중성축 이동각) $\times \dfrac{P(\text{극수})}{2}$

1) 전기자 반작용 영향

① 감자작용 : 자극이 어느 한쪽(국부적으로)에 포화되는 작용.

② 편차작용 : 자기적 중심점의 이동.(G : 회전방향, M : 회전반대방향)

③ 브러시를 새축으로 이동시 감자작용에 의해서 발생되는 작용.

> ㉠ 발전기 G : 유기기전력 $E-k\phi N$(감소)
> ㉡ 전동기 M : 토크 $T = k\phi I_a$(감소)

④ 정류자편 사이의 전압이 불균형하여 섬락원인이 된다.

⑤ 정류작용에 영향을 준다.

2) 전기자 반작용 방지대책

① 중성축 이동시킴 ― 발전기 G (회전방향으로 이동시킴)
　　　　　　　　　└ 전동기 M (회전 반대방향으로 이동시킴)

② 보극 설치(전압정류) : 바로 밑의 전기자 권선에 의한 기자력을 상쇄한다.

③ 보상권선 설치

전기자에 흐르는 전류와 반대방향으로 전류를 흘려줌.(가장 효과적이다.)

[용도] 직류기, 고속기(부하의 변화가 심할 때)에 사용.

◎ 보극이 없는 직류기 : 브러시를(회전방향으로) 이동시켜 정류하면 효과적이다.

(5) 정 류 : 전기자의 전류방향이 바뀌는 것

1) 리액턴스 전압 $e_L = L \cdot \dfrac{2I_c(\text{전기자도체 전류})}{T_c(\text{정류주기})}$ [V]

2) 정류곡선

① 직선정류(이상적인 정류)　┐
② 정현파 정류(이상적인 정류)┘ 불꽃 없는 정류

③ 과정류(정류 초기) : 브러시의 앞에서 불꽃 발생

④ 부족정류(정류 말기) : 브러시의 뒤쪽에서 불꽃 발생

◎ 정류자 편간전압 $= \dfrac{\text{총전압}(E \times P)}{\text{정류자 편수 } k}$

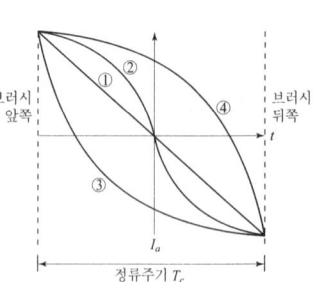

3) 불꽃 없는(양호한) 정류방법

⇒ 직선정류 하는 방법 $\left(\text{식} \ e_L\downarrow = L\downarrow \times \dfrac{2I_c}{T_c\uparrow} \ [\text{V}] \ \text{적용한다.} \right)$

① 리액턴스(인덕턴스) 전압이 적을 것.(e_L 小)

② 리액턴스(인덕턴스) 값이 적을 것.(X_L 小)

③ 정류주기를 길게(크게) 할 것.(T_c 大)

→ 브러시의 접촉저항 크게 하여 단락전류 제한한다.

④ 회전자 속도 적게 할 것.

⑤ 리액턴스 전압 e_L(小) < 브러시 전압 강하 e_b(大)일 것.

⑥ 브러시의 접촉저항 크게 할 것.(탄소 브러시 사용할 것.)

(6) 여자 방식

여자 종류	① 타여자	외부에서 계자전류 I_f를 공급하는 방식
	② 자여자	내부 스스로 계자전류 I_f를 공급하는 방식

1) 타여자 발전기

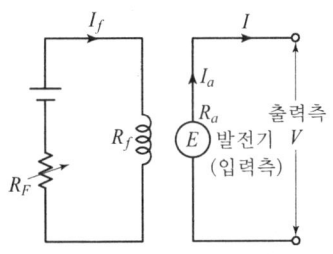

① 전기자 전류

$$I_a = I = \dfrac{P}{V} = \phi(\text{자속})\text{와 같은 의미.}$$

② 유기기전력 E [V] 계산

구분	중권, 파권이 주어진 경우	비례식에 사용	단자전압 V 주어진 경우
유기기전력	$E = \dfrac{P}{a}Z\phi\dfrac{N}{60}$	$= k\phi N$	$= V + I_a R_a + e_a + e_b$ [V]
용어	전기자 전류 I_a / 계자전류 I_f / 전기자저항 R_a / 계자 권선저항 R_f 전기자 전압강하 e_a[V] / 브러시 전압강하 e_b[V] / 부하전류 I / 단자전압 V		

2) 자여자 발전기 (직권, 분권, 복권)

① **직권 발전기** : 계자권선(R_s)과 전기자권선(R_a)을 직렬로 접속한 발전기.

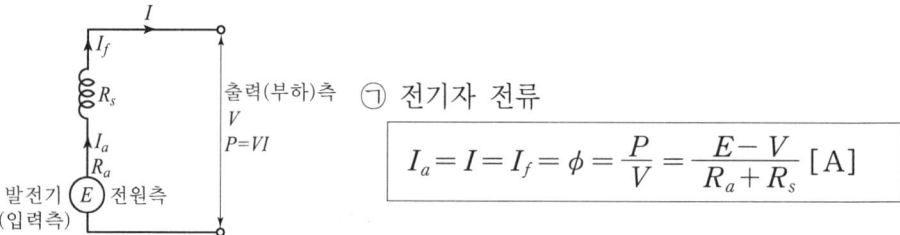

㉠ 전기자 전류

$$I_a = I = I_f = \phi = \frac{P}{V} = \frac{E-V}{R_a + R_s} \text{ [A]}$$

㉡ 유기 기전력 E

구 분	R_a와 R_s 주어진 경우 사용 식	중권 및 파권 주어진 경우	비례식 적용
유기 기전력	$E = V + I_a(R_a + R_s) + e_a + e_b$	$= \frac{P}{a} Z\phi \frac{N}{60}$	$= k\phi N$ [V]
용 어	전기자 전류 I_a / 계자전류 I_f / 전기자저항 R_a / 계자 권선저항 R_f 전기자 전압강하 e_a [V] / 브러시 전압강하 e_b [V] / 부하전류 I / 단자전압 V		

㉢ 입력 $P = EI_a$

㉣ 출력 $P = VI$

② **분권 발전기** : 계자권선(R_s)과 전기자권선(R_a)을 병렬로 접속한 발전기.

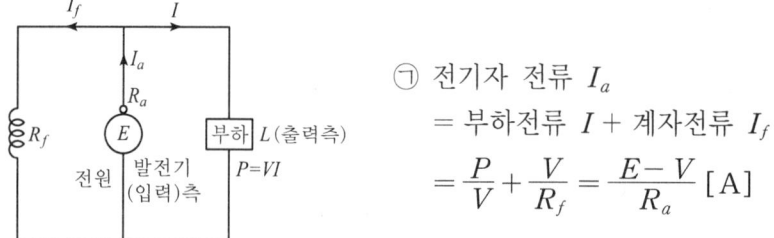

㉠ 전기자 전류 I_a
  = 부하전류 I + 계자전류 I_f
  $= \frac{P}{V} + \frac{V}{R_f} = \frac{E-V}{R_a}$ [A]

㉡ 유기 기전력 E

구 분	R_a 주어진 경우	중권 및 파권 주어진 경우	비례식 적용
유기 기전력	$E = V + I_a R_a + e_a + e_b$	$= \frac{P}{a} Z\phi \frac{N}{60}$	$= k\phi N$ [V]
용 어	전기자 전류 I_a / 계자전류 I_f / 전기자저항 R_a / 계자 권선저항 R_f 전기자 전압강하 e_a [V] / 브러시 전압강하 e_b [V] / 부하전류 I / 단자전압 V		
특 성	타여자 발전기보다 전압강하가 크다. ($V\downarrow$ 감소 → $I_f\downarrow$ 감소 → $E\downarrow$ 감소)		

ⓒ 입력 $P = EI_a$

ⓓ 출력 $P = VI$

③ 복권 발전기(직권+분권)

㉠ 외분권 발전기

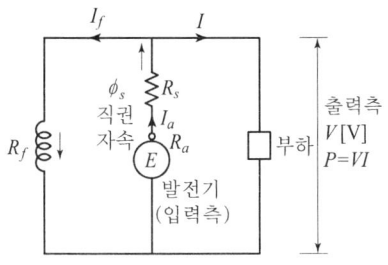

ⓐ 전기자 전류 I_a

$$I_a = I + I_f = \frac{P}{V} + \frac{V}{R_f} = \frac{E-V}{R_a + R_s} \, [\text{A}]$$

ⓑ 유기 기전력 E

$$E = \frac{P}{a} Z\phi \frac{N}{60} = k\phi N$$
$$= V + I_a(R_a + R_s) + e_a + e_b \, [\text{V}]$$

★ 복권을 → 분권 또는 직권으로 사용하는 방법

구 분	사용방법
복권 발전기를 → 분권 발전기로 사용시	직권 계자권선을 단락(short)시킴.
복권 발전기를 → 직권 발전기로 사용시	분권 계자권선을 개방(open)시킴.

★ 발전기를 ⇔ 전동기로 사용할 경우

발전기(generator)		전동기(motor)
가동 복권 발전기	승압용에 사용	차동 복권 전동기
차동 복권 발전기	아크용접(수하 특성)에 사용	가동 복권 전동기

★ 외분권 종류

종 류	특 징	적 용
① 평복권	무부하전압 $V_o =$ 정격전압 V	일정전압(정전압) 요구시 사용
② 과복권	무부하전압 $V_o <$ 정격전압 V	직류 DC · 송전계통
③ 차동복권	무부하전압 $V_o >$ 정격전압 V	용접기, 수하특성

ⓛ 내분권 발전기

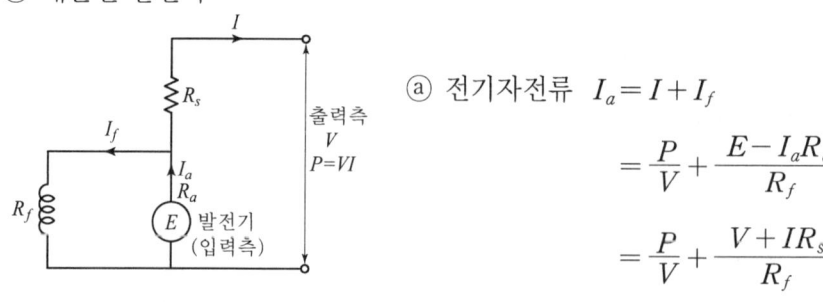

ⓐ 전기자전류 $I_a = I + I_f$
$$= \frac{P}{V} + \frac{E - I_a R_a}{R_f}$$
$$= \frac{P}{V} + \frac{V + IR_s}{R_f}$$

∴ 전기자전류 $I_a = \dfrac{E - V - IR_s}{R_a}$ [A]

ⓑ 유기기전력 $E = \dfrac{P}{a} Z \phi \dfrac{N}{60} = k \phi N = V + I_a R_a + IR_s$ [V]

(7) 무부하 특성곡선 및 외부 특성곡선

1) 무부하 특성곡선

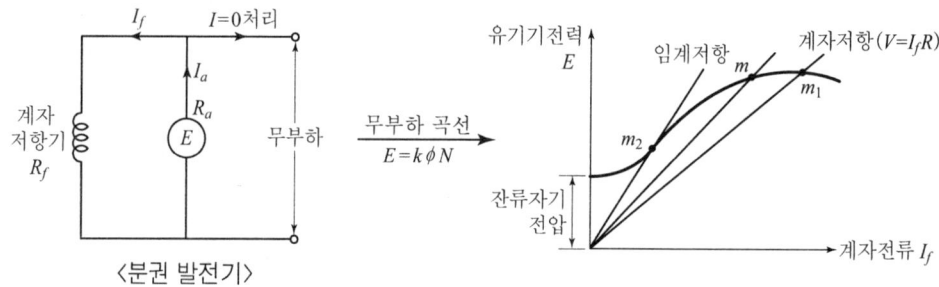

① 유기 기전력 E와 계자전류 I_f 관계 곡선

② 자여자 발전기가 전압을 확립시키는 조건

전압 확립 조건	계자접속과 회전방향 반대방향시 (거꾸로 돌리는 경우)
① 잔류자기 존재할 것. ② 계자접속과 회전방향 정방향일 것. ③ 임계저항 > 계자저항일 것	① 잔류자기 상실 ② 발전 안됨. ※ 타여자 발전기는 잔류자기 존재 안 해도 동작된다.

③ 무부하시 특징

구 분		특 징
직류 직권인 경우	I , R_s , I_a , R_a , E 무부하시 $I=I_f=I_a=0$	① 전류가 0이기 때문에 전압이 확립 되지 못한다. ② 잔류자기만 존재한다.
직류 분권인 경우	$I_f=0$, I_a, R_a, E, R_f 잔류자기, 미소 전압, I_s 단락	① 단락전류 I_s : 부하전류가 어느 값 이상 증가시 감자작용(전기자저항 강하와 전기자 반작용)으로 단자전 압 급히 저하 I_s는 미소값 흐름 ② 역회전시 : 잔류자기 소멸(발전 불능 상태)
분권 전동기인 경우	전부하시 전기자전류 I_a = 과전류	

2) 외부 특성곡선

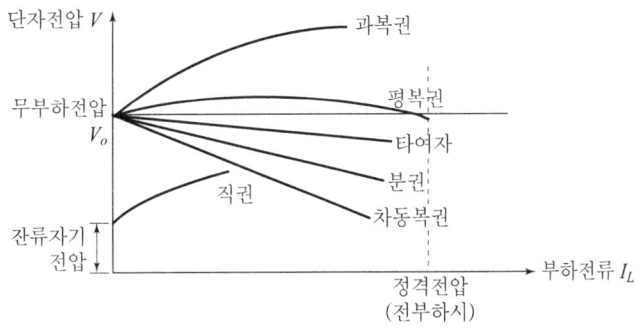

① 단자전압 V와 부하전류 I_L 관계 곡선

② 전압 변동률 $\varepsilon = \dfrac{무부하\ 전압\ V_o - V}{정격(전부하)전압\ V} = \dfrac{V_o - V}{V} \times 100\,[\%]$

③ 전압변동률 $\varepsilon(+)$인 경우

㉠ 타여자 ㉡ 분권 ㉢ 차동복권   ※ 그 외 (−)값

구 분	무부하전압(V_o)		정격전압(V)	전압변동률 값
① 직권 발전기	V_o	<	V	$\varepsilon(-)$
② 분권 발전기	V_o	>	V	$\varepsilon(+)$
③ 복권(평복권) 발전기	V_o	=	V	$\varepsilon(0)$
④ 과복권 발전기	V_o	<	V	$\varepsilon(-)$
⑤ 차동복권 발전기(용접기)	V_o	>	V	$\varepsilon(+)$
⑥ 타여자 발전기	V_o	>	V	$\varepsilon(+)$

(8) 직류 발전기 병렬운전

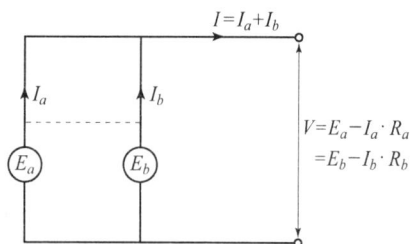

1) 병렬운전 목적
① 1대의 발전기로 용량이 부족할 때 사용
② 예비설비 및 수리점검이 유리
③ 부하변동이 심한 수용가에 사용

2) 병렬운전 조건

조 건	조건과 불일치하는 경우 문제점
① 두 발전기 극성이 일치할 것.	단락사고
② 두 발전기 단자전압이 일치할 것.	순환전류 흐름
③ 외부 특성이 수하 특성일 것.	전압이 큰 쪽이 더 부하 분담한다.

3) 균압선 설치

① 설치 목적	병렬운전을 안정하게 운전하기 위해 설치한다.
② 설치 기계	직권, 복권

4) 공식

① 전류 $I = I_a + I_b$ ② 단자전압 $V = E_a - I_a R_a = E_a - I_a R_b \, [\text{V}]$

5) 부하분담

정 의	부하를 증가시키려면 그 발전기의 계자조정기 R_f를 감소시켜 계자전류를 증가시키면 자속 증가, 유기 기전력 증가하므로 자기분담이 커진다. ($R_f \downarrow$ 감소, $I_f \uparrow$ 증가, $\phi \uparrow$ 증가, $e \uparrow$ 증가)	
방 법	계자전류 I_f(증가↑) : 부하분담 커진다.	I_f(감소↓) : 부하분담이 감소

제2절 직류 전동기

(1) 타여자 전동기 (단자전압 $V >$ 역기전력 E)

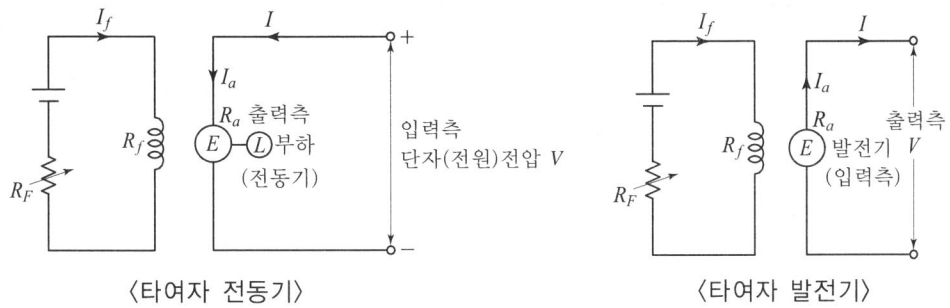

〈타여자 전동기〉　　　　　　　〈타여자 발전기〉

1) 입력전류 $I\,[\text{A}]\,(I_a)$

전 동 기	입력(부하, 전기자)전류 $I_a = \dfrac{\text{단자전압 } V - \text{역기전력 } E}{R_a}$ [A]
발 전 기	전기자전류 $I_a = I = \dfrac{P}{V}$ = 자속 ϕ

2) 역기전력 $E = V - I_a R_a$ [V]

구 분	V, I_a, R_a 주어진 경우	중권, 파권 주어진 경우	비례식 적용
역기전력 E (전동기)	$E = V - I_a R_a$	$= \dfrac{P}{a} Z\phi \dfrac{N}{60}$	$= k\phi N$ [V]
유기기전력 (발전기)	$E = V + I_a R_a + e_a + e_b$	$= \dfrac{P}{a} Z\phi \dfrac{N}{60}$	$= k\phi N$ [V]

① 입력 $P = VI$　② 출력 $P = EI_a$

3) 회전수 N

회전수 $N = k \dfrac{V - I_a R_a}{\phi}$ [rpm] (단, k는 기계정수)

계자저항 R_F(↑증가) → 계자전류 I_f(↓감소) → 자속 ϕ(↓감소) → 회전수 N(↑증가)

★ 계자저항 R_F 증가(↑) → 회전수 N 증가(↑)

4) 토크 T

구 분	단 위	중권, 파권 주어진 경우	비례식 적용	E와 I_a 주어진 경우	V, I_a, R_a 주어진 경우
토크 T 공식	[N·m] 요구시 사용	$T = \dfrac{PZ}{2\pi a}\phi I_a$	$= k\phi I_a$	$= \dfrac{60 I_a E}{2\pi N}$	$= \dfrac{60 I_a (V - I_a R_a)}{2\pi N}$
구 분	단 위	출력 P와 회전수 N 주어진 경우		역기전력 E와 전기자 전류 I_a 주어진 경우	
토크 T 공식	[kg·m] 요구시 사용	$T = 0.975 \dfrac{P}{N}$		$= 0.975 \times \dfrac{E I_a}{N}$ [kg·m]	

(2) 자여자 전동기

1) 직권 전동기

특 징	무부하 하지 말 것. 또는 벨트 운전하지 말 것.
용 도	가변속도 전동기로서 부하 변동이 심하거나 또는 큰 토크 요구시 사용. 전동차, 기중기, 권상기, 크레인 등에 사용된다.

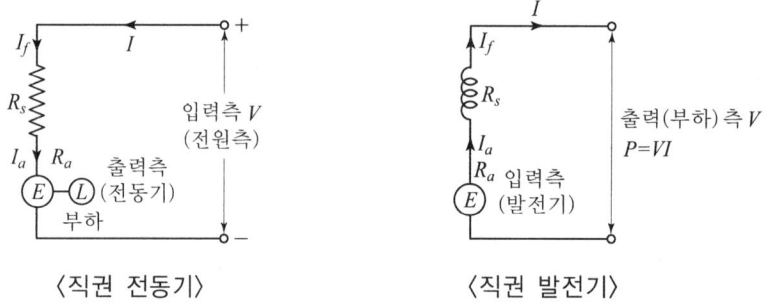

〈직권 전동기〉　　　〈직권 발전기〉

① 전기자 전류 I_a

전동기	전기자 전류 $I_a = I = I_f = \phi = \dfrac{V - E}{R_a + R_s}$ [A]
발전기	전기자 전류 $I_a = I = I_f = \phi = \dfrac{P}{V} = \dfrac{E - V}{R_a + R_s}$

② 역기전력 E 공식

구 분	V, I_a, R_a, R_s 주어진 경우	중권, 파권 주어진 경우	비례식 적용
역기전력 E (전동기일 때)	$E = V - I_a(R_a + R_s)$	$= \dfrac{P}{a} Z\phi \dfrac{N}{60}$	$= k\phi N$ [V]
유기기전력 E (발전기일 때)	$E = V + I_a(R_a + R_s)$	$= \dfrac{P}{a} Z\phi \dfrac{N}{60}$	$= k\phi N$ [V]

㉠ 입력 $P = VI$　㉡ 출력 $P = EI_a$

③ 회전수 $N = k\dfrac{V - I_a(R_a + R_s)}{\phi(I_a)}$ [rpm]

④ 토크 T 공식

구분	단위	중권, 파권 주어진 경우	비례식 적용	E와 I_a 주어진 경우	V, I_a, R_a, R_s 주어진 경우
토크 T 공식	[N·m] 요구시 사용	$T = \dfrac{PZ}{2\pi a}\phi I_a$	$= k\phi I_a = kI_a^2$	$= \dfrac{k}{N^2} = \dfrac{60 I_a E}{2\pi N}$	$= \dfrac{60 I_a \{V - I_a(R_a + R_s)\}}{2\pi N}$ [N·m]

구분	단위	출력 P와 회전수 N 주어진 경우	역기전력 E와 전기자 전류 I_a 주어진 경우	
토크 T 공식	[kg·m] 요구시 사용	$T = 0.975\dfrac{P}{N}$	$= 0.975 \times \dfrac{EI_a}{N}$	$= 0.975 \times \dfrac{I_a\{V - I_a(R_a + R_s)\}}{N}$ [kg·m]

⑤ 직권 전동기의 회전방향을 반대로 하는 방법

  전기자 전류나 계자전류 중 1개의 방향을 바꾼다.

  ★ 극성을 바꾸어도 회전방향은 변화가 없다.

⑥ 직권 전동기의 정격전압에 무부하(무여자) 상태

무부하시	$I_a = I = I_f = \phi = 0$ 상태 → 회전속도 $N = k\dfrac{V - I_a(R_s + R_s)}{\phi(0)}$ (↑증가) → 위험상태
대 책	기어 또는 체인으로 운전할 것.(벨트 운전하지 말 것.)

2) 분권 전동기 (역기전력 E < 단자전압 V)

특 징	무여자(계자전류 $I_f = 0$)하지 말 것.
용 도	정속도 전동기 / 정토크 / 정출력 부하에 적용한다.
	선박의 펌프, 송풍기, 공작기기, 권상기, 압연기 보조용에 사용한다.

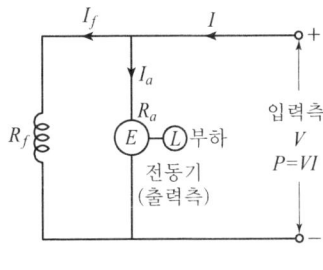

〈분권 전동기〉

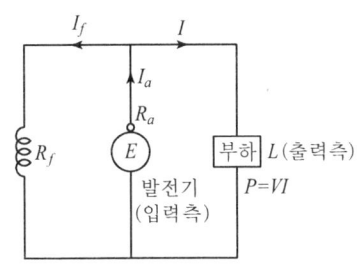

〈분권 발전기〉

① 전기자 전류 I_a

전동기	$I_a = I - I_f = \dfrac{P(입력)}{V}$ 또는 $\dfrac{출력/\eta}{V} - \dfrac{V}{R_f}$ [A] $= \dfrac{V-E}{R_a}$ [A]
발전기	$I_a = I + I_f = \dfrac{P}{V} + \dfrac{V}{R_f} = \dfrac{E-V}{R_a}$ [A]

② 역기전력 E

구 분	V, I_a, R_a 주어진 경우	중권, 파권 주어진 경우	비례식 적용할 때
역기전력 E (전동기)	$E = V - I_a R_a$	$= \dfrac{P}{a} Z \phi \dfrac{N}{60}$	$= k\phi N$ [V]
유기기전력 E (발전기)	$E = V + I_a R_a$	$= \dfrac{P}{a} Z \phi \dfrac{N}{60}$	$= k\phi N$ [V]

㉠ 입력 $P = VI$

㉡ 출력 $P = EI_a$

③ 회전수 N

분권 전동기	직권 전동기
$N = k \dfrac{V - I_a R_a}{\phi(I_a)}$ [rpm]	$N = k \dfrac{V - I_a(R_a + R_s)}{\phi(I_a)}$

④ 토크 T

구분	단위	중권, 파권 주어진 경우	비례식 적용	E와 I_a 주어진 경우	V, I_a, R_a, R_s 주어진 경우
토크 T (분권)	[N·m]	$T = \dfrac{PZ}{2\pi a} \phi I_a$	$= k\phi I_a$	$= \dfrac{60 I_a E}{2\pi N}$	$= \dfrac{60 I_a (V - I_a R_a)}{2\pi N}$
토크 T (직권)	[N·m]	$T = \dfrac{PZ}{2\pi a} \phi I_a$	$= k\phi I_a$ $= k I_a^2$	$= \dfrac{60 I_a E}{2\pi N}$	$= \dfrac{60 I_a \{ V - I_a(R_a + R_s) \}}{2\pi N}$

구분	단위	출력 P와 회전수 N 주어진 경우	역기전력 E와 전기자 전류 I_a 주어진 경우	
토크 T (분권)	[kg·m]	$T = 0.975 \dfrac{P}{N}$	$= 0.975 \times \dfrac{EI_a}{N}$	$= 0.975 \times \dfrac{I_a(V - I_a R_a)}{N}$
토크 T (직권)	[kg·m]	$T = 0.975 \dfrac{P}{N}$	$= 0.975 \times \dfrac{EI_a}{N}$	$= 0.975 \times \dfrac{I_a \{ V - I_a(R_a + R_s) \}}{N}$

⑤ 분권 전동기 특징

구 분	결 과
무부하시(전기자전류 $I_a=0$)시	회전수 $N=k\dfrac{V-I_a\cdot R_a}{\phi}$ (속도 가속)
정격전압·무여자 상태시	무부하시 계자회로에 단선이 생기는 경우(위험상태) 계자회로에 퓨즈 삽입 안 된다.
전부하시(회전자 속도 $N=0$)	$E=k\phi N=0$, $I_a=\dfrac{V-E(0)}{R_a}$ (과전류 : 망가짐)

3) 복권 전동기

① 외분권 전동기

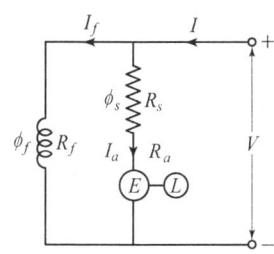

㉠ 전기자 전류

$$I_a=I-I_f=I-\frac{V}{R_f}=\frac{V-E}{R_a+R_s}\,[\text{A}]$$

㉡ 역기전력 $E=V-I_a(R_a+R_s)\,[\text{V}]$

㉢ 회전수 $N=k\dfrac{V-I_a(R_a+R_s)}{\phi}\,[\text{rpm}]$

㉣ 토크 $T=\dfrac{P}{\omega}=\dfrac{60P}{2\pi N}=\dfrac{60I_a\{V-I_a(R_a+R_s)\}}{2\pi N}=\dfrac{PZ}{2\pi a}\phi I_a=k\phi I_a$

㉤ 외분권 전동기의 특징

구 분	사용 가능 전동기
직권 계자권선 단락시	분권 전동기
분권 계자권선 개방시	직권 전동기

② 내분권 전동기

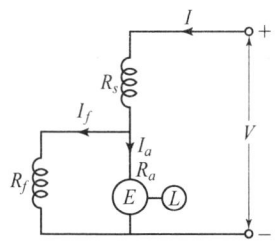

㉠ 전기자 전류 I_a

$$I_a=I-I_f=I-\frac{E+I_aR_a \text{ 또는 } V-IR_s}{R_f}$$
$$=\frac{V-E-IR_s}{R_a}\,[\text{A}]$$

㉡ 역기전력 $E=V-I_aR_a-IR_s\,[\text{V}]$

㉢ 회전수 $N=k\dfrac{V-I_aR_a-IR_s}{\phi}$

㉣ 토크 $T = \dfrac{60EI_a}{2\pi N} = \dfrac{60I_a(V - I_aR_a - IR_s)}{2\pi N} = \dfrac{PZ}{2\pi a}\phi I_a = k\phi I_a$

4) 토크 T값 및 각 전동기 속도 특성(大→小관계)

구 분	① 직권	② 가동복권	③ 분권	④ 차동복권
토크 T값	$T = kI_a^2 = k\dfrac{1}{N^2}$	$T = k(\phi_f + \phi_s)I_a$	$k\phi I_a$	$k(\phi_f - \phi_s) \cdot I_a$
전기자전류 I_a값	$I_a = I = I_f = \phi$	$I_a = I - I_f = I - \dfrac{V}{R_f}$	$I_a = I - I_f$	$I_a = I - I_f$
회전속도 N값	$\dfrac{V - I_a(R_a + R_s)}{\phi(I_a)}$	$\dfrac{V - I_a(R_a + R_s)}{\phi_f + \phi_s}$	$\dfrac{V - I_a \cdot R_a}{\phi_f}$	$\dfrac{V - I_a(R_a + R_s)}{\phi_f - \phi_s}$
토크 크기 순서	직권 > 가동복권 > 분권 > 차동복권			

속도변동률 $\varepsilon = \dfrac{\text{무부하속도 } N_o - \text{정격속도 } N}{\text{정격속도 } N} \times 100\,[\%]$

(3) 전동기 속도 제어 및 제동

1) 속도 제어 (속도 $N \propto \dfrac{V(\text{전압}) - I_aR_a(\text{저항})}{\phi(\text{자속 또는 계자})}$ 적용)

종 류	특 징	용 도
① 계자제어	정출력 제어(미소 제어)	
② 전압제어	광범위한 속도 제어	제철소의 압연기, 고속 엘리베이터
	워드 레오너드 방식(직류 DC 전원 사용)	소형 부하
	일그너 방식(교류 AC 전원 사용)	대형 부하
③ 저항제어	손실이 크다	소형 전동기

2) 제동법(정지)

종 류	내 용
① 회생 제동	강하 중량의 위치에너지로 전동기를 발전기로 작동시켜 발생전력을 전원으로 공급하는 제동법
② 발전 제동	전동기를 발전기로 사용하여 전열 내에서 줄열로 소비하여 제동법
③ 역상 제동 또는 플러깅	계자(전기자) 전류 방향을 바꾸어 역토크 발생으로 제동(3상 중 2상을 바꾸어 제동)
④ 와전류 제동	구리의 원판을 자계 내에 회전시켜 와전류에 의해 제동.(전기동력계법에 이용)
⑤ 기계 제동	전동기에 붙인 제동화에 전자력으로 가압하여 제동하는 방식.

(4) 기 동

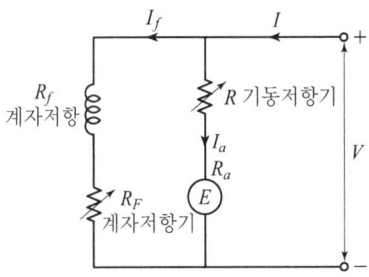

1) 전동기 기동시 조건 및 방법

기동 조건	기동 방법
① 기동전류 최소일 것.	기동저항 R을 최대로 할 것. 전기자전류 $I_a = \dfrac{V-E}{R_a + R}$ (단, 기동시 $N=0$, $E=k\phi N=0$) 기동저항 $R = \dfrac{V}{\text{기동전류 } I_s(I_a \times \text{배수})} - R_a \, [\Omega]$
② 기동토크 최대일 것.	계자저항 R_F을 최소로 할 것. ($R_F = 0$)

2) 전동기 운전시 조건 및 방법

운전 조건	운전 방법
기동저항 R 최소일 것. ($R=0$)	계자저항 R_F 부하에 따라 선정할 것.

(5) 효율 η

1) 실측 효율 η (실제 측정값 사용계산)

$$\text{실측 효율 } \eta = \frac{\text{출력}}{\text{입력}} \times 100\,[\%] = \frac{\text{출력} P}{\text{출력} P + \text{손실} P_l} \times 100\,[\%]$$

2) 규약 효율 η (손실값을 기준으로 계산)

구 분	공 식	용 어
발전기 효율 G_η	$G_\eta = \dfrac{\text{출력}}{\text{출력} + \text{손실}} \times 100\,[\%]$	① 손실 P_l = 고정손 + 가변손(부하손) ② 고정손 : 부하 증가·감소하여도 항상 일정한 손실 ③ 가변손 : 부하 증가·감소에 따라 변하는 손실
전동기 효율 M_η	$M_\eta = \dfrac{\text{입력} - \text{손실}}{\text{입력}} \times 100\,[\%]$	
최대 효율 조 건	• 발전기에서 : 고정손 = 가변손(부하손) • 변압기에서 : 철손 P_i = 동손 P_c	

(6) 손 실 $P_l =$ 기계손 P_m + 철손 $P_i =$ 출력 $P\left(\dfrac{1}{\eta}-1\right)[\text{W}] \xrightarrow{\times 10^{-3}} [\text{kW}]$

1) 가변손(부하손)

전기자(동)손 $I_a^2 R_a$ + 브러시손 $e_b I_a$ + 계자(동)손 $V_f I_f$ + 표류부하손(누설자속)

2) 기계손 $P_m =$ 풍손+베어링손+마찰손

3) 고정손(철손) P_i [W]

종 류	비 율	대 책
와류손 P_e	20 [%]	성층 철심 사용
히스테리시스손 P_h	80 [%]	규소 강판 사용

(7) 온도 시험법

1) 실부하법 : 전구 등 직접부하로 시험하는 온도시험법.

2) 반환부하법

① 블론델법(Blondel) ② 홉킨슨법(Hopkinson) ③ 카프법(Kapp)

(8) 교직 양용 전동기의 특징

① 교류(AC)와 직류(DC) 모두 사용할 수 있다.
② 기동 토크가 크다.
③ 회전수가 전압에 비례한다.
④ 무부하 회전수가 높다.
⑤ 고속회전이 쉽게 얻어진다.
⑥ 전압의 극성이 변해도 회전방향은 일정하다.
⑦ 전기 노이즈, 기계적인 노이즈가 크다.

제 2 장 변압기 (transformer)

1. 변압기(TR) 원리 및 목적

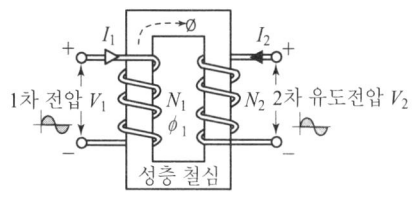

〈변압기 TR〉

원 리	전기 에너지 → 자기 에너지 → 전기 에너지로 변환시키는 기계
목 적	고압을 저압으로 변성하여 부하에 전기를 공급

(1) 변압기 종류

① 유입 변압기 (유중·기름 사용)	② 건식 변압기 (공기 사용)	③ 몰드 변압기 (진공 사용)
• 일반용	• 백화점, 대형 마트, 지하철, 신규 APT 등 화재 억제 장소	• 백화점, 대형 마트, 지하철, 신규 APT 등 화재 억제 장소
④ 방폭형 변압기 (가연성 가스나 폭발성 분진장소에 사용)	⑤ SF₆ 가스 변압기	⑥ 정류기용 변압기

(2) 몰드 변압기와 건식 변압기 장점 및 단점

구 분	장 점	단 점
몰드 TR	① 내진(먼지)·내습성이 좋다. ② 소형·경량이다. ③ 저전력 손실이다.(작다) ④ 단시간 과부하에 좋다. ⑤ 반입·반출이 용이하다.	① 가격이 비싸다. ② 소음 방지에 별도 대책이 필요하다. ③ 옥외 설치 및 대용량 제작이 어렵다.
건식 TR	① 화재 계획이 없다. ② 소형, 경량이다. ③ 보수·점검이 용이하다. ④ 큐비클 설비가 용이하고 미관상 좋다.	① 가격이 비싸다. ② 설치시 흡습에 의한 절연저하 및 주위환경에 유의한다. ③ 옥외 설치 및 먼지가 많은 곳은 부적당하다.

2. 유기 기전력 $E[\text{V}]$ 및 누설 리액턴스 $L[\text{H}]$

유기 기전력 E	$E = 4.44 f \phi_m N [\text{V}]$
	1차 전압 $E_1 = 4.44 f \phi_m N_1$ / 2차 전압 $E_2 = 4.44 f \phi_m N_2$
권수비 a 또는 n	$a(n) = \dfrac{1\text{차 권수 } N_1}{2\text{차 권수 } N_2} = \dfrac{1\text{차 전압 } E_1}{2\text{차 전압 } E_2} = \dfrac{2\text{차 전류 } I_2}{1\text{차 전류 } I_1}$
누설 리액턴스 L	$L = \dfrac{\mu A N^2}{l} [\text{H}] \rightarrow L \propto N^2$
용어	주파수 $f[\text{Hz}]$ / 최대자속 $\phi_m[\text{Wb}]$ / 투자율 $\mu[\text{H/m}]$ / 철심면적 $A[\text{m}^2]$ / 자로길이 $l[\text{m}]$

3. 변압기 등가회로 및 임피던스 환산

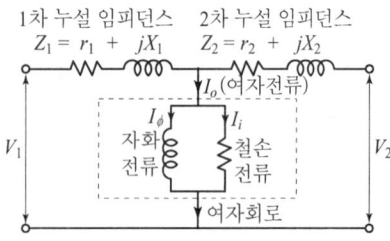

1) 여자(무부하)전류 I_o ★

$$I_o = \text{철손전류 } I_i + j\text{자화전류 } I_\phi$$
$$= \sqrt{I_i^2 + I_\phi^2} [\text{A}]$$

2) 어드미턴스 $Y = \sqrt{G^2 + B^2} [\mho]$

3) 철손 $P_i = G V_1^2 [\text{W}]$

4) 임피던스 환산값 Z_{21} 또는 Z_{12}

구분	Z_{21}(2차 $Z_2 \rightarrow$ 1차로 환산하는 경우)	Z_{12}(1차 $Z_1 \rightarrow$ 2차로 환산하는 경우)
회로도	(회로도)	(회로도)
환산값	$Z_{21} = Z_1 + a^2 Z_2 = r_1 + jX_1 + a^2(r_2 + jX_2)$ $= r_1 + a^2 r_2 + j(X_1 + a^2 X_2) [\Omega]$	$Z_{12} = \dfrac{Z_1}{a^2} + Z_2 = \dfrac{1}{a^2}(r_1 + jX_1) + r_2 + jX_2$ $= \dfrac{r_1}{a^2} + r_2 + j\left(\dfrac{X_1}{a^2} + X_2\right) [\Omega]$
권수비	$a(n) = \dfrac{N_1}{N_2} = \dfrac{E_1}{E_2} = \dfrac{V_1}{V_2} = \dfrac{I_2}{I_1} = \sqrt{\dfrac{Z_1}{Z_2}}$	

4. 강하율

(1) 임피던스 강하율 %Z

정격전압 V_p에 대한 임피던스 Z의 전압강하($I_n Z$)의 비.

구분	I_n 및 Z 주어진 경우	V_s 주어진 경우	P 주어진 경우	$P[kVA]$ 및 $V[kV]$ 사용시
임피던스 강하율	$\%Z = \dfrac{I_n Z}{V_p} \times 100\%$	$= \dfrac{\text{임피던스 전압 } V_s}{V_p} \times 100\%$	$= \dfrac{PZ}{V^2} \times 100\%$	$= \dfrac{PZ}{10V^2}$
용어	정격전류 $I_n[A]$ / 변압기 내부 임피던스 $Z[\Omega]$ / 상전압 V_P / 변압기 용량 $P[VA]$			
	임피던스 전압 $V_s = I_n Z$: 변압기 내부에 정격전류 I_n가 흐를 때 내부전압 강하			

(2) 저항 강하율 P (%r값)

정격전압 V_P에 대한 저항 r의 전압강하($I_n r$)의 비.

구 분	I_n 및 r 주어진 경우 사용 식	"동손" 주어진 경우 사용 식	P 주어진 경우 사용	$P[kVA]$ 및 $V[kV]$ 사용시
저항강하율	$P = \dfrac{I_n r}{V_p} \times 100\%$	$= \dfrac{\text{동손 } I_n^2 r}{\text{변압기 용량 } V_p I_n} \times 100\%$	$= \dfrac{Pr}{V^2} \times 100\%$	$= \dfrac{Pr}{10V^2}$
용 어	정격전류 $I_n[A]$ / 변압기 내부저항 $r[\Omega]$ / 상전압 V_P / 변압기 용량 $P[VA]$			
	임피던스 와트 = 동손[W] : 임피던스 전압 V_s을 걸 때 입력값			

(3) 리액턴스 강하율 q (%X값)

정격전압 V_p에 대한 리액턴스 X의 전압강하($I_n X$)의 비.

구 분	I_n 및 X 주어진 경우 사용	P 주어진 경우 사용	$P[kVA]$ 및 $V[kV]$ 사용시
리액턴스 강하율	$q = \dfrac{I_n X}{V_p} \times 100\%$	$= \dfrac{PX}{V^2} \times 100\%$	$= \dfrac{PX}{10V^2}$
용 어	정격전류 $I_n[A]$ / 변압기 내부 리액턴스 $X[\Omega]$ / 상전압 V_P / 변압기 용량 $P[VA]$		

(4) 임피던스 강하율 $\%Z = $ 저항 강하율 $P + j$리액턴스 강하율 $q = \sqrt{P^2 + q^2}$

5. 전압변동률 $\varepsilon = \dfrac{\text{무부하전압 } V_o(E) - V}{\text{정격(전부하)전압 } V} \times 100[\%] = \dfrac{V_o - V}{V} \times 100[\%]$

출제 유형	적용 전압변동률 ε 공식
유도성(지상=뒤진다)일 때 또는 X_L 성분일 때	$\varepsilon = P\cos\theta + q\sin\theta$
용량성(진상=앞선다)일 때 또는 X_C 성분일 때	$\varepsilon = P\cos\theta - q\sin\theta$

최대(부하) 역률 값	$\cos\phi = \cos\theta = \dfrac{P}{\sqrt{P^2+q^2} \text{ 또는 \%}Z}$

6. 단락전류 I_s

출제 유형	V_s와 Z 주어진 경우 사용	단상(1ϕ)인 경우 사용	3상(3ϕ)인 경우 사용
단락전류 I_s 공식	$I_s = \dfrac{V_s}{Z}$	$= \dfrac{100}{\%Z} \times \dfrac{P}{V}$	$= \dfrac{100}{\%Z} \times \dfrac{P}{\sqrt{3}\,V}$ [A]

권수비 $a = \dfrac{N_1}{N_2} = \dfrac{E_1}{E_2} = \dfrac{V_1}{V_2} = \dfrac{I_2}{I_1} = \sqrt{\dfrac{Z_1}{Z_2}} = \dfrac{I_{s_2}}{I_{s_1}} = \dfrac{V_{s_1}}{V_{s_2}}$

7. 다상용량

(1) 단상 변압기 1대(1ϕ1대)인 경우

변압기 용량 $P = V_p I_p\,[\text{kVA}] = k\,[\text{kVA}]$

(2) 단상 변압기 2대(1ϕ2대)인 경우 → V결선

변압기 용량 $P_v = \sqrt{3}\,V_p I_p\,[\text{kVA}] = \sqrt{3}\,k\,[\text{kVA}]$

V결선 : 변압기 3대 운전(Δ결선) 중 1대 고장 결선

구 분	이용률	출력비
공 식	$\dfrac{\sqrt{3}\,V_p I_p}{2\text{대} \times V_p I_p} \times 100[\%] = 86.6[\%]$	$\dfrac{\sqrt{3}\,V_p I_p}{3\text{대} \times V_p I_p} \times 100[\%] = 57.7[\%]$

(3) 단상 변압기 3대(1∅3대)인 경우

변압기 용량 $P_\Delta = 3대 \times V_p I_p = 3k \, [\text{kVA}]$

(4) 단상 변압기 4대(V-V결선)인 경우

변압기 용량 $P_{v-v} = 2대 \times P_v = 2\sqrt{3} V_p I_p = 2\sqrt{3} k \, [\text{kVA}]$

(5) 과부하율

과부하율 $= \dfrac{부하(실제)용량 - 변압기\ 정격용량}{변압기\ 정격용량} \times 100 \, [\%]$

8. 변압기 병렬운전

(1) 병렬운전 조건

단상(1∅), 3상(3∅) 공통조건	(다른 경우) 현상	불가능 운전 조건
① 극성이 같을 것.(감극성)	큰 순환전류로 변압기 소손 및 출력 감소	극성이 다를 때
② 1차, 2차 권수비가 같을 것.	동손 증가로 과열 소손된다.	권수비가 다를 때
③ 1차, 2차 정격전압이 같을 것.	2차 권선에 큰 순환전류로 소손된다.	정격전압이 다를 때
④ 백분율 임피던스 강하(%Z)가 같을 것.	한쪽 변압기에 과부하가 걸린다.	임피던스 강하가 다를 때
⑤ 3상(3∅)인 경우 상회전 방향 및 각 위상 변위가 같을 것. → 단락되어 큰 전류로 소손된다.		
⑥ 무부하에서 순환전류가 없을 것.		
⑦ 부하전류가 용량에 비례하여 각 변압기에 흐를 것.		
⑧ 용량이 다른 변압기 병렬운전시 용량비는 3 : 1 이내로 할 것.		

(2) 분담전류

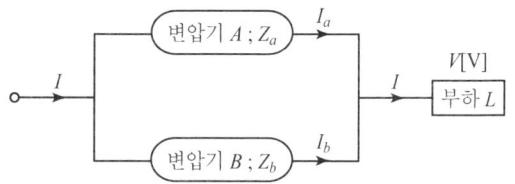

$V = I_a Z_a = I_b \cdot Z_b$ 에서

$\dfrac{I_b}{I_a} = \dfrac{Z_a}{Z_b}$

∴ 부하분담전류는 내부 임피던스에 반비례한다.

(3) 분담전력

$$\text{분담전력} \rightarrow \frac{[\text{kVA}]_b}{[\text{kVA}]_a} = \frac{\%Z_a}{\%Z_b} \times \frac{[\text{kVA}]_B}{[\text{kVA}]_A} \leftarrow \text{정격용량}$$

부하분담전류는
- ① 내부(누설) 임피던스에 반비례한다.
- ② $\%Z$, Z, V_s(임피던스 전압)에 반비례한다.
- ③ 자기 정격용량에 비례한다.

9. 변압기 결선

(1) 극성 시험

① 감극성 : $V = 1$차전압 $V_1 - 2$차전압 V_2

② 가극성 : $V = 1$차전압 $V_1 + 1$차전압 V_2

(2) 결선 방법 (단상 변압기 3대 사용 → 3상 ø 결선)

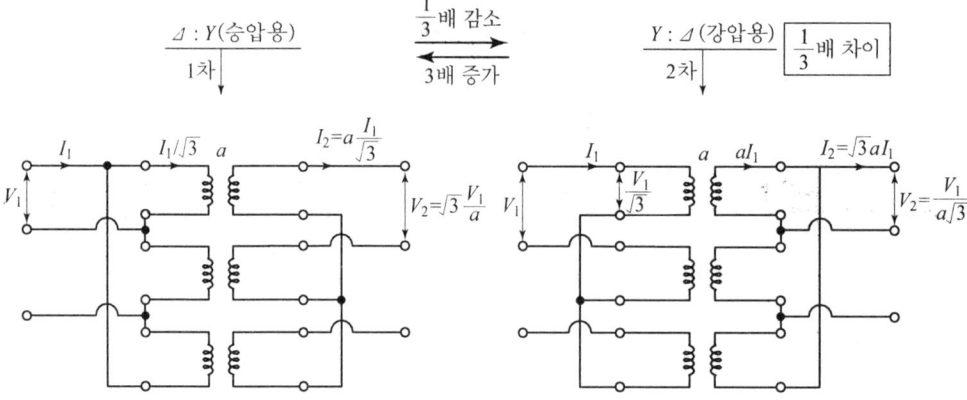

결선 방법	장 점	단 점
〈단락결선〉 Δ-Δ 결선	① 3고조파 전류가 Δ결선 내에 흘러 유기 기전력이 정현파를 유지한다.(좋다) ② 한상 고장시 V-V 결선이 된다.(계속송전) ③ 상전류가 선전류의 $\frac{1}{\sqrt{3}}$ 배이므로 대전류에 적당하다.(변압기는 상이기준이다.)	① 중성점을 접지할 수 없으므로 지락사고 검출이 어렵다. ② 변압기가 다를 경우 큰 순환전류가 흐른다.(과전류) ③ 각 권선의 임피던스가 다른 경우 부하가 평형이라도 불평형 전류가 흐른다.
〈개방결선〉 Y-Y 결선	① 중성점 접지할 수 있으므로 지락사고시 검출이 용이하다. ② 상전압이 선간전압의 $\frac{1}{\sqrt{3}}$ 배이므로 고전압에 적합하다. ③ 변압기 및 각 임피던스가 달라도 순환전류가 흐르지 않는다.	① 3고조파 전류가 흘러 유기 기전력이 일그러진다.(왜형파 유기) ② 통신선에 유도장해가 생긴다.
V-V 결선	① 장래 부하 증가가 용이하다. ② Δ-Δ 결선시 1대 고장시 사용할 수 있다.	① 이용률이 낮다.(86.6%) ② 출력이 작다.(57.7%) ③ 전압강하가 불평형이 된다.
Y-Δ 결선 (Δ-Y)	① 3고조파 전류가 Δ결선 내에 흘러 유기 기전력이 정현파가 된다. ② 중성점을 접지할 수 있으므로 지락사고 검출이 용이하다.	① 1상 고장시 송전이 불가능하다. ② 1차, 2차 전압에 30° 위상차가 있다.

[참고]

Y결선	Δ결선	권수비
선간전압 $V_l = \sqrt{3} \times$ 상전압 $V_p \angle +30°$ 선전류 $I_l =$ 상전류 I_p	$V_l = V_p$ $I_l = \sqrt{3} I_p \angle -30°$	$a = \dfrac{V_1}{V_2} = \dfrac{I_2}{I_1}$

(3) 변압기 병렬 운전 가능 여부

[표기 방법] A변압기 1차 : B변압기 1차 ⇔ A변압기 2차 : B변압기 2차

운전 가능 (짝수일 때 가능)	운전 불가능 (홀수일 때 불가능)
YY : YY	YY : YΔ
ΔΔ : ΔΔ	ΔY : YY
YY : ΔΔ	ΔΔ : ΔY
YΔ : ΔY	YΔ : ΔΔ
ΔY : YΔ	이유 : 위상차 때문에 불가능하다.

10. 특수 변압기

(1) 단권 변압기(1대)

1) 승압용 변압기

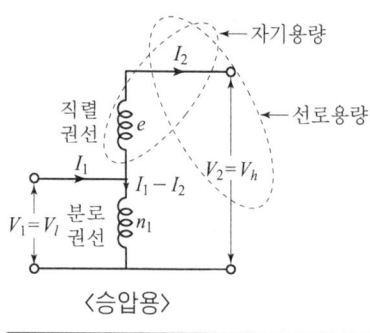

〈승압용〉

2) 강압용 변압기

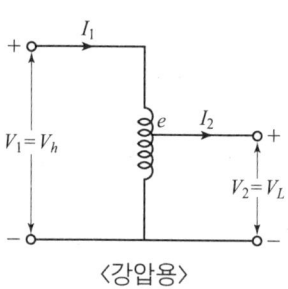

〈강압용〉

- 자기용량=등가용량=변압기 용량 $= eI_2 = (V_2 - V_1)I_2$
- 선로용량=부하용량 $= V_2 I_2$

$$\frac{자기용량}{부하용량} = \frac{V_h - V_L}{V_h}$$

3) 단권 변압기의 장점 및 단점

장 점	단 점
① 철심량이 적어진다. ② 기기의 소형화 ③ 손실이 적어진다. ④ 전압변동률이 적어진다.	① 절연상태가 불량하다. ② 단락전류가 크다.

(2) 단권 변압기 2대(V결선)인 경우

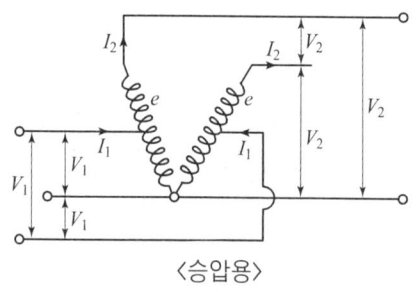

〈승압용〉

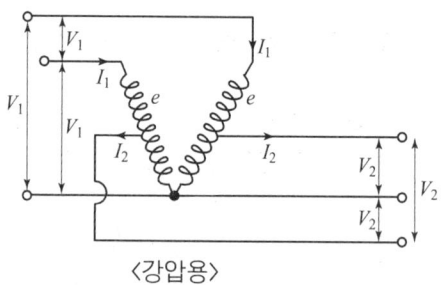

〈강압용〉

구 분	단권 변압기 1대일 때 (승압, 강압용)	단권 변압기 2대일 때 (V결선, 승압, 강압용)	단권 변압기 3대일 때 (Y결선, 승압, 강압용)	단권 변압기 3대일 때 (Δ결선, 승압, 강압용)
$\dfrac{자기용량}{부하용량}$ 값	$\dfrac{V_h - V_L}{V_h}$	$\dfrac{2}{\sqrt{3}} \dfrac{V_h - V_L}{V_h}$	$\dfrac{V_h - V_L}{V_h}$	$\dfrac{V_h^2 - V_L^2}{\sqrt{3}\, V_h V_L}$

(3) 제3 권선 변압기 : ① 통신 유도장애 경감 ② 역률 개선

(4) 누설 변압기 특징

① 수하 특성

누설 리액턴스 ↑증가 → 부하전류 ↑증가
→ 단자(유도 기전력) 전압 ↓감소

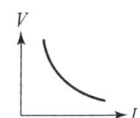

② 정전류 변압기(일정 전류 공급 가능)
③ 아크 용접, 아크등, 방전등에 사용.

11. 변압기 효율 η

(1) 효율 η

① 규약 효율(손실값을 기준으로 계산)

$$\eta = \frac{출력}{입력} \times 100[\%]$$

$$= \frac{출력 P}{출력 P + 전체 손실 P_l} \times 100[\%] = \frac{P}{P + P_i(철손 또는 고정손) + P_c(동손 또는 가변손)} \times 100[\%]$$

② 실측효율 $= \dfrac{출력(측정값)}{입력(측정값)} \times 100[\%]$

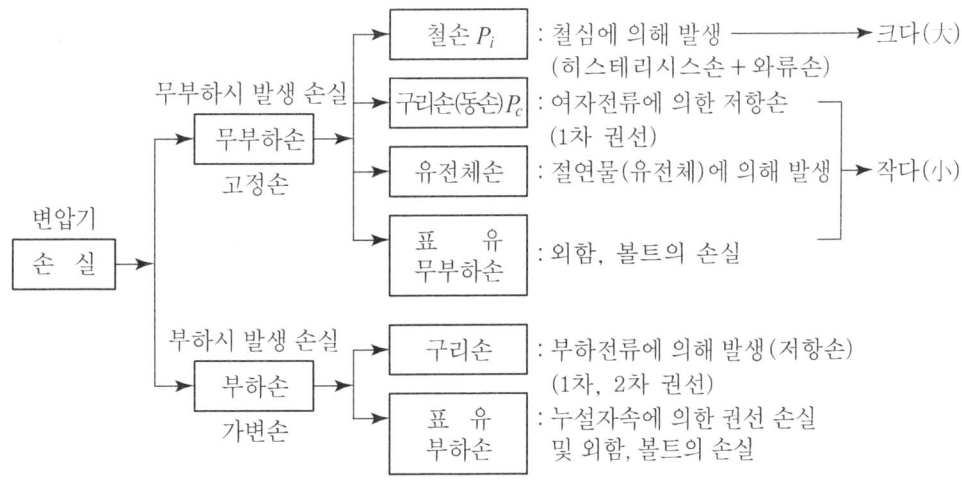

임피던스 와트(부하손) : 권선의 구리손(동손)과 표유 부하손의 합

1) 최대 효율 조건

$$\boxed{\text{고정손(무부하손) } P_i = \text{가변손(부하손) } P_c}$$ 일 때 변압기 효율이 최대

2) 최대 효율 η

$P_i = \eta^2 P_c$ 에서 $\boxed{\text{최대 효율 } \eta = \sqrt{\dfrac{P_i}{P_c}}} = 70\,[\%]$ (주상 변압기)

(2) 부하 $\dfrac{1}{m}$ 감소시 효율 $\eta_{\frac{1}{m}}$

$$\eta_{\frac{1}{m}} = \frac{\dfrac{1}{m} \times \text{출력 } P}{\dfrac{1}{m} \times \text{출력 } P + P_i + \left(\dfrac{1}{m}\right)^2 \times P_c} \times 100\,[\%]$$

$\boxed{\text{최대 효율 조건} : P_i = \left(\dfrac{1}{m}\right)^2 \times P_c}$ m : 전부하시 비율

(3) T 시간 운전시 효율 η_T

$$\eta_T = \frac{\text{출력 } P \times T \text{ 운전시간}}{P \times T + 24 P_i + P_c \times T} \times 100\,[\%]$$ $\boxed{\text{최대 효율 조건} : 24 P_i = P_c \times T}$

(4) 전일 효율 $\eta_{day} = \dfrac{P \times T \times \dfrac{1}{m} \text{ 부하}}{P \times T \times \dfrac{1}{m} + 24 P_i + T \times \left(\dfrac{1}{m}\right)^2 \times P_c} \times 100\,[\%]$

손실 $P_l = \underbrace{24 P_i}_{(\text{철손})} + \underbrace{\text{전부하시간} \times P_c + \left(\dfrac{1}{m}\right)^2 \text{부하} \times P_c \times \text{운전시간 } T}_{\text{동손}}$

12. 무부하시험 및 단락시험

(1) 무부하(개방)시험

• 목적 : 무부하전류 I_o, 여자 임피던스 Z_o, 철손 P_i 값을 구할 수 있다.

구 분	종 류	식	대 책
철손 P_i	와류손 P_e 히스테리시스손 P_h	$P_e = k(fB_m t)^2 = kV^2$ $P_h = kfB_m^{1.6}t$	성층철심 사용 (20% 감소) 규소강판 사용 (80% 감소)
용 어	손실계수 k / 주파수 f[Hz] / 최대자속밀도 B_m[Wb/m^2] / 철 두께 t		

(2) 단락시험

• 목적 : 동손(임피던스 와트), 변압기 임피던스값을 구할 수 있다.

구 분	적용 값			
주파수 f에 비례요소	전압변동률 ε 역률 $\cos\theta$	강하율 %Z 효율 η	리액턴스 강하율 q 회전자 속도 N	
주파수 f에 반비례요소	손실 P_l	여자전류 I_o	자속밀도 B	온도

13. 변압기 기름(광유, 절연유) 구비 조건

① 절연내력 및 절연저항이 클 것.
② 점도가 낮고 냉각효과 클 것.
③ 인화점이 높고 응고점이 낮을 것.
④ 비중이 적고 열전도율이 클 것.
⑤ 절연재료와 (금속에) 접해도 화학작용 일으키지 말 것.
⑥ 석축물이 생기지 말 것.

(1) 콘서베이터 (conservation)

① 사용 목적 : 변압기 기름의 열화(기름의 능력이 떨어지는 것) 방지
② 열화 영향 : ㉠ 절연내력 저하 ㉡ 냉각효과 감소 ㉢ 침식작용
③ 변압기 열화의 원인
 ㉠ 열 ㉡ 흡습 ㉢ 부분방전 ㉣ 기계적 응력

④ 변압기 기름의 열화 방지법
　　㉠ 개방형 콘서베이터 설치　㉡ 밀봉 방식(진공법)　㉢ 흡습제 방식
　　㉣ 열풍법　㉤ 단락법

(2) 변압기 보호 계전기

① 부흐홀츠 계전기(BHR) : 변압기 내부 고장시 동작으로 차단기 개로시킴.
　위치 : 주탱크와 콘서베이터와의 연결관 중간에 설치.
② 비율 차동 계전기(DFR) : 단락이나 접지(지락)사고시 전류의 변화로 동작
③ 전류 차동 계전기
④ 충격 압력 계전기

(3) 3상을 → 2상으로 변성법

① 스콧(Scott) 결선(T결선)법 : 권수비 $a = \dfrac{\sqrt{3}}{2} \times \dfrac{E_1}{E_2}$

용도	특별고압 또는 고압 수전시 단상부하 평형 유지가 곤란한 경우 전기 철도에서 전동차의 전원 공급하기 위해 사용.

② 우드브리지(Woodbridge) 결선법
③ 메이어(Meyer) 결선법

(4) 3상을 → 6상으로 변성법 : ① 환성 결선 ② 2중 3각 결선 ③ 포크 결선

(5) 변압기 온도 시험법 종류

① 반환부하법　② 등가부하법　③ 실부하법

(6) 변압기 냉각 방식

종류	내용
① 유입 자냉식(ONAN, OA)	공기의 대류 및 방사에 의해 냉각시키는 방식
② 유입 수냉식(ONWF, OW)	냉각수를 이용해서 기름열을 냉각시키는 방식
③ 유입 풍냉식(ONAF, FA)	방열기에 의해 강제 통풍시켜 냉각시키는 방식
④ 유입 수냉식(OFWF, FOW)	냉각기에서 물로 냉각시키는 방식
⑤ 송유 풍냉식(OFAF, FOA)	강제 통풍에 의해 냉각시키는 방식

제 3 장 동기기 (synchronous machine)

제1절 동기 발전기 (수차 또는 증기 터빈 발전기)

회전계자형 사용 이유
① 전기자 권선은 고압이며 결선이 복잡·대용량시 대전류 필요, 3상에서는 4개 도선 인출해야 한다.
② 계자회로는 직류의 저압회로로 소요동력이 작다.(인출도선 2개로 간단하다.)
③ 계자극은 기계적으로 튼튼하고 만드는 데 용이하다.
④ 고장시의 과도 안정도를 높이기 위하여 회전자의 관성을 크게 하기 쉽다.

(1) 동기속도 $N_s = \dfrac{120f}{P}$ 단) 주파수 f[Hz], 극수 P

(2) 권선계수 ($k < 1$)

효과	권선계수 k 적용 공식		
기전력의 파형 개선	$k =$ 단절권 $k_p \times$ 분포권 $k_d = \sin\dfrac{n\beta\pi}{2} \times \dfrac{\sin\dfrac{n\pi}{2m}}{q\sin\dfrac{n\pi}{2qm}}$		
용어	코일 피치 $\beta = \dfrac{권선피치}{극피치} = \dfrac{권선피치}{\dfrac{전슬롯수 S}{극수 P}} < 1$	매극매상의 슬롯수 $q = \dfrac{슬롯수 S}{극수 P \times 상수 m}$	

1) 단절권 계수 $k_p < 1$

단절권 계수 $k_p = \dfrac{단절권\ 유기기전력\ e''(극피치>권선피치인\ 경우)}{전절권\ 유기기전력\ e'(극피치=권선피치인\ 경우)} = \sin\dfrac{n\beta\pi}{2}$ (고조파 차수)

단절권 계수 k_p 공식	단절권의 이점
$k_p = \sin\dfrac{n\beta\pi}{2}$	① 파형 개선(고조파 $n=3, 5, 7\cdots$ 제거) ② 동량(구리량)이 적게 든다. ③ 기계적으로 축소됨.(코일 끝부분이 단축되기 때문에)

2) 분포권 계수 $k_d < 1$

표기	정의	공식
분포권 계수 k_d	$=\dfrac{\text{분포권의 유기기전력(매극매상의 슬롯 2개 이상에 나누어서 넣음)}}{\text{집중권의 유기기전력(매극매상의 슬롯 1개에 집중해서 넣음)}}$	$=\dfrac{\sin\dfrac{n\pi}{2m}}{q\sin\dfrac{n\pi}{2qm}}$
용어	매극매상의 슬롯수 $q = \dfrac{\text{슬롯수}\ s}{\text{극수}\ P \times \text{상수}\ m}$ (계자가 회전하면서 전기자에 그때그때 마주치는 전기자의 슬롯수)	

분포권 이점	단절권의 이점
① 파형 개선(고조파를 감소시키기 때문에) ② 권선 과열 방지(코일 배치 균일하기 때문에) ③ 권선의 누설 리액턴스 감소 [단점] 집중권에 비해서 기전력이 작다.	① 파형 개선(고조파 $n=3, 5, 7\cdots$ 제거) ② 동량(구리량)이 적게 든다. ③ 기계적으로 축소됨. (코일 끝부분이 단축되기 때문에)

(4) 유기 기전력 $E[\text{V}]$

실효값 $E =$ 파형률$(1.11) \times$ 평균값 $e \times 1$권선$(2$도체 적용$)$

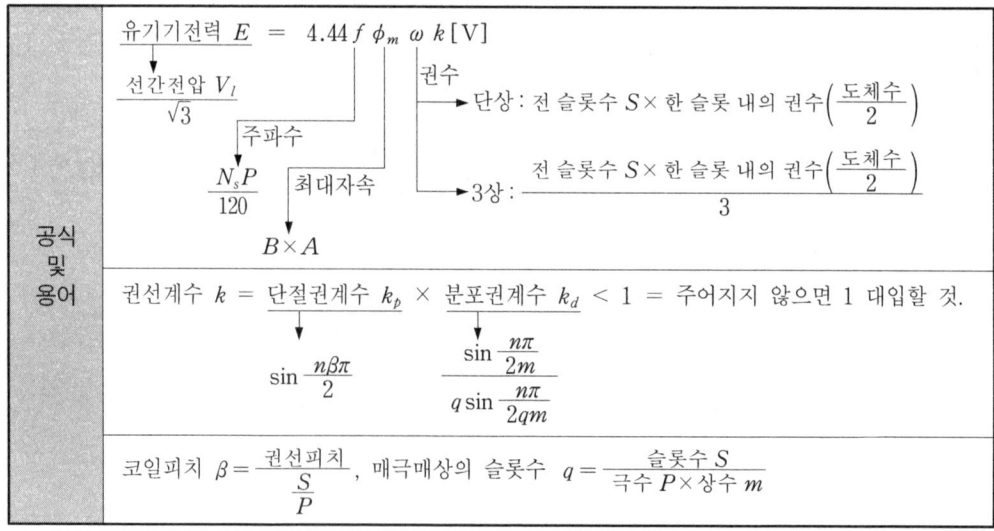

3상 동기 발전기의 전기자 권선을 Δ결선보다 Y결선 채택 이유	① 절연상태 양호(전압 $\frac{1}{\sqrt{3}}$ 배 감소↓하므로) ② 이상전압 방지(중성점 접지 때문에) ③ 순환전류 흐르지 않음.(Y결선이기 때문에) ④ 코로나손과 열화손 감소(전압 $\frac{1}{\sqrt{3}}$ 배 감소하므로)

(5) 전기자 반작용

◎ 동기 임피던스 $Z_s =$ 전기자 저항 $r_a + j$동기 리액턴스 X_s

$= r_a + j($전기자 반작용을 일으키는 리액턴스 $x_a +$ 전기자, 계자 누설 리액턴스 $x_l)$

"발전기"인 경우	부하종별	"전동기"인 경우
• 교차자화작용 ‖ • 횡축 반작용 ‖ • $I\cos\theta$(동상성분)	저항 R 부하(동위상) $\cos\theta = 1$ 전기자 전류 $i_a = \frac{V}{R}\angle 0$	• 교차자화작용 ‖ • 횡축 반작용 ‖ • $I\cos\theta$
• 직축(자극축과 일치) 반작용에 의한 감자작용(↓감소) ‖ • $I\sin\theta$(직각성분)	코일 L(지상) 부하 $\omega L \angle +90°$ $i_a = \frac{V}{\omega L} \angle -90°$	• 직축(자극축과 일치) 반작용에 의한 증자작용(↑증가)
• 직축(자극축과 일치) 반작용에 의한 증자작용(↑증가) ‖ • $I\sin\theta$(직각성분)	콘덴서 C(진상) 부하 $\frac{1}{\omega C} \angle -90°$ $i_a = j\omega CV$ $= \omega CV \angle +90°$	• 직축(자극축과 일치) 반작용에 의한 감자작용(↓감소)

(6) 단락비 k

필요한 시험	구할 수 있는 값	구할 수 없는 값
① 무부하시험(개방시험) ② 단락시험(short)	철손(고정손) 동손, 동기 임피던스 Z_s	전기자 반작용

1) 단락비 k

$$K = \frac{\text{무부하시험}(3\phi \text{ 동기 발전기를 무부하하고 정격전압이 될 때까지 필요한 계자전류})I_f'}{\text{단락시험}(3\phi \text{ 동기 발전기를 단락하고 정격전류가 될 때까지 필요한 계자전류})I_f}$$
$$= \frac{I_s}{I_n} = \frac{1}{\%Z[\text{pu}]} = \frac{V_l^2}{PZ_s} \quad \left(\text{단락전류 } I_s = \frac{V_p}{Z_s} = \frac{V_l}{\sqrt{3}Z_s}\right)$$

2) 단락곡선

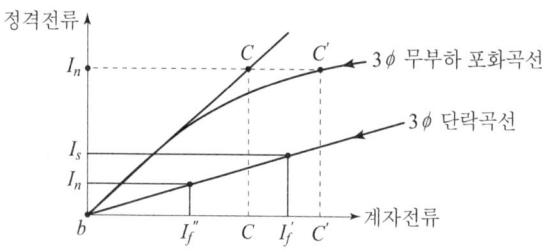

① 포화율	② 단락곡선이 직선인 이유
$\dfrac{cc'}{bc}$	"전기자 반작용" 때문에 → 단락전류는 지상인 전류(감자작용↓)

(7) 동기기 출력 P (발전기 G 및 전동기 M)

구 분	출력식		용 어
단상인 경우	$P = \dfrac{EV}{X_s}\sin\delta$	발전기인 경우	송전단 전압 E 수전단 전압 V
3상인 경우	$P = 3\text{대분} \times \dfrac{EV}{X_s}\sin\delta$	전동기인 경우	역기전력 E 단자전압 V
용 어	동기 리액턴스 X_s, 부하각 δ, 위상차 θ		

(8) 동기기 병렬 운전

구 분	동기기 병렬운전시 부하분담 조건
유효전력	원동기의 입력으로 조정(부하를 증가시키려고 하는 발전기의 원동기 속도를 증가하도록 입력을 증가하면 된다.)
무효전력 ☆★	여자를 약하게(L감소) → 진상 무효전력(역률이 좋아진다.) 여자를 강하게(L증가) → 지상 무효전력(역률이 나빠진다.)

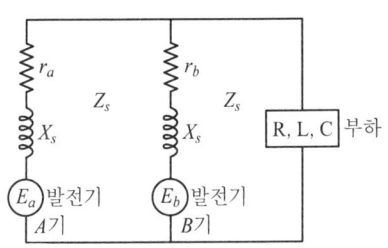

※ A기 여자를 증가시
① A기 역률은 나빠진다.(저하됨.)
② 전류 증가
③ 무효전력 증가
④ 전력 불변
⑤ B기 역률은 좋아진다.

1) 동기 발전기의 병렬운전 조건

조 건	같지 않을 경우	대 책
① 기전력의 크기가 같을 것.	무효순환전류 흐름	계자전류 조정
② 기전력의 위상이 같을 것.	동기화(유효순환) 전류 흐름	(원동기의) 출력 조정
③ 기전력의 주파수가 같을 것.	난조 발생	(원동기의) 속도 조정
④ 기전력의 파형이 같을 것.	고조파 무효순환전류	발전기 개선시킴.
⑤ 기전력의 상회전 방향이 같을 것.	동기 검전기 점등	상회전 일치시킴.

2) **무효순환전류** I_c : 90° 느린(지상)인 무효분 전류

$$I_c = \frac{E_a - E_b}{2X_s j} = \frac{\text{전압차 } V_s}{2X_s} \angle -90°$$

3) **동기화(유효순환) 전류** I_c : 두 발전기 위상차 발생시 순환 전류

$$I_c = \frac{E}{X_s} \sin \frac{\delta}{2} \text{ [A]}$$

4) **수수전력** P : 두 발전기 순환전류에 의해서 발생되는 전력

$$P = \frac{E^2}{2X_s} \sin \delta \text{ [W]}$$

5) **동기화력** $\frac{dP}{dS}$: 동기운전을 하기 위한 전력

$$\frac{dP}{dS} = \frac{E^2}{2X_s} \cos \delta \text{ [W]}$$

(9) 자기 여자 작용

1) 정의

동기기의 무부하 충전시 나타나는 작용.(전기자 진상전류에 의한 증자작용)

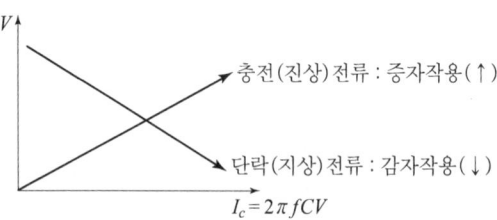

2) 자기 여자 작용 방지법

① 동기조상기 설치(수전단 단자에 설치 지상전류 흘려 충전전류를 감소시킴.)
② (수전단에) 리액터를 병렬 접속시킴.
③ (수전단 부근에) 변압기 설치할 것.
④ 발전기(2대 또는 3대로) 병렬운전 할 것.
⑤ 충전전압을 낮은 전압(정격의 80% → 0.8V)으로 할 것.
⑥ 단락비 k가 큰 것 사용할 것.

(10) 전압변동률 ε

$$\varepsilon = \frac{\text{무부하시 전압 } V_o(E) - V}{\text{정격단자 전압 } V} \times 100[\%] = \frac{\sqrt{\cos^2\theta + (\sin\theta + X)^2} - 1}{1} \times 100[\%]$$

(11) 난조(hunting) 원인 및 대책

병렬운전중 발전기 부하의 가·감속에 대응속도 가속·감속 반복(떨림)현상.

1) 난조 원인

난조 원인	대책(방지법)
① 원동기의 조속기가 예민한 경우	조속기를 무디게 할 것.
② 원동기의 토크에 고조파가 포함된 경우	플라이 휠을 적당히 선정할 것.
③ 부하가 맥동(진동)하는 경우	
④ 회로의 저항이 큰 경우	저항을 적게 할 것.

2) 난조 방지 대책

① "제동권선" 설치	② 제동권선 설치시 효과
	㉠ 역상전류 내량 강화 ㉡ 병렬운전시 난조 방지 ㉢ 고조파에 의한 전압왜곡 방지

제2절 동기 전동기 (Synchronous Motor) : SM

정속도 전동기로 회전수가 낮고 큰 출력 요구시 전력 계통의 역률 개선용 조상기

장 점 ★	단 점 ★
① 필요시 진상·지상으로 변환 가능하다. ② 정속도 전동기(속도가 불변) ③ 유도기에 비해서 효율이 좋다. ④ 역률 $\cos\theta=1$로 운전 가능하다.	① 기동 토크 0이다.(기동 불가) ② 기동장치·여자전원이 필요하므로 구조 복잡하다. ③ 난조 일기 쉽다. ④ 탈조 현상(난조가 커져 동기운전을 이탈하는 현상) ⑤ 속도 조정 곤란(주파수로 조정) ⑥ 고가이다.(비싸다.)

★ 유도 전동기로 동기기 기동시 → 동기기의 극수보다 2극 적은 유도기를 사용한다.

(1) 위상 특성 곡선 (V곡선)

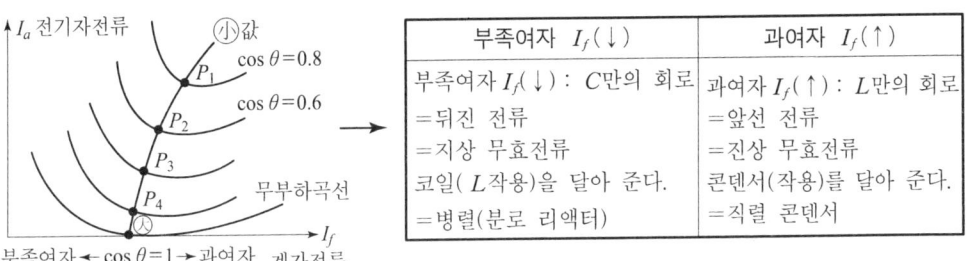

	부족여자 $I_f(\downarrow)$	과여자 $I_f(\uparrow)$
	부족여자 $I_f(\downarrow)$: C만의 회로 =뒤진 전류 =지상 무효전류 코일(L작용)을 달아 준다. =병렬(분로 리액터)	과여자 $I_f(\uparrow)$: L만의 회로 =앞선 전류 =진상 무효전류 콘덴서(작용)를 달아 준다. =직렬 콘덴서

위상 특성 곡선 특징	① 출력 P 대(大) → 소(小) 관계를 알 수 있다.
	       $P_1 > P_2 > P_3 > P_4$
	② 출력 P 일정, 계자전류 I_f와 전기자 전류 I_a 관계 곡선
	③ 과 여 자 : 전기자 전류 증가(진상작용) → 무효분 전류(진상)
	   부족여자 : 전기자 전류 증가(지상작용) → 무효분 전류(지상)
	④ 계자전류 I_f 변화시킴 → 전기자 전류 I_a와 역률(부하각)이 변화됨.

(2) 콘덴서 용량 Q

$$Q = P\left(\frac{\sin\theta_1}{\cos\theta_1} - \frac{\sin\theta_2}{\cos\theta_2}\right) = P\left(\frac{\sqrt{1-\cos^2\theta_1}}{\cos\theta_1} - \frac{\sqrt{1-\cos^2\theta_2}}{\cos\theta_2}\right) [kVA]$$

[용어] 유효전력 $P[kW]$ / 개선전 역률 $\cos\theta_1$ / 개선후 역률 $\cos\theta_2$

(3) 비철극기(비돌극기)와 철극기(돌극기)의 비교

구분	적용 발전기	극수	회전기	크기	단락비 k	리액턴스 X	최대출력 δ	발전기 설치
비철극기	터빈 발전기 (화력·원자력)	2극~4극	고속기	직경 D 작다. 길이 l 크다.	0.6~1.0	직축 $X =$ 횡축 X	90°일 때 발생	수평형
철극기	수차 발전기 (수력)	16극~32극	저속기	직경 D 크다. 길이 l 작다.	0.9~1.2	직축 $X >$ 횡축 X	60°일 때 발생	수직형

[철기계와 동기계의 특성 비교]

구 분	구성재료	동기 임피던스	단락비	계자자속	공극
철기계	동 小 철 大	Z_s 小	k 大	大	大
동기계	동 大 철 小	Z_s 大	k 小	小	小

(4) 단락비가 큰 기계(철기계)의 특성(동기기에서)

① 동기 임피던스 Z_s가 작기 때문에 전기자 반작용이 작다.
② 계자자속(大)이 커서 기전력 유도하는데 계자전류 I_f 커진다.
③ 기계 중량이 무겁고 비싸다.
④ 기계에 여유있고, 전압변동률 ε 양호, 과부하 내량이 크고, 송전선로의 충전용량이 크다.
⑤ 고정손(기계손, 철손)이 커서 효율이 나쁘다.

(5) 안정도 증진법

① 정상과도 리액턴스(동기화 리액턴스)를 적게 한다.
② 영상 임피던스 Z_o, 역상 임피던스 Z_2을 크게 한다.
③ 회전자의 관성을 크게 한다.(회전자의 플라이휠 효과를 크게 할 것.)
④ 속응 여자 방식(자동전압 조정기 AVR의 속응도를 크게 할 것.)
⑤ 발전기 G의 조속기 동작을 신속히 할 것.

(6) 유도 전동기에 비해 동기 전동기의 장점

① 전부하 효율이 양호하다.
② 여자 전류 조정 → 전기자 전류 크기와 위상 조절 가능.

(7) 동기기의 용도

① 분쇄기(시멘트 공장) : 저속 · 대용량
② 압연기, 송풍기
③ 제지용 쇄목기
④ 소형 : 전자시계, 오실로 그래프, 전송사진
※ 크레인 : 3∅ 권선형 유도 전동기

제 4 장 유도기

(1) 회전자

① 농형 회전자	구조가 간단하고 튼튼하며 취급이 쉽고 효율이 양호하다. 단, 속도 조정이 어렵다.
② 권선형 회전자	기동이 쉽고 속도 조정이 용이하다.

(2) 동기속도 $N_S = \dfrac{120f(주파수)}{P(극수)}$ [rpm] $\therefore\ N_s \propto \dfrac{1}{P}$

(3) 슬립 (slip) $S = \dfrac{동기속도\ N_s - 회전자속도\ N}{동기속도\ N_s} \times 100\,[\%]$

※ 회전자속도 $N = (1-S)N_s$

슬립 식	구 분	슬립 영역
$S = \dfrac{N_s - N}{N_s}$	유도 전동기($N_s > N$인 경우)	$0 < S < 1$
	유도 발전기($N_s < N$인 경우)	$-1 < S < 0$
$S = \dfrac{N_s + N}{N_s}$	유도 제동기($N_s > N$인 경우)	$1 < S < 2$

※ 변압기 : $S = 1$

(4) 유기 기전력 E

구 분	유기 기전력 E 값	권수비(정지시 전압비) a
공 식	$E = 4.44 f \phi_m N k_w$	$a = \dfrac{E_1}{E_2} = \dfrac{k_{w_1} N_1}{k_{w_2} N_2}$
용 어	주파수 f[Hz] / 최대자속 ϕ_m[Wb] / 권수 N / 권선계수 k_w / 권수비 a	

※ 농형은 권수비가 0이다.

(5) 회전자 관계 2차

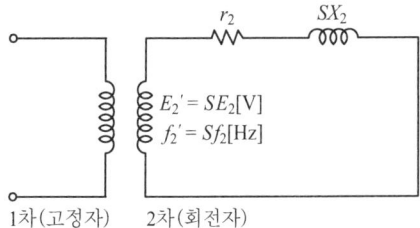

1차(고정자) 2차(회전자)

1) 회전자 2차 전압 E_2'

$$E_2' = SE_2 = \frac{N_s - N}{N_s} \times E_2 \,[\mathrm{V}] \quad (단, \ 2차 \ 정지시 \ 전압 \ E_2)$$

2) 회전자 2차 주파수 f_2'

$$f_2' = Sf_1 = \frac{N_s - N}{N_s} \times f_1 \,[\mathrm{Hz}] \quad (단, \ 2차 \ 정지시 \ 주파수 \ f_2 = 1차 \ 주파수 \ f_1)$$

3) 2차 회전자 전류 I_2

$$I_2 = \frac{E_2'}{Z_2} = \frac{SE_2}{\sqrt{r_2^2 + (SX_2)^2}} = \frac{E_2}{\sqrt{(r_2/S)^2 + X_2^2}} \,[\mathrm{A}]$$

4) 역률 $\cos\theta = \dfrac{r_2}{\sqrt{r_2^2 + (SX_2)^2}}$ 5) 위상 $\theta = \tan^{-1}\dfrac{X_2}{r_2}$

6) 전압비

$$정지시 \ 전압비 \ \alpha = \frac{E_1}{E_2} \ \rightarrow \ 회전시 \ 전압비 = \frac{E_1}{E_2'} = \frac{E_1}{SE_2} = \frac{\alpha}{S}$$

7) 1차 전류 I_1

$$I_1 = I_2' = \frac{I_2}{\alpha\beta} \,[\mathrm{A}] \quad (단, \ 권수비 \ \alpha, \ 상수비 \ \beta = \frac{1차\ 상수}{2차\ 상수} = \frac{m_1}{m_2})$$

8) 임피던스 1차 환산(Z_{21})값 : 1차 임피던스 $Z_1 = \alpha^2\beta Z_2 \,[\Omega]$

(6) 전력의 변환

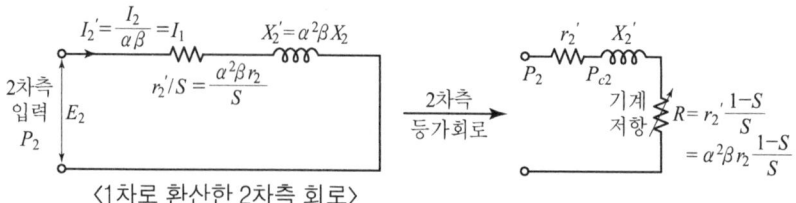

〈1차로 환산한 2차측 회로〉

① 등가부하저항(기계저항) $R = r_2' \dfrac{1-S}{S} = a^2\beta r_2 \dfrac{1-S}{S}$

② 3상 출력(기계적 출력) $P = 3I^2 R = 3I^2 r_2' \dfrac{1-S}{S}$ [W]

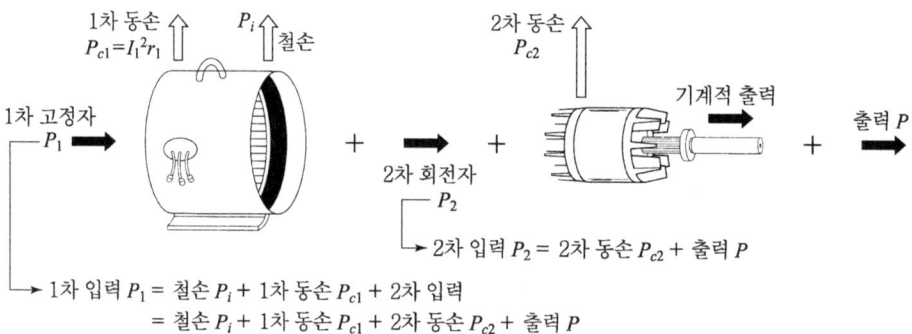

③ 전력 변환값 정리

구 분	값	2차 입력 P_2에 대한 (비) 값	
2차 입력 P_2(기준)	P_2(기준값)	1(기준)	$S = \dfrac{N_s - N}{N_s}$
2차 출력 P	$P = (1-S)P_2$	$P = 1 - S = \dfrac{N}{N_s}$	$N = N_s(1-S)$
2차 동손 P_{c2}	SP_2	S	

(7) 효율 η

1) 기계손 $P_m = 0$ 무시 : 효율 $\eta = \dfrac{P_o}{P_o + P_i + P_{c1} + P_{c2}} \times 100 \, [\%]$

2) 기계손 P_m 존재시 : 효율 $\eta = \dfrac{P_o + P_m}{P_o + P_m + P_i + P_{c1} + P_{c2}} \times 100 \, [\%]$

3) 전동기 2차 효율 η_2

$$\eta_2 = \dfrac{\text{출력 } P}{2\text{차 입력 } P_2(\text{동기와트})} \times 100 \, [\%] = (1-S) \times 100 \, [\%]$$
$$= \dfrac{N}{N_s} \times 100 \, [\%] = \dfrac{W(\text{회전자 각속도})}{W_o(\text{동기 각속도})} \times 100 \, [\%]$$

(8) 토크(동기와트) T

1) 기계적 출력 $P = \dfrac{4\pi f(1-S)}{P(\text{극수})} \times T \, [\text{W}]$

단위구분	토크 식
[N·m] 요구시 사용	$T = \dfrac{P}{W} = \dfrac{60P(\text{출력})}{2\pi N(\text{회전자속도})} = \dfrac{60P_2(2\text{차입력})}{2\pi N_s(\text{동기속도})}$ [N·m]
[kg·m] 요구시 사용	$T = 0.975 \dfrac{P}{N} = 0.975 \dfrac{P_2}{N_s}$ [kg·m]

2) 전부하 토크 T

$$T = k \dfrac{S E_2^2 r_2}{r_2^2 + (S X_2)^2} \, [\text{N} \cdot \text{m}], \ \text{슬립 } S \propto \dfrac{1}{V^2}, \ \text{토크 } T \propto V^2 \propto I^2 \propto P$$

3) 최대 토크 $T_{\max} = k \dfrac{S E_2^2 \cdot S X_2}{2(S X_2)^2} = k \dfrac{E^2}{2 X_2}$ [N·m]

4) 최대 토크를 갖는 슬립 S_t

출제 유형	모든 값이 주어진 경우 사용식	$r_1 = 0$인 경우 사용	$r_1 = x_1 = 0$인 경우 사용
최대 슬립	$S_t = \dfrac{r_2{'}}{\sqrt{r_1^2 + (x_1 + x_2{'})^2}}$	$= \dfrac{r_2{'}}{x_1 + x_2{'}}$	$= \dfrac{r_2{'}}{x_2{'}}$

5) 최대 토크를 갖는 속도 $N = N_s(1 - S_t)$

(9) 비례추이 (권선형에 적용)

(2차)저항을 외부에서 접속하여 증가시킬 때 전동기의 토크 곡선은 슬립이 증가(또는 낮은 속도쪽)하는 방향으로 비례하여 이동한다.(<u>최대 토크는 일정하다</u>.)

1) 3상 유도 전동기에서 비례추이할 수 없는 것 : ① 출력 ② 효율 ③ 2차 동손

2) 회전자 내부저항 r_2' 값이 클수록
   ① 기동토크가 커진다.(↑증가)
   ② 기동전류가 적어진다.(↓감소)

3) 회전자 내부저항 r_2' 과 최대 슬립 S_t 와 외부저항 R 관계

   내부저항 $r_2' \propto$ 최대 슬립 $S_t \propto$ 외부저항 R

4) 2차 회로의 저항 삽입 이유
   ① 속도를 제어한다.
   ② 기동 토크를 크게 해 준다.
   ③ 기동전류를 줄여준다.

5) 외부저항 R 값 구하기
   ① 내부 임피던스 존재하는 경우 R 값

출제유형	r_1 이 주어진 경우 사용	$r_1 = 0$ 인 경우 사용
외부저항 R	$\sqrt{r_1^2 + (X_1 + X_2')^2} - r_2'\ [\Omega]$	$(X_1 + X_2') - r_2'\ [\Omega]$

   (단, 1차 저항 r_1, 1차와 2차 합성 리액턴스 $X_1 + X_2$, 2차 저항 r_2')

   ② 최대 슬립 S_t 존재하는 경우 R 값 $= r_2' \dfrac{1 - S_t}{S_t}\ [\Omega]$

   ③ 최대 토크 속도 $\begin{bmatrix} N_1 \to N_2 \\ \vdots \quad \vdots \\ S_1 \to S_2 \end{bmatrix}$ 이동시 외부저항 $R = r_2' \dfrac{S_2 - S_1}{S_1}\ [\Omega]$

(10) 3상 유도 전동기 속도제어법

1) 농형 유도 전동기인 경우

종류	적용 식	속도제어법 종류
농 형	$N_s = \dfrac{120f}{P}$	① 주파수제어법 ② 극수제어법 ③ 전압제어법 $\cos\theta$ (大)값 ←————————→ $\cos\theta$ (小)값
권선형	① 2차 저항법 ② 종속법 ③ 2차 여자법 ④ 크레이머 방식 ⑤ 셀비우스 방식	

2) 권선형 유도 전동기인 경우

① 2차 저항제어법 : 비례추이 원리 이용.(권선형의 2차 삽입 저항)

② 종속법

종류	내용	속도 공식
① 직렬 종속법	두 개의 전동기 극수를 합한 속도제어	$N = \dfrac{120f}{P_1 + P_2}$ [rpm]
② 병렬 종속법	1대 발전기 1대 전동기로서 속도 제어	$N = 2 \times \dfrac{120f}{P_1 + P_2}$ [rpm]
③ 차동 종속법	2대 전동기의 극수차를 한 속도 제어	$N = \dfrac{120f}{P_1 - P_2}$ [rpm]

③ 2차 여자법

회전자 유기 기전력과 동일 전압(주파수)을 공급 제어하는 방법.

여자 전원 $E_c = SE_2$ [V], 여자 주파수 $f_c = Sf_2$ [Hz]

구분	이해도	전류 식	특징
2차 기전력 E_2'과 여자전원 E_c 동일 방향일 때	→ V_1 → I_1 → $E_2' = SE_2$ → E_c	$I_2 = \dfrac{SE_2 + E_c}{\sqrt{r_2^2 + (SX_2)^2}}$ [A]	속도 N (↑)증가 역률이 증가(좋아짐)
2차 기전력 E_2'과 여자전원 E_c 반대 방향일 때	E_c ← → V_1 → I_1 → $E_2' = SE_2$	$I_2 = \dfrac{SE_2 - E_c}{\sqrt{r_2^2 + (SX_2)^2}}$ [A]	속도 N (↓)감소 역률이 감소(나빠짐)

④ 크레이머 방식 및 셀비우스 방식

크레이머 방식	2차에 정류기를 연결하여 2차 출력을 직류로 변환하여 유도기와 직결한 직류기의 전원으로 이용하는 제어법
셀비우스 방식	정류한 2차 출력을 인버터로 변환시키고 인버터의 게이트를 조정하여 제어하는 방식

(11) 기동법

1) 농형인 경우

종류	내용(특징)
① 전전압(직입) 기동법	5[kW]의 소형 전동기에 적용
② Y-△ 기동법	5[kW]~15[kW] 이하 전동기에 적용. 기동시 Y결선하여 기동전류 제한하고(전전압의 57.7%인가) 운전시 △결선하여 전전압 인가(기동토크 $\frac{1}{3}$ 감소)
③ 기동 보상기법	15[kW] 이상 전동기에 적용 단권 변압기의 탭 조정에 의해 감전압 기동하여 전전압 운전한다.
④ 리액터 기동법	기동전류를 제한할 때 적용
⑤ 콘돌퍼 기동법	Y-△ 기동법과 기동 보상기법 결점을 보완한 기동법
⑥ 크샤 기동법	기동 토크를 감소할 목적으로 유도 전동기의 1차 권선에 3상 중에 1~2상에 저항을 삽입한 것
⑦ VVVF 기동	가변전압 가변주파수 기동 방식으로 기동시 축전지를 사용, 기동 후에는 사용전원으로 바이패스하는 기동법.
⑧ VVCF 기동	가변전압 고정주파수 기동 방식으로 전압만을 조정하여 기동하는 방식.

2) 권선형인 경우 : 2차 저항법

① 기동 저항기법
② 게르게스법 : 회전자 권선의 접속을 원심력 개폐기에 의해 직렬, 병렬로 바꾸어 속도를 제어하는 방법

(12) 유도기의 이상현상

크로링 현상	농형 유도 전동기에서 일어나는 현상으로 농형 유도 전동기 계자에 고조파가 유기되거나 공극이 일정하지 않을 때(슬롯수가 적당하지 않을 때)는 전동기 회전자가 정격속도에 이르지 못하고 도중에서 주저앉아 버리는 현상.(소음 발생) 방지책 : 사구(skew slot) 방식 채용.
게르게스 현상	전류에 고조파 성분이 포함되어서 1선이 단선되는 현상으로, 3상 운전 중 1선이 단선된 경우에는 2차에 단상전류가 흐르게 되고, 부하가 많이 걸리면, 토크가 감소하여 회전속도가 떨어지는 현상.

(13) 3상 유도전동기 종류 및 장점·단점·용도

종 류		기동토크	장 점	단 점	용 도	
농형	보통 농형	150[%]	• 구조가 간단하다. • 취급이 용이하다. • 저가이며 직입기동이 가능하다.	• 기동전류가 크다. • 중관성부하의 기동이 곤란하다.	송풍기, 공작기계	일반 산업용
	특수 농형	200~250[%]			컨베이어, 압축기 왕복동 펌프	
권선형		300[%]	• 2차 저항으로 기동 • 전류여제하여 큰 기동 토크 발생 • 속도제어가 용이하다.	• 구조가 복잡하다. • 보수가 어렵다.	엘리베이터 권상기 펌프, 압축기	중관성 부하용

(14) 원선도 : ① 무부하 시험 ② 구속 시험 ③ 저항 측정 시험

• 특성값

① 원선도 직경 $I = \dfrac{E_1}{X_1 + X_2} ≒ \dfrac{E}{X}$

② 원선도에서 구할 수 없는 값 : ㉠ 기계손 ㉡ 기계적 출력 $P = P_o + P_m$

③ 전동기 1차 입력 $P_1 = P_i + P_{c1} + P = \overline{AP}$

④ 전동기 2차 입력(동기와트) $P_2 = P_{c2} + P = \overline{CP}$

⑤ 전동기 효율 $\eta = \dfrac{P}{P_1} \times 100[\%] = \dfrac{\overline{DP}}{\overline{CP}} \times 100[\%]$

⑥ 전동기 2차 효율 $\eta_2 = \dfrac{P}{P_2} \times 100[\%] = \dfrac{\overline{DP}}{\overline{CP}} \times 100[\%]$

⑦ 역률 $\cos\theta = \dfrac{\overline{OP'}}{\overline{OP}}$ ⑧ 슬립 $S = \dfrac{P_{c2}}{P_2} = \dfrac{\overline{CD}}{\overline{CP}}$

(15) 단상 유도 전동기

1) 원리

특 징	토크 발생	교류를 가한 순으로 불평등 자계를 만들어야 토크 발생된다.

2) 단상 유도 전동기 기동 방식 및 토크 크기 관계

토크 ≠ 0 (불평등 자계를 만들어야 토크가 발생한다.)

토크 크기 순서	단상 유도 전동기 종류	특 징
大값	반발 기동형	정류자편, 브러시가 있다. 예 펌프
↑	반발 유도형	
↑	콘덴서 기동형	역률 $\cos\theta$(大), 기동토크(大), 기동전류(小) 예 냉장고, 선풍기, 세탁기
↑	분상 기동형	R(大), L(小) 예 복사기, 계산기, 세탁기, 전기냉장고
小값	셰이딩 코일형	10[W] 이하 예 플레이어, 테이프, 레코더

(16) 유도 전압 조정기(특수 유도 전동기)

1) 원리

종 류	단상 유도 전압 조정기	3상 유도 전압 조정기
적용 원리	변압기의 교번자계	3상 유도 전동기 회전자계
특 징	① 2차 전압의 위상 변화에 따라서 변화함. ② 분로권선이 있으나 단락권선이 불요하다.	① 위상차가 없다. ② 단락권선을 1차 권선과 수직(90°)으로 놓아 2차 권선의 누설 리액턴스에 의한 전압 강하를 방지한다.

2) 유도 전압 조정기 용량 W

종 류	용량 W 및 전압 조정 범위
1ϕ 유도 전압 조정기 (단권 변압기 원리)	2차 선간전압 V_2 = 1차 전원전압 V_1 + 2차 유도전압 $E_2 \sim V_1 - E_2$ [V] 　　　　　　 = $V_1 \pm E_2\cos 2\alpha$ ($\alpha = 0 \sim \pi$까지 조절 가능) 용량 $W = E_2 I_2 \times 10^{-3}$ [kVA] (단, E_2 : 조정전압)
3ϕ 유도 전압 조정기 (회전자계 원리)	2차 선간전압 $V_2 = \sqrt{3}(V_1 + E_2 \sim V_1 - E_2)$ [V] 용량 $W = \sqrt{3} E_2 I_2 \times 10^{-3}$ [kVA]

(17) 유도 발전기의 특성 및 용도

① 유도 발전기는 단독으로 운전할 수 없으며 동기 발전기를 갖고 운전시킴.
② 유도 발전기의 주파수는 전원의 주파수로 정해지며 회전속도와는 무관하다.
③ 출력은 상대속도($N_s - N$)에 비례하며 출력을 증가시키려면 속도를 크게 한다.
④ 기동, 운전 조직이 쉬우며 고장이 적고 동기 조정을 할 필요가 없다.
⑤ 난조 등의 이상은 없으나 효율, 역률이 좋지 않다.

제 5 장 정류기

1. 회전 변류기

정 의	교류 형태를 직류 형태로 변환시키는 회전기기
원 리	동기 전동기 원리 적용(대전류용)

(1) 전압비 및 전류비

① 전압비	$\dfrac{\text{교류 } E_a}{\text{직류 } E_d} = \dfrac{1}{\sqrt{2}} \sin \dfrac{\pi}{m}$	② 전류비	$\dfrac{\text{교류 } I_a}{\text{직류 } I_d} = \dfrac{2\sqrt{2}}{m \cos \theta}$

E_d : 직류전압, E_a : 교류전압, m : 상수, $\cos\theta$: 역률, I_d : 직류전류, I_a : 교류전류

(2) 회전 변류기 기동법 및 전압 조정법

회전 변류기 기동법	직류측 전압 조정법
① 교류측 기동법 ② 기동 전동기에 의한 기동법 ③ 직류측 기동법	① 직렬 리액턴스에 의한 방법 ② 유도 전압 조정기(AVR)를 사용하는 방법 ③ 부하시 전압 조정기를 사용하는 방법 ④ 동기 승압기(변압기 탭 변환)에 의한 방법

(3) 난조의 원인 및 방지법

난조의 원인	난조의 방지법
① 브러시의 위치가 중성점보다 늦은 위치에 있을 때 ② 직류측 부하가 급변한 경우 ③ 교류측 주파수가 주기적으로 맥동하는 경우 ④ 역률이 나쁜 경우 ⑤ 전기자 회로 저항이 리액턴스에 비해 큰 경우	① 제동 권선의 작용을 강하게 할 것. ② 전기자 저항에 비해서 리액턴스를 크게 할 것. ③ 허용되는 범위 내에서 자극수를 적게 하고 기하학적 각도와 전기각도의 차를 적게 할 것.

2. 수은 정류기

정 의	교류를 직류로 변환시키는 정류기
원 리	6상 2중 성형(Y)결선 (고전압, 대전류용 → 방송국용)

(1) 전압비 및 전류비

전압비	전류비
$\dfrac{\text{교류전압 } E_a}{\text{직류전압 } E_d} = \dfrac{\dfrac{\pi}{m}}{\sqrt{2}\sin\dfrac{\pi}{m}}$	$\dfrac{\text{교류전류 } I_a}{\text{직류전류 } I_d} = \dfrac{1}{\sqrt{m}}$

(2) 수은 정류기 이상현상

구 분	내 용
① 점호	음극점을 만들어 양극의 아크 방전을 유도시키는 것
② 역호	과부하전류 및 과부하전압으로 정류기 밸브작용이 상실되는 것
③ 실호	양극에 전류를 통과시켜야 할 때 통전되지 않는 현상
④ 통호	전류를 저지하지 못하고 통과하는 현상

(3) 역호의 원인과 방지법

역호 발생 원인	역호 방지법
① 양극 표면의 불순물 부착 ② 양극 재료의 불량시 ③ 전류 및 전압의 과대시 ④ 증기밀도의 과대시 ⑤ 내부 잔존가스 압력의 상승시 ⑥ 양극의 수은방울 부착시	① 정류기를 과부하로 되지 않도록 할 것. ② 내각장치에 주의하여 과열, 과냉을 피할 것. ③ 진공도를 충분히 높게 할 것. ④ 양극 재료의 선택에 주의할 것. ⑤ 양극에 직접 수은증기가 접촉되지 않도록 양극부의 유리를 구부린다. ⑥ 철제 수은 정류기에서는 그리드를 설치하고 이것을 부전위하여 역호를 저지시킨다.

3. 전력용 반도체 소자

1) 정류소자 종류 및 심벌

종 류	SCR 단방향 3단자 소자	SSS 쌍방향 2단자 소자	SCS 단방향 4단자 소자	TRIAC ★ 쌍방향 3단자 소자
심 벌	$A(+)$ G $K(-)$		A G_2 G_1 K	A_2 G_1 A_1

2) 사이리스터의 단자수, 방향성별 종류

단자수	방향성	사이리스터
2	1	SUS
2	2	DIAC, SSS
3	1	TR, SCR, LASCR, GTO, UJT, PUT, SUS
3	2	SBS
4	1	SCS

3) 사이리스터의 특징과 용도

① 고전압 대전류의 제어가 용이하다.
② 게이트의 신호가 소멸해도 온상태를 유지할 수 있다.
③ 수명은 반영구적이고 신뢰성이 높다.
④ 서지전압, 전류에도 강하다.
⑤ 소형 및 경향이며 기기나 장치에 부착이 용이하다.
⑥ 기계식 접점에 비하여 온-오프 주파수 특성이 좋다.

4. 정류 회로

(1) 단상(1∅) 반파 정류 회로 (다이오드 1개 사용 회로)

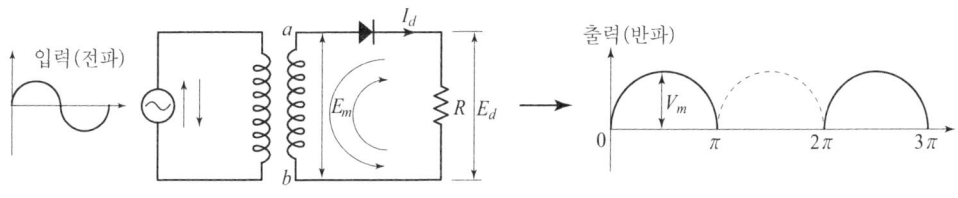

〈다이오드 전압강하 e=0 무시한 경우〉

구 분	다이오드 전압강하 무시한 경우	다이오드 전압강하 e 존재하는 경우
직류전압	$E_d = \dfrac{\sqrt{2}\,V(\text{교류전압})}{\pi} = 0.45V$ [V]	$E_d = \dfrac{\sqrt{2}\,V}{\pi} - e$ [V]
직류전류	$I_d = \dfrac{E_d}{R} = \dfrac{\dfrac{\sqrt{2}\,V}{\pi}}{R}$ [A]	$I_d = \dfrac{\dfrac{\sqrt{2}\,V}{\pi} - e}{R}$ [A]
최대 첨두전압 PIV	πE_d [V]	$\pi(E_d + e)$ [V]

(2) 단상(1ϕ) 전파 정류회로

① 다이오드 4개인 경우 ② 다이오드 2개인 경우

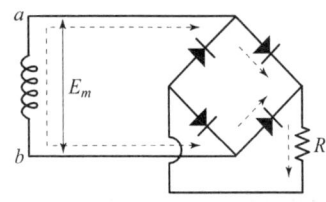
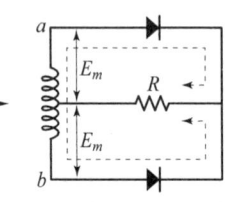
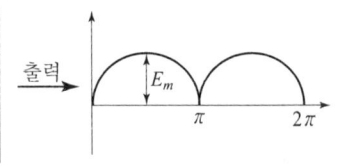

구 분		다이오드 전압강하 무시한 경우	다이오드 전압강하 e 존재하는 경우
직류전압		$E_d = \dfrac{2\sqrt{2}}{\pi}V(\text{교류}) = 0.9V$ [V]	$E_d = \dfrac{2\sqrt{2}}{\pi}V - e$ [V]
직류전류		$I_d = \dfrac{E_d}{R} = \dfrac{\dfrac{2\sqrt{2}}{\pi}V}{R}$ [A]	$I_d = \dfrac{\dfrac{2\sqrt{2}}{\pi}V - e}{R}$ [A]
최대 첨두전압 PIV	다이오드 4개인 경우	$\sqrt{2}\,V$ [V]	$\sqrt{2}\,V - e$ [V]
	다이오드 2개인 경우	$2\sqrt{2}\,V$ [V]	$2\sqrt{2}\,V - e$ [V]

(3) 3상(3ϕ) 반파 정류 회로 (다이오드 3개 사용)

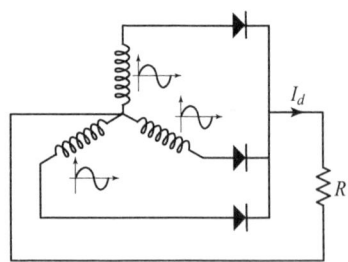

직류전압 $E_d = \dfrac{3\sqrt{2}\sqrt{3}}{2\pi}V(\text{교류}) = 1.17V$ [V]

직류전류 $I_d = \dfrac{E_d}{R} = \dfrac{1.17V}{R}$ [A]

(4) 3상(3ø) 전파 정류회로 (다이오드 6개 사용)

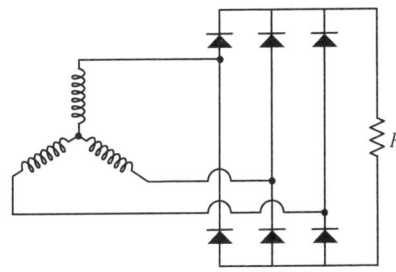

직류전압 $E_d = 1.35V\,[\mathrm{V}]$

5. 위상제어 (SCR 사용회로)

(1) 단상 반파 위상제어(정류)회로

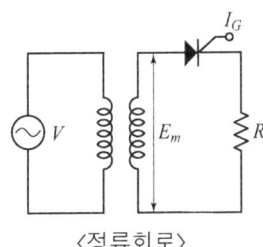

〈정류회로〉

직류전압 $E_d = \dfrac{\sqrt{2}\,V}{2\pi}[1+\cos\alpha]\,[\mathrm{V}]$

(2) 단상 전파 위상제어(정류) 회로

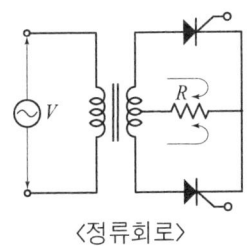

〈정류회로〉

직류전압 $E_d = \dfrac{\sqrt{2}}{\pi}V[1+\cos\alpha]\,[\mathrm{V}]$

[주의] 부하의 역률각 $\tan^{-1}\dfrac{\omega L}{R} \leqq$ 전압 제어 가능 범위각 $\alpha \leqq \pi$ 또는 $180°$

6. 맥동률 : 정류된 직류값 속에 교류 성분이 포함된 률(정도).

$$맥동률 = \frac{교류분\ 전압}{직류분\ 전압} \times 100[\%] = \sqrt{\frac{실효값^2 - 평균값^2}{평균값^2}} \times 100[\%]$$

1) 각 파형의 맥동률 크기 순서

단상반파 120[%] > 단상전파 48[%] > 3상반파 17[%] > 3상전파 4[%]

2) 다이오드 보호

| ① 과전압 보호 | 다이오드 직렬 추가 접속한다. |
| ② 과전류 보호 | 다이오드 병렬 추가 접속한다. |

7. 전력 변환장치

명 칭	작 용(용 도)
① 변압기	고압을 저압으로 변성하는 장치
② 정류기(다이오드)	교류(AC)를 직류(DC)로 바꾸어 주는 장치
③ 인버터	직류(DC)를 교류(AC)로 변환시키는 장치
④ 컨버터	교류(AC)를 직류(DC)로 변환시키는 장치
⑤ 사이클로컨버터	사이리스터를 조합하여 교류에서 직접 주파수가 다른 기타의 낮은 주파수 교류로 변환하는 주파수 변환장치
⑥ 초퍼	직류전압의 크기를 높이거나 낮추는 것을 조정하는 장치
⑦ 회전변류기	회전기를 사용하여 교류(AC)를 직류(DC)로 변환장치.(대전류용에 사용)

제 6 장 교류 정류 자기

1. 교류 단상 직권 정류자 전동기

교류 및 직류 양용으로 쓰이는 만능 전동기로서 전기자에 정류자가 붙어 있는 교류기.

특 성	① 철손을 감소시키기 위해 계자 및 전기자 철심에 규소강판을 성층한다. ② 계자권선에 의한 리액턴스가 커지므로 권수를 직류기보다 적게 한다. ③ 보상권선 설치.(역률 및 정류를 개선시키기 위해 설치) ④ 저항도선 설치.(단락전류를 감소시키기 위해 설치) ⑤ 역률 및 정류 개선을 위해 약계자, 강전기자형으로 한다. ⑥ 역률을 개선하기 위해, 전동기 회전속도를 높인다.

2. 단상 반발 전동기

단상 전동기로서 브러시를 이동하여 회전속도를 제어하는 전동기.

종 류	① 애트킨슨 전동기 ② 톰슨 전동기 ③ 테리 전동기

3. 3상 정류자 전동기

(1) 3상 직권 정류자 전동기

중간 변압기로 회전자 전압을 선택하고, 실효 권수비로 속도 상승을 제한하는 전동기.

3상 직권정류자 전동기 중간변압기 사용 목적	① 정류자 전압의 크기를 조정 ② 경부하시 급변하는 이상속도 방지 ③ 실효 권수비 조정 역할

(2) 3상 분권 정류자(슈라게) 전동기

슈라게 전동기라고도 하며 정속도 특성 및 가변속도 전동기이며, 브러시를 이동시켜서 속도제어 및 역률을 개선한다.
(브러시의 이동이나 2차 회로에 가변저항기를 넣어 간단히 속도제어를 하는 전동기)

4. 서보 전동기 (servo motor)

명령에 따라서 정확한 위치와 가속 및 감속을 요구하는 경우 신속 정확하게 전동기의 속도를 빈번하게 제어할 수 있는 모터.

1) 서보 모터 구비 조건

① 기동토크가 크고, 회전부의 관성 모멘트가 작을 것.
② 토크-속도곡선이 수하 특성일 것.
③ 회전자는 가늘고 길게 할 것.
④ 큰 돌입전류에 견딜 것.
⑤ 전압이 0일 때 신속히 정지할 것.
⑥ 전기적 시정수가 짧을 것.

2) 종류 및 특징

종류	교류 AC 서보 모터	직류 DC 서보 모터
구조	3상 인버터를 사용한 회전 계자형으로 구조가 복잡하다.	단상 인버터를 사용한 회전 전기자형으로 구조가 간단하다.
특징	① 정격용량이 크고 최대속도가 크다. ② 큰 회전력이 요구되지 않는 시스템에 사용. ③ 기준권선과 제어권선의 두 가지 고정자 권선이 있으며 90°의 위상차가 있는 2상 전압을 인가하여 회전자계를 만들어 회전시키는 유도 전동기. ④ 기준 권선에는 정전압을 인가하고 제어 권선에는 제어용 전압 인가. ⑤ 값이 비싸다.	① 정격용량이 작고 최대속도가 낮다. ② 고성능의 추종능력 요구시 사용 ③ 기계적 접점이 없고 신뢰성이 높다. ④ 보수가 불필요하다. ⑤ 기계적 시간상수가 크고 응답이 빠르다. ⑥ 단위전류당 발생토크가 크고 효율이 좋다. ⑦ 값이 싸다.
용도	프린터, DVD, 공작기계, CCTV 카메라, 캠코더 등에 사용.	

5. 스테핑 모터(stepping motor)

디지털 기계기구에 사용되며 1펄스 입력마다 일정한 각도로 회전하는 모터.

속도 및 토크 특성	① 무부하 상태에서 이 값보다 빠른 입력 펄스 주파수에서는 기동시킬 수가 없게 되는 주파수를 최대자기동주파수라 한다. ② 탈출(풀아웃) 토크와 인입(풀인) 토크에 의해 둘러싸인 영역을 슬루(slew) 영역이라 한다. ③ 무부하시 이 주파수 이상의 펄스를 인가하여도 모터가 응답할 수 없는 것을 최대응답주파수라 한다.

◎ 스테핑 모터의 장점 및 용도

장 점	① 기동, 정지, 정전, 역전이 용이하고 신호에 대한 응답성이 좋다. ② 브러시 등의 접촉 섭동 부분이 없어 수명이 길고 신뢰성이 높다. ③ 제어가 간단하고 정밀한 동기 운전이 가능하고, 또 고속시에 발생하기 쉬운 미스 스텝(miss step)도 누적되지 않는다. ④ 브러시 등의 특별한 유지 보수를 필요로 하지 않는다. ⑤ 입력 펄스 제어만으로 속도 및 위치 제어가 용이하다.
용 도	공작 기계, 수치 제어 장치, 로봇 등의 서보 기구에 사용되는 대형 스테핑 모터에서 프린터, 플로터 등 컴퓨터의 주변 장치나 사무 기기에 채용되는 소형 모터까지 넓은 분야에서 사용

PART 7

전기 설비 기술 기준

[전기공사기사 · 산업기사 요점정리 Ⅲ]

제 1 장   전기 설비 기술 기준
제 2 장   발전소 · 변전소 · 개폐소 시설규정
제 3 장   전선로
제 4 장   옥내 배선
제 5 장   특수 전기 시설 규정
제 6 장   전기 철도

제 1 장 전기 설비 기술 기준

(1) 전압의 종별

전압종류	범 위	예
저 압	교류(AC) 600[V] 이하	110, 220, 380, 440[V]
	직류(DC) 750[V] 이하	
고 압	교류 601(600[V] 초과)~7,000[V] 이하	3,300, 6,600[V]
	직류 751(750[V] 초과)~7,000[V] 이하	
특고압	교류 7000[V] 초과~100,000[V] 이하	22[kV], 22.9[kV], 66[kV]
초특고압	교류 100,001[V] 이상	154[kV], 345[kV], 765[kV]

(2) 가공인입선

> 가공전선로의 지지물에서 분기하여 다른 지지물을 거치지 않고 한 수용장소 인입구에 이르는 전선

1) 사용전선 : ① 절연전선 ② 다심형 전선 ③ 케이블

2) 가공인입선의 굵기 ★

가공 인입선 종류		사용 전선 굵기	
저 압	경간 15(m) 이하	지름 2.0[mm] 이상 인입용 비닐절연전선(인장강도 1.25[kN] 이상), 케이블	
	경간 15(m) 초과	지름 2.6[mm] 이상 인입용 비닐절연전선(인장강도 2.30[kN] 이상), 케이블	
고압 가공 인입선		지름 5.0[mm] 이상의 경동선, 케이블, 인장강도 8.01[kN] 이상의 고압(특고압) 절연전선	
특고압 가공 인입선		변전소·개폐소의 곳	특고압 가공전선 규정과 같다.
		변전소·개폐소 이외의 곳	케이블 사용(사용전압 100kV 이하)

3) 지표면상 높이

시설 장소	저압 가공 인입선인 경우	고압 가공 인입선인 경우	특고압인 경우
지표상 높이	4[m] 이상	5[m] 이상	
도로 횡단시 높이	노면상 5[m] 이상	노면상 6[m] 이상	노면상 6[m] 이상
철도 횡단시 높이	레일면상 6.5[m] 이상	레일면상 6.5[m]	레일면상 6.5[m] 이상
전선의 위험 표시 (횡단보도교)	3[m] 이상 (교통에 지장이 없는 경우)	3.5[m] 이상	

(3) 연접인입선 (★ 저압만 가능)

한 수용장소 인입구에서 분기하여 다른 지지물을 거치지 않고 다른 수용장소의 인입구에 이르는 전선(고압 가공 인입선 불가능)

① 인입선에서 분기하는 점(접속점)으로부터 긍장 100[m] 이내 시설된 전선
② 옥내를 관통해서는 안 됨.
③ 전선 : 2.6[mm] 이상(단, 15[m] 이하시는 2.0[mm] 사용 가능) 또는 인장강도 1.25[kN] 이상 전선 사용
④ 폭 5[m] 이상 도로를 횡단할 수 없다.

(4) 전선 접속시 주의점

① 전선 접속시 접속부분이 전기 부식이 일어나지 않을 것.
② 전선 접속시 **전선의 세기**(인장하중으로 표기)을 20[%] 이상 감소시키지 않을 것.(80[%] 이상 유지할 것)
③ 전선 접속시 **전기저항값**을 증가시키지 말 것.
④ 접속부분은 절연물과 동등 이상의 **절연효력**이 있는 것으로 충분히 피복할 것

(5) 접근상태

① 1차 접근상태 ─ ㉠ 지지물이 지표상 높이에 상당하는 거리 안에 시설되는 상태
　　　　　　　　 ㉡ 반경 내에 가공전선이 다른 공작물에 접촉할 우려가 있는 상태
② 2차 접근상태 ☆ : 가공전선이 다른 공작물의 상방 또는 측방에서 **수평이격 3[m] 미만**인 곳에 시설된 상태

(6) 저압전로의 절연저항

전로의 사용전압 구분		절연저항값	과년도
대지 전압	150[V] 이하인 경우	0.1[MΩ] 이상	사용전압 110[V]일 때
	151~300[V] 이하인 경우	0.2[MΩ] 이상	사용전압 220[V]일 때
	301~400[V] 미만인 경우	0.3[MΩ] 이상	사용전압 380[V]일 때
	400 이상~저압(600[V] 이하)	0.4[MΩ] 이상	사용전압 440[V]일 때

(7) 누설전류 I_l

① 전선로 1조당 : 최대 공급(사용)전류 $I_m \times \dfrac{1}{2000}$ 이하

(단, 단상 2선식 : $I_m \times \dfrac{1}{1000}$ 이하)

② 전기철도인 경우 : 최대 공급전류 $I_m \times \dfrac{1}{5000}$ 이하

(단, 절연저항 측정이 곤란한 경우에는 누설 전류를 1[mA] 이하로 유지할 것)

(8) 절연내력시험 (교류시험전압 ⇒ 연속 10분간 가함)

1) 회전기 및 정류기 절연내력시험

종 류			시험전압	최저시험전압	시험전압
회전기인 경우	발전기 전동기 조상기	최대사용전압 7[kV] 이하	최대사용전압×1.5배	500[V]	권선과 대지간 연속 10분간 가한다.
		7[kV] 넘는 것	최대사용전압×1.25배	10,500[V]	
	회전변류기		직류측 최대사용전압× 1배의 교류전압	500[V]	
정류기인 경우	최대사용전압 60[kV] 이하인 경우		직류측 최대사용전압× 1배의 교류전압	500[V]	충전부분과 외함간에 연속하여 10분간 가함
	최대사용전압 60[kV] 초과		직류 또는 교류 측 최대사용전압× 1.1배의 직류전압		교류측 및 직류 고전압측 단자와 대지 간에 연속 10분간 가함

2) 변압기 전로의 절연내력시험전압 (교류시험전압 연속 10분간 가함)

① 교류 시험인 경우 ☆★

전로의 종류 (최대사용전압기준)	시험전압 = 최대사용전압 × 배수	최 저 값 시험전압	과 년 도 문 제
7[kV] 이하 전로인 경우	1.5배	500[V] 이상	500[V]변압기 : 500×1.5=750[V] 220[V]변압기 : 220×1.5 = 330[V] 무시 → 500[V] 사용
7~25[kV] 이하 중성점(다중) 접지식 전로인 경우	0.92배	500[V] 이상	22.9[kvy]인 경우 → 22,900×0.92=21,068[V]
7[kV] 초과 60[kV] 이하 전로 인 경우	1.25배	10,500[V] 이상	7,200[V] → 7,200×1.25 = 9,000[V] → 10,500[V] 사용
60[kV] 초과 중성점 접지식 전로인 경우	1.1배	75,000[V] 이상	66,000[V] → 66,000×1.1 = 72,600[V] → 75,000[V] 사용
170[kV] 초과 중성점에 직접 접지식 피뢰기 시설시	0.72배	없 음	154[kV]×0.72=110,880[V]
170[kV] 초과 중성점 직접접지식인 경우	0.64배	없 음	345[kV]

② 직류시험인 경우

적용식	교류시험전압 × 2배(케이블 이용시에만)
내 용	교류 시험전압의 2배의 직류전압을 전로와 대지간(다심 케이블은 심선상호간 및 심선과 대지간)에 연속하여 10분간 시험.

③ 연료 전지 및 태양 전지 모듈의 절연 내력 시험

최대 사용 전압의 1.5배의 직류 전압 또는 1배의 교류 전압(최저 시험 전압 500[V])을 충전 부분과 대지 사이에 연속하여 10분간 가함

(9) 접지공사 (대지전압=0)

접지 종류	목 적	접지 시설 대상(장소)
제1종 접지 E_1	이상전압을 대지로 방전시키고 기기를 보호한다.	· 피뢰기, 피뢰침, 정전방전기(사용전압×3배) · 항공장해등(무조건 1종 접지), 전기집진(응용)장치, 1,000[V]를 넘는 방전등, 특고압 계기용 변성기 외함 및 2차측(MOF) · 고압계기용 변성기 외함(2차측은 제3종 접지할 것) · 풀용 수중 조명등 1차와 2차 전선 사이 혼촉방지판 · 특고압 보호망, 고압·특고압 기계기구 · 특고압 보호선 · 변압기이 안전권선이나 유휴권선 또는 전압조정기의 내장 권선
제2종 접지 E_2	고압·저압 혼촉에 의한 수용가측 전위 상승억제	· 주상변압기 2차측(저압측, 중성측) · 수용 장소의 인입구 추가접지 · 특고압 또는 고압을 저압으로 변성하는 2차측 전로 중성점 · 금속제 혼촉 방지판
제3종 접지 E_3	화재 방지, 기기손상방지, 감전방지	· 고압변성기 2차측 전로(1종 해당 안됨.) · 지중전선로의 외함, 조가용선 외함, 네온변압기 외함 · X선 장치, 1,000[V] 이하 방전등, 완금장치 · 고압보호망(보호선), 조가용선 · 400[V] 미만 기계기구 외함 · 전압에 관계없이 사람이 닿을 우려가 없는 경우
특별 제3종 접지 E_{S3}	화재 방지, 기기손상방지, 감전방지	· 풀용 수중조명등 용기 외함 및 금속제 외함 · 분수대 조명등 용기 외함 · 400[V] 이상 기계기구 외함

★★ 기계기구의 외함 및 철대 접지

전 압	접 지 종 류
400[V] 미만	제3종 접지 (380[V] 전동기 외함 접지)
400 ~ 저압 (600[V] 이하)	특3종 접지 (440[V] 전동기 외함 접지)
601[V] 이상 (고압 또는 특별고압)	제1종 접지 (단, 사람이 닿을 우려가 없는 경우 : 3종 접지)

접지종별	접지저항 R값[Ω](이하)	접지선 굵기[mm²](이상)	
제1종 접지 E_1	10[Ω]이하	공칭단면적 6[mm²]이상 연동선 사용	・이동용 기계기구 : 8[mm²] ・3종, 4종 캡타이어케이블 일심 또는 다심 캡타이어 케이블의 차폐, 기타의 금속체 접지선의 굵기 : 8[mm²]
제2종 접지 E_2	① 기준값 $R = \dfrac{150[\text{V}]}{1\text{선지락전류 }I}[\Omega]$이하 (자동차단장치가 없는 경우) ② 예외 : 단) 35[kV] 이하 $R = \dfrac{300[\text{V}]}{1\text{선지락전류 }I}[\Omega]$ (2초 이내에 자동차단 장치가 설치된 경우) $R = \dfrac{600[\text{V}]}{1\text{선지락전류 }I}[\Omega]$ (1초 이내에 자동차단 장치가 설치된 경우) ・특고압 다중접지가 아닌 경우 : 10[Ω]이하 ・1선지락전류가 최소인 경우 최대값 : 75[Ω] 이하 ・5[Ω]미만의 값이 아니어도 된다.	・22.9[kV] 및 고압에서 저압으로 변성하는 변압기 2차측 : 6[mm²] ・특고압에서 저압으로 변성하는 변압기 2차측 : 16[mm²]	
제3종 접지 E_3	① 기준값 100[Ω]이하 ② 예외 : 저압전로에 지락발생시 0.5초 이내에 (정격감도전류) 자동차단 장치 시설된 경우 [특3종 접지도 해당된다] | 정격 감도전류 [mA] | 접지저항치[Ω] || | | 물기 있는 장소, 전기적 위험도가 높은 장소 | 그 외 다른 장소 | | 30 | 500 | 500 | | 50 | 300 | 500 | | 100 | 150 | 500 | | 200 | 75 | 250 | | 300 | 50 | 166 | | 500 | 30 | 100 | ▶ 암기 : 정격감도전류 × 저항값 = 15,000이면 된다.	・공칭단면적 2.5[mm²]이상 연동선 ・연동연선 : 1.25[mm²]이상 ・다심코드 및 다심 캡타이어케이블 1심만 사용시 : 0.75[mm²]	
특별 제3종 접지 E_{S3}	10[Ω]이하		

(10) 1선지락 전류

구 분	지락전류 계산공식
케이블인 경우	$I = 1 + \dfrac{VL/3 - 1}{2}$ [A] (L [km] = 케이블의 연장 = 긍장)
가공전선 (기타 전선)인 경우	$I = 1 + \dfrac{VL/3 - 100}{150}$ [A] (L [km] = 가공전선의 연장 = 긍장×전기방식×회선수)
케이블+가공전선	$I = 1 + \dfrac{VL/3 - 1}{2} + \dfrac{VL/3 - 100}{150}$ [A] $V = \dfrac{공칭전압}{1.1}$ [kV] , L [km] = 전선의 연장

[계산시 규정] 1선지락 전류값 I 처리 방법

① 소수점 이하는 절상 → 0을 제외한 숫자는 다 올려준다.

② 각 항에서 (−)값이 나오면 0[A]까지 만든다.

③ 1선지락 전류 I : $I = 2$ [A] 미만이 되더라도 최소 2[A]까지 한다.

(11) 변압기(주상 변압기) 접지

1) 가공 공동지선(저압 접지측 공통전선)

규정된 접지 저항값을 얻기 어려운 경우 200[m]까지 할 수 있다. 즉, 반경 200[m]까지 끌고 가서 규정된 저항값을 얻을 수 있다.(지름=400m까지 가능)

2) 시설규정

① 변압기 접지 : 시설 개소마다 접지공사 사항 원칙

● 토지의 상황에 따라 접지 저항 값을 얻기 어려운 경우

200[m] 이내 접지선(가공공동지선) 굵기 : 지름 4.0[mm] 이상 경동선 또는 인강강도 5.26[kN] 이상 사용

② 저항값

가공공동지선과 대지간의 합성전기저항치는 1[km]를 지름으로 하여 분리되었을 경우 접지 저항 값은 300[Ω]이하 유지

③ 변압기에 접속되는 전선로 바로 아래의 부분에서 각 변압기의 양쪽에 있도록 할 것
④ 변압기 외함 및 2차측 접지

구 분	접지종류
변압기 외함	제1종 접지 E_1
변압기 2차측	제2종 접지 E_2

3) 변압기 설치 높이

전 압 구 분		변압기 높이
고 압	시가지인 경우	4.5[m] 이상
	시가지 외인 경우	4[m] 이상
특고압	흡상변압기	5[m] 이상 : 전자유도 감음장치(누설전류 흡수) ← 목적

(12) 고압 또는 특고압과 저압의 혼촉에 의한 위험 방지 시설 규정

1) 저압전로의 사용전압이 300[V] 이하인 경우에 2종 접지공사를 변압기의 중성점에 하기 어려울 때에는 저압측의 1단자에 할 수 있다.

2) 특고압 전로와 저압전로를 결합하는 경우에 규정에 의하여 계산한 값이 10[Ω]을 넘을 때에는 접지저항치가 10[Ω] 이하가 되도록 할 것.

예외 규정	35[kV] 이하의 전로에 지락시 1초 이내에 자동 차단하는 장치가 되어 있는 경우
	25[kV] 이하 중성선 다중접지식 전로에 지락시 2초 이내에 자동적 차단하는 장치가 되어 있는 경우

(13) 제1종 접지 및 제2종 접지 공사 규정 (금속체, 철주)

① 접지극은 지하 75[cm] 이상의 깊이에 매설한다.
② 접지극을 철주 바로 밑 시설시 30[cm] 이격하며 금속체와 1[m] 이상 이격한다.
③ 접지선은 접지극에서 지상 60[cm]까지 절연전선·케이블(OW 제외)을 사용
④ 지표면하 75[cm]에서 지상 2[m]까지 합성수지관(두께 2[mm]) 이상의 절연효력 및 강도가 있는 것으로 몰드할 것.
⑤ 접지극 병렬 매설시 접지극 상호간 2[m] 이상 이격한다.
⑥ 접지선을 시설한 지지물에는 피뢰침용 접지선을 시설하여서는 안 된다.

(14) 가공지선(뇌해 방지)

구 분		사용가공지선 굵기
나선	고압가공전선로인 경우	지름 4.0[mm]이상 또는 인장강도 5.26[kN]이상 사용
	특고압가공전선로인 경우	지름 5.0[mm]이상 또는 인장강도 8.01[kN]이상 사용

(15) 수도관 접지극 사용 = 접지저항 3[Ω] 이하   ▶ 암기법 : 수삼

① 수도관 안지름이 75[mm] 이상이거나, 분기한 수도관 안지름이 75[mm] 미만일 때 분기점으로부터 5[m] 미만시에 접지공사 실시 가능.(접지저항 3[Ω]이하) [단, 2[Ω] 이하시에는 규정의 접촉을 받지 않음.(5[m]를 초과할 수 있다.)]
② 2[Ω] 이하를 유지하는 건물의 철골, 기타 금속체는 제1·2종 접지극으로 사용
③ 공사방법 : 케이블 공사
④ 접속부에 전기부식이 생기지 않을 것

● 건물의 철골접지
    ① 접지저항 : 3[Ω] 이하 (비접지 2[Ω] 이하) ② 공사방법 : 케이블 공사

(16) 접지공사 생략

① 대지전압 교류 150[V](사용전압직류 300[V]) 이하 기계기구를 건조한 곳에 시설시
② 사람이 닿을 우려가 없는 저압기계기구 등을 목주상 시설시
③ 정격감도 전류 30[mA] 이하이고 동작시간 0.03초 이내에 자동차단되는 전류 동작형(누전차단기 ELB) 시설시(단, 습기, 물기가 많은 장소인 경우 : 15[mA] 이하, 0.03초 이내)
④ 저압용 기계기구에 전기를 공급하는 전로의 전원측 절연 변압기(2차측 300[V] 이하, 정격용량 3[kVA] 이하)을 시설하고 부하측(2차측)을 비접지식으로 하는 경우
⑤ 2중 절연 구조의 기계기구 시설시
⑥ 철대 또는 외함의 주위에 적당한 절연대를 설치하는 경우
⑦ 외함이 없는 계기용변성기가 고무·합성수지 기타의 절연물로 피복한 것.

〈접지공사 특례〉
① 제3종 접지공사를 하여야 하는 금속체와 대지간의 전기저항치가 100[Ω] 이하인 경우에는 제3종 접지공사를 한 것으로 본다.
② 특별 제3종 접지공사를 하여야 하는 금속체와 대지간의 전기저항치가 10[Ω] 이하인 경우에는 특별 제3종 접지공사를 한 것으로 본다.

(17) 특고압 옥외 배전용 변압기 시설규정

① 변압기 전압
  ㉠ 1차측 전압 : 35[kV] 이하   ㉡ 2차측 전압 : 저압 또는 고압일 것
  ㉢ 사용전선 : 특고압 절연전선 또는 케이블
② 변압기의 특고압측에는 개폐기 및 과전류 차단기를 설치해야 한다.
③ 변압기의 2차 전압이 고압인 경우에는 고압측에 개폐기를 시설하고 또한 쉽게 개폐할 수 있도록 할 것

(18) 고압 및 특고압용 개폐기 시설규정

1) 각 극에 시설하여야 한다.
2) 개폐상태 표시장치.[단, 개폐상태를 쉽게 확인할 수 있는 것은 제외.]
3) 중력 등에 의하여 자연히 작동할 우려가 있는 것은 **자물쇠 장치**
4) 부하전류 차단용이 아닌 개폐기는(단로기 DS) 부하전류가 통하고 있을 경우 개로 할 수 없도록 시설. 단, ① 보기 쉬운 곳에 부하전류 유무표시 장치시설, ② 전화기 기타 지령장치시설, ③ 티블렛 등을 사용시는 제외.

(19) 지락 차단장치(누전차단기 ELB) 시설규정

⇒ 누전차단기(정격감도 전류 30[mA] 동작시간 0.03초 이내에 동작형)

1) 저압인 경우
  ① 시설 : 저압전로의 60[V] 넘는 곳
  ② 지락차단장치 생략 가능한 경우

㉠ 대지전압 150[V] 이하 기계기구를 물기가 없는 곳에 시설하는 경우
㉡ 전로의 전원측 절연변압기 부하측(2차측 전압 300[V] 이하)를 비접지식으로 하는 경우
㉢ 전기안전관리법에서 2중 절연구조의 기계기구 시설하는 경우
㉣ 기계기구를 건조한 곳에 시설하는 경우
㉤ 기계기구를 발전소, 변전소, 개폐소 또는 이에 준하는 곳에 시설하는 경우
㉥ 기계기구가 고무·합성수지 기타 절연물로 피복된 경우

2) 고압 및 특고압 전로인 경우
① 발전소 또는 변전소 또는 이에 준하는 장소의 인출구
② 다른 전기 사업자로부터 공급을 받는 수전점
③ 배전용 변압기(단권 변압기 제외) 시설 장소

(20) 아크를 발생하는 기계기구의 시설규정

기구 등의 구분	기구(개폐기·차단기·피뢰기·단로기)의 이격거리
고압용의 것	1[m] 이상(목재의 벽, 기타 천장 가연성 물질로부터 이격거리)
특별고압용의 것	2[m] 이상(사용 전압이 35,000[V] 이하의 특고압용의 기구 등으로서 아크의 방향과 길이를 화재가 발생할 우려가 없도록 제한하는 경우 1[m] 이상)

▶ 암기법 : 아! 고일(1), 특이(2) 하다.

(21) 저압전로의 과전류차단기(퓨즈) 시설규정

1) 저압용 퓨즈 → 정격전류의 1.1배의 전류에 견딜 것

정격전류 [A]	정격전류의 1.6배인 경우	정격전류의 2배인 경우
30 이하	60분 이내 용단	2분 이내 용단
31 ~ 60 이하	60분 이내 용단	4분 이내 용단
61 ~ 100 이하	120분 이내 용단	6분 이내 용단
101 ~ 200 이하	120분 이내 용단	8분 이내 용단
201 ~ 400 이하	180분 이내 용단	10분 이내 용단
401 ~ 600 이하	240분 이내 용단	12분 이내 용단

2) 배선용 차단기 → 정격전류의 1배의 전류에 견딜 것.

정격전류	정격전류 1.25배인 경우	정격전류 2배인 경우
30 이하	60분 이내 용단	2분 이내 용단
31 ~ 50 이하	60분 이내 용단	4분 이내 용단
51 ~ 100 이하	120분 이내 용단	6분 이내 용단
101 ~ 225 이하	120분 이내 용단	8분 이내 용단
226 ~ 400 이하	120분 이내 용단	10분 이내 용단
401 ~ 600 이하	120분 이내 용단	12분 이내 용단

3) 고압용 퓨즈

① 포장용 : 정격전류의 1.3배에 견디고 2배의 전류에서는 120분 안에 용단될 것.
② 비포장용 : 정격전류의 1.25배에 견디고 2배의 전류에서는 2분 내에 용단
③ 고압·특고압의 단락사고시 과전류차단기는 단락전류 차단 능력을 가질 것.

4) 과전류차단기 시설생략장소

① 접지공사의 접지선
② 다선식 선로의 중성선
③ 전로의 일부에 접지공사를 한 저압 가공전선로의 접지측 전선

(22) 피뢰기(LA)

목 적	전선로에 이상전압 내습시 전위 상승을 억제하여 기계기구 보호
접 지	제1종 접지공사 E_1
접 지 저 항	10〔Ω〕이하 [단, 단독접지(전용접지인 경우) = 30〔Ω〕이하]
시 설 장 소	① 발전소, 변전소 이에 준하는 인입구 및 인출구 ② 고압 및 특고압으로부터 수전 받는 수용가의 인입구 ③ 가공전선과 지중 전선이 접속되는 곳 ④ 배전용 변압기의 고압측 및 특고압측
생략 가능한 경우	① 피뢰기 시설하는 곳에 직접 접속하는 경우(전선이 짧은 경우) ② 피보호기기가 보호범위 내에 위치한 경우 ③ 습뢰 빈도가 적은 지역으로 방출 보호통을 장치한 경우

(23) 피뢰침

목 적	뇌해(낙뢰) 방지
시 설 기 준	20[m]을 초과하는 건축물에 시설
보 호 각	60° 이하(일반적으로), 45° 이하(위험물 존재시)
인 하 도 선 (2조 이상 원칙)★	동선인 경우 30[mm²] 이상(2조시) ~ 알루미늄(Al)선인 경우 50[mm²] 이상(1조시)
저 항 값 (제1종 접지 E_1)	10[Ω] 이하 (단, 단독(전용)접지시 : 20[Ω] 이하)

단, 제1종 접지공사 또는 제2종 접지공사에 사용하는 접지선을 시설한 지지물에는 피뢰침용 접지선을 시설해서는 안 됨.

(24) 고조파 이용 설비의 장해 방지 시설 규정

고조파 이용 설비에 누설되는 고주파 전류의 허용한도는 고주파 측정장치로 2회 이상 연속하여 10분간 측정하였을 때 각각 측정치의 최대치의 평균치가 −30[dB] 일 것

제 2 장 발전소 · 변전소 · 개폐소 시설규정

(1) 발전소 등의 울타리 · 담 등의 시설규정

① 울타리 · 담 등을 시설할 것.
② 출입구에는 출입금지의 표시를 할 것.
③ 출입구에는 자물쇠장치 기타 적당한 장치를 할 것
④ 울타리, 담 등의 높이는 2[m] 이상으로 하고, 지표면과 울타리, 담 등의 하단 사이의 간격은 15[cm] 이하로 할 것

(2) 충전부 울타리 · 담 등의 높이

사용전압의 구분	울타리의 높이와 울타리로부터 충전부분까지의 거리의 합계 또는 지표상의 높이
35[kV] 이하인 경우	5[m] 이상($x+y$) 이격시킴
35[kV] 초과 ~ 160[kV] 이하	6[m] 이상($x+y$) 이격시킴
160[kV] 초과시	6[m]에 초과하는 10,000[V]당 12[cm]씩 추가한 값
	식) $6+(X-16)\times 0.12 = x+y$ → 절상할 것.(소수점 : 0.1~ 이상은 올림)

고압 또는 특별고압 가공전선과 금속제의 울타리 · 담 등이 교차하는 경우에 금속제의 울타리 · 담 등에는 교차점과 좌, 우로 45[m] 이내의 개소에 제1종 접지공사

(3) 절연유 구외유출 방지 시설 규정

변압기를 설치하는 곳에는 절연유의 구외유출 및 지하침투를 방지하기 위하여 절연유 유출방지 설비를 시설한다.

① 사용전압이 100[kV] 이상인 변압기 주변에 집유조 등을 설치할 것
② 절연유 유출방지설비의 용량은 변압기 탱크 내장유량의 50[%] 이상으로 할 것

(4) 특별고압 전선로의 상 및 접속상태의 표시 규정

보기 쉬운 곳에 상별 표시를 해야 한다.(단, 특별고압 전선로의 회선수가 2 이하이고 또한 모선이 단일모선인 경우에는 제외한다.)

(5) 발전기·변압기·조상설비 등의 보호장치규정

적용기기	용량	사고(동작조건)의 종류	보호장치
발전기인 경우	모든발전기 100KVA이상 500KVA이상 2000KVA이상 1만KVA이상	• 발전기에 과전류가 생긴 경우 • 풍차의 유압, 공기압 전원전압이 현저히 저하시 • 발전기 수차의 압유장치의 유압이 현저히 저하시 • 수차발전기 스러스트 베어링의 온도가 현저히 상승시 • 발전기 내부고장시	자동차단 장치
증기터어빈인 경우	정격출력 1만kW 넘는 경우	증기터어빈의 스러스트 베어링이 마모되거나 온도가 상승시	자동차단 장치
특고압용 변압기인 경우	뱅크용량 5천KVA이상~ 1만KVA미만인 경우	변압기 내부 고장시	자동차단 또는 경보장치
	뱅크용량 1만KVA이상	변압기 내부 고장시	자동차단 장치
전력용콘덴서(SC) 및 분로리액터(Sh)	뱅크용량 500KVA 넘고~ 1만5천KVA미만	내부 고장 또는 과전류가 생긴 경우	자동차단 장치
	뱅크용량 1만5천KVA이상	내부고장 및 과전류 또는 과전압이 생긴 경우	자동차단 장치
조상기인 경우	뱅크용량 1만5천KVA이상	내부고장이 생긴 경우	자동차단 장치

(6) 발전기 등의 기계적 강도 규정

발전기, 변압기, 조상기, 계기용 변성기, 모선 및 이를 지지하는 애자는 단락전류에 의하여 생기는 기계적 충격에 견딜 것.

(7) 발전소, 변전소, 동기조상기 계측장치

구 분	계 측 장 치
발전소측	① 발전기, 연료전지 또는 태양전지 모듈의 **전압** 및 **전류** 또는 **전력** 측정장치 시설 ② 발전기의 베어링 및 고정자의 **온도** 측정장치 시설할 것 ③ 발·변전소 주요 변압기의 **전압** 및 **전류** 또는 **전력** 측정장치 시설할 것 ④ 특별고압용 변압기의 온도 측정장치 시설할 것
변전소측	① 주요 변압기의 전압 및 전류 또는 전력 측정장치 시설할 것 ② 특별고압용 변압기의 온도 측정장치 시설할 것
동기조상기측	① 동기조상기의 **전압** 및 **전류** 또는 **전력** 측정장치 시설할 것 ② 동기조상기의 베어링 및 고정자의 온도 측정장치 시설할 것 ③ 동기검정장치(동기조상기의 용량이 전력계통의 용량과 비교하여 현저히 적은 경우에는 동기검정장치를 시설하지 아니할 수 있다.)

(8) 수소냉각식 발전기 · 조상기 수소냉각장치의 시설 규정

① 기밀구조의 것이고 수소가 대기압에서 폭발시 견디는 강도를 가질 것.
② 수소의 순도가 85〔%〕이하로 저하한 경우 경보장치를 시설할 것.
③ 수소의 압력을 계측하는 장치 및 그 압력이 현저히 변동하는 경우 경보하는 장치를 시설할 것.
④ 수소의 온도를 계측하는 장치를 시설할 것.
⑤ 수소를 통하는 관(동관 또는 이음매 없는 강판), 밸브 등은 수소가 새지 아니하는 구조로 되어 있을 것.
⑥ 발전기 또는 조상기에 붙인 유리제의 점검 창 등은 쉽게 파손되지 아니하는 구조로 되어 있을 것.

(9) 발전소, 변전소, 개폐소 또는 이에 준하는 곳에서 개폐기 또는 차단기에 사용하는 압축공기장치 등의 시설 규정

① 개폐기나 차단기의 공기압축기는 최고 사용압력 1.5배의 수압 또는 1.25배의 기압을 연속 10분간 가하여 견딜 것.
② 공기 탱크는 개폐기 및 차단기의 투입 및 차단을 1회 이상 할 수 있는 용량을 가질 것.

③ 주공기탱크 또는 이에 근접한 곳에는 사용압력의 1.5배 이상 3배 이하의 최고 눈금이 있는 압력계를 시설할 것.
④ 가스압축기에 접속하여 사용하는 가스 절연기기는 최고 사용압력의 1.25배 수압으로 시험(누설이 없는 경우 생략)한다.

(10) 태양전지 모듈 등의 시설 규정

① 충전부분은 노출되지 않도록 시설할 것
② 부하측 전로의 접속점에 근접하여 개폐기 기타 이와 유사한 기구를 시설할 것.
③ 단락이 생긴 경우에 전로를 보호하는 과전류차단기 기타의 기구를 시설할 것.

사용전선굵기	공칭단면적 2.5[mm^2] 이상의 연동선 사용
시설가능공사	합성수지관공사, 금속관공사, 가요전선관공사 또는 케이블공사로 시설할 것

(11) 상주 감시를 하지 아니하는 (무인)변전소의 시설 규정

안전장치 종류	적 용 내 용
변전제어소 또는 기술원이상주 하는 장소에 경보장치시설인 경우	① 차단기가 자동적으로 차단한 경우(재폐로한 경우 제외) ② 주요 변압기의 전원측 전로가 무전압으로 된 경우 ③ 제어 회로의 전압이 현저히 저하한 경우 ④ 출력 3,000[kVA] 초과 특고압용 변압기(온도가 현저히 상승시) ⑤ 특고압용 타냉식 변압기는 그 냉각장치가 고장난 경우 ⑥ 수소냉각식 조상기안의 수소의 순도가 90[%] 이하로 저하한 경우
자동차단장치 시설인 경우	수소냉각식 조상기안의 수소의 순도가 85[%] 이하로 저하한 경우

제3장 전선로

◆ 전선로의 종류

① 가공전선로 ② 옥측전선로 ③ 옥상전선로 ④ 지중전선로
⑤ 수상전선로 ⑥ 수저전선로 ⑦ 터널전선로

(1) 풍압하중[Pa 또는 kg/m²] : 지지물과 전선의 풍압하중

1) 갑종 풍압하중(기준)

지지물에 따른 풍압을 받는 구분		구성재의 수직 투영면적 1m²에 대한 풍압하중(기초)
목주(원형)		588[Pa]
철 주	원형의 것	588[Pa]
철근콘크리트주	원형	588[Pa]
철 탑	강관(단주 제외)으로 구성되는 것	1255[Pa]
전선 및 가섭선	다도체(복도체)를 구성하는 전선	666[Pa] ★★
	기타(단도체)	745[Pa] (강심 알루미늄연선) ★★
애자장치(특고압 전선용의 것에 한함)		1039[Pa]
완 금 류 (특고압 전선로용)	단일재	1196[Pa]
	기타	1627[Pa]

2) 을종 풍압하중(갑종의 $\frac{1}{2}$값 적용)

전선 및 가섭선의 주위에 빙설의 두께 6[mm](비중 0.9)인 경우 빙설이 부착된 상태에서 수직 투영 면적 372[Pa](다도체를 구성하는 전선은 333[Pa]) 적용, 그 이외 것은 갑종 풍압하중의 1/2(50%)을 기초로 계산

3) 병종 풍압하중(갑종의 $\frac{1}{2}$값 적용)

① 인가가 밀집된 시가지의 저고압 가공전선로인 경우
② 저압 또는 고압 가공전선로의 지지물 및 가섭선인 경우
③ 사용 전압이 35[kV] 이하의 특고압 절연전선 또는
  · 케이블을 사용하는 특고압 가공 전선로의 지지물, 가섭선 및
  · 특고압 가공 전선을 지지하는 애자장치 및 완금류

(2) 지선의 시설 규정 ★ 철탑은 지선을 시설할 수 없다.

① 지선의 허용 인장하중 : 4.31[kN] 이상
② 안전율 : 2.5 이상(단, 목주·A종 철주·A종 철근 콘크리트주 → 1.5)
③ 소선수 : 3가닥 이상의 연선일 것
④ 금속선 : 2.6[mm] 이상 사용한 것
  단) 아연도 강연선 : 2.0[mm] 인장강도 0.68[kN] 이상
⑤ 지중부분 및 지표상 30[cm]까지 아연도금 철봉사용근가에 견고히 붙일 것
⑥ 지선의 근가는 지선의 인장하중에 충분히 견디도록 시설할 것

◎ 지선의 높이

도로 횡단 시	지표상 5[m] 이상 이격시킴
교통에 지장이 없다	지표상 4.5[m] 이상 이격시킴(단, 보도인 경우 : 2.5[m] 이상)

(3) 지지물 종류

A종 지지물	목주	철근콘크리트주(CP주)	철주
B종 지지물	×	철근콘크리트주	철주
철 탑			

지지물의 기초 안전율 : 2 [단, 이상시 상정하중에 대한 철탑 : 1.33 이상]

◎ **지지물 땅에 묻히는 깊이(건주공사)** : 기준 → CP주(철근콘크리트주) 20[m]를 초과할 수 없다.

설 계 조 건		지지물 매설(근입)깊이		기 준
전장	16[m] 이하	15[m] 이하	전장의 1/6[m] 이상 묻음	기준 : 2.5[m] 이상 (단, 지반이 약한 곳은 0.5[m] 이상 깊이에 근가 설치)
설계하중	6.8[kN](700[kg]) 이하	15[m] 이상	2.5[m] 이상 묻음(기준)	
전장	14[m] 이상~20[m] 이하	기본(2.5[m] 이상)+0.3[m]=2.8[m] 이상 묻음		기준 : 2.8[m] 이상 설계하중 : 9.8[kN](1,000[kg]) 이하시
설계하중	6.8[kN]~9.8[kN] 또는 701[kg]~1,000[kg] 이하			
전장	16[m]~20[m] 이하	2.8[m] 이상 묻음		
설계하중	6.8[kN](700[kg]) 이하			
전장	14[m]~20[m] 이하	15[m] 이하	기본(2.5)+0.5[m]=3[m]	기준 : 3[m] 설계하중 : 9.8[kN](1,001[kg]) 이상시
설계하중	9.8[kN]~14.72[kN] 또는 1,001~1,500[kg] 이하	15.1~18[m] 이하	3[m]	
		18.1~20[m] 이하	3.2[m]	

(4) 가공전선로

1) 가공 전선의 굵기

사용전압 종류	구 분	사용전선의 종류
400[V] 미만 (저압 가공전선로) ▶ 암기법 : 가전삼(3).투(2)현상	경동선	인장강도 3.43[kN] 이상 또는 지름 3.2[mm] 이상 경동선 사용
	절연전선	인장강도 2.3[kN] 이상 또는 지름 2.6[mm] 이상 절연전선 사용
	보안공사	지름 4.0[mm] 경동선 인장강도 5.26[kN] 이상
400[V] 이상 (저압·고압 가공전선로)	시가지	인장강도 8.01[kN] 이상 또는 지름 5.0[mm] 이상 경동선 사용
	시가지외	인장강도 5.26[kN] 이상 또는 지름 4.0[mm] 이상 경동선 사용
	보안공사	지름 5.0[mm] 경동선 인장강도 8.01[kN] 이상
특고압 가공전선	100[kV] 미만 시가지	인장강도 21.67[kN] 이상 연선 또는 단면적 55[mm²] 이상 경동연선 사용
	100[kV] 이상 시가지	인장강도 58.84[kN] 이상 연선 또는 단면적 150[mm²] 이상 경동연선 사용
	시가지외	인장강도 8.71[kN] 이상, 22[mm²] 이상
22.9[kVY]	시가지내·외	22[mm²]의 경동연선 사용

2) 가공전선의 안전율

경동선 및 내열동 합금선인 경우	2.2 이상
기타 전선(ACSR : 강심 알루미늄 연선)인 경우	2.5 이상

3) 저압·고압 및 특고압 가공전선의 높이 규정

① 저·고압 가공전선의 높이

시 설 장 소	저·고압 가공전선 높이	특 고 압
도로 횡단시	지표상 6[m] 이상	6[m]
철도 또는 궤도 횡단시	레일면상 6.5[m] 이상	6.5[m]
횡단보도(육교)시	노면상 3.5[m] 이상 → 3[m] 이상(다심형 전선, 절연전선, 케이블 이용시)	4[m](35[kV] 이하시) 5[m](160[kV] 이하시)
기타(일반장소)	지표상 5[m] 이상(교통에 지장없다 : 4[m])	

② 특고압 가공전선(시가지외) 높이

사용전압 구분	높 이		
35[kV] 이하	5[m] 이상	· 도로 횡단시 : 6[m] · 철도 횡단시 : 6.5[m]	횡단보도교 : 4[m](특고압 절연전선, 케이블 사용)
35[kV] 초과 ~ 160[kV] 이하시	산지	5[m] 이상	횡단보도교 : 5[m](케이블 사용)
	평지	6[m] 이상	
사용전압 160[kV] 초과시	1만[V]마다 12[cm]씩 가산한다. ★ 산지인 경우 : $5+(x-16)\times 0.12$ =높이 ★ 평지인 경우 : $6+(x-16)\times 0.12$ =높이 [주의] 괄호( ) 안 값 절상할 것 : 소수첫째자리 "1"부터 올려준다.		

③ 특고압 가공전선 시가지 높이

구 분	지 표 상 높 이
사용전압 35[kV] 이하	기준 : 10[m](특고압 절연전선, 케이블 사용시 8[m] 이상)
사용전압 35[kV] 초과시	1만[V]마다 12[cm]씩 가산한다. ★ 기준 : $10+(x-3.5)\times 0.12$ =높이 케이블, 절연전선인 경우 : $8+(x-3.5)\times 0.12$ =높이 [주의] 괄호( ) 안 값 절상할 것.

4) 가공전선로의 가공지선 시설 규정

전압종류	가공지선 사용전선의 종류
고 압	지름 4[mm] 이상의 나경동선 또는 인장강도 5.26[kN] 이상의 것
특 고 압	지름 5[mm] 이상의 나경동선 또는 인장강도 8.01[kN] 이상의 나선

5) 가공전선과 타 시설물과의 접근 및 교차시 이격거리

① 가공전선과 건조물의 조영재 사이의 이격거리

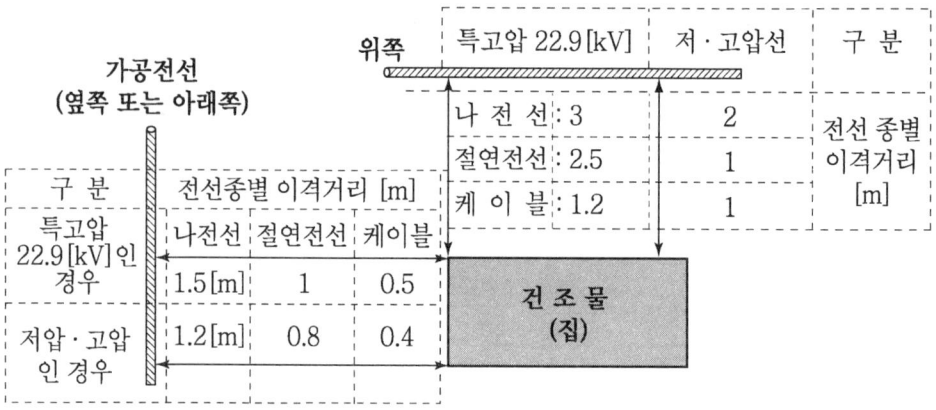

② 저압 및 고압 가공전선과 도로 등의 이격거리

구분	저압 이격거리	고압 이격거리
도로·횡단보도교·철도 또는 궤도인 경우	3[m]	3[m]
삭도나 그 지주 또는 저압 전차선인 경우	60[cm] (단, 고압 절연전선, 특별고압 절연전선 또는 케이블인 경우 30[cm])	80[cm] (단, 케이블인 경우 40[cm])
저압 전차선로의 지지물인 경우	30[cm]	60[cm] (단, 케이블인 경우 30[cm])

③ 특고압 절연전선 또는 케이블을 사용하는 사용전압이 35[kV] 이하인 특고압 가공전선과 저·고압 가공전선 등 또는 이들의 지지물이나 지주 사이의 이격거리

저·고압 가공전선 등 또는 이들의 지지물이나 지주의 구분	전선의 종류	이격거리
저압 가공전선 또는 저압이나 고압의 전차선	특고압 절연전선	1.5[m] (절연전선, 케이블인 경우 1[m])
	케이블	1.2[m] (절연전선, 케이블인 경우 0.5[m])
고압 가공전선	특고압 절연전선	1[m]
	케이블	0.5[m]
가공 약전류 전선 등 또는 저·고압 가공전선 등의 지지물이나 지주	특고압 절연전선	1[m]
	케이블	0.5[m]

④ 특고압 가공전선과 건조물, 도로, 교량 접근 교차시 이격거리

사용전압의 구분	이격거리
35[kV] 이하	3[m] 이상
35[kV] 초과	사용전압이 35,000[V]를 초과하는 10,000[V]마다 15[cm] 씩 가산값으로 한다.
	식) 3+(X−3.5)×0.15[m] 소수점 첫째자리에서 절상한다.

단, 특고압 절연전선 사용시 전압이 35[kV] 이하인 경우 수평거리가 1.2[m] 이상인 경우는 적용받지 않는다.

6) 저 · 고압 가공전선로 지지물의 강도

목 주	말구의 지름	12[cm] 이상	
	안전율★★	저압인 경우 : 풍압하중의 1.2 고압인 경우 : 풍압하중의 1.3 특고압인 경우 : 풍압하중의 1.5	보안공사 : 1.5

7) 농사용 전선로 (옥외용 비닐절연전선 OW 사용) : 저압 사용

구 분	시 설 규 정
목주 말구의 지름	9[cm] 이상
전선굵기 ☆	인장강도 1.38[kN] 이상 또는 지름 2.0[mm] 이상 경동선
경 간	30[m] 이하
지표상 높이	3.5[m] 이상 (단, 사람이 쉽게 출입하지 않는 곳 ⇒ 3[m] 이상)

8) 특고압 가공 전선로의 시가지 등에서 시설 제한 규정

① 가공 전선로의 애자장치 − LP 애자(지지애자)

130[kV] 이하	충격섬락 전압의 값이 애자장치 값의 110[%] 이상일 것.
130[kV] 초과	충격섬락 전압의 값이 애자장치 값의 105[%] 이상일 것.

② 지락 계전기 종류 및 차단(동작)시간

25[KV] 이하시	지락, 단선시 → 2초(보안공사 − 3초) 이내 차단장치 시설할 것
100[KV] 이상시	지락, 단선시 → 1초(보안공사 − 2초) 이내 차단장치 시설할 것

▶ 암기법 : 전압 첫 숫자가 2면 2초, 1이면 1초이다.

③ 전선 굵기

사용전압구분	사용전선 굵기(단면적)
100[kV] 미만	인장강도 21.67[kN] 연선 또는 55[mm²] 이상의 경동연선
100[kV] 이상	인장강도 58.84[kN] 연선 또는 150[mm²] 이상의 경동연선

(5) 보안공사

1) 저압 및 고압 보안공사

기 준	전선은 케이블인 경우 이외에는 인장강도 8.01[kN] 이상 또는 지름 5.0[mm] 이상 경동선 사용 (단, ·400[V] 미만시 : 지름 4.0[mm] 이상 경동선 사용 ·400[V] 이상시 : 5.0[mm] 이상 경동선 사용)
표준경간 사용하는 경우	① 저압 가공전선에 단면적 22[mm²]의 경동선(인장강도 8.71[kN] 이상) ② 고압 가공전선에 단면적 38[mm²]의 경동선(인장강도 14.51[kN] 이상)

2) 특고압 보안공사

① 제1종 특고압 보안공사 : 35[kV] 이상(제2차 접근상태)

㉠ 지지물 : B종 철주, B종 철근 콘크리트주, 철탑(단, 목주·A종 지지물 사용할 수 없다.)

㉡ 사용 전선 단면적

사용 전압	사용 전선 굵기(경동연선)	과년도
100[kV] 미만	단면적 55[mm²] 이상(21.67[kN] 이상 연선)	66[kV]에 적용
100[kV] 이상 ~ 300[kV] 미만	단면적 150[mm²] 이상(58.84[kN] 이상 연선)	154[kV]에 적용
300[kV] 이상	단면적 200[mm²] 이상(77.47[kN] 이상 연선)	345[kV]에 적용

② 제2종 특고압 보안공사 : 35[kV] 이하(제2차 접근상태)

㉠ 사용전선굵기 : 특고압 가공전선은 22[mm²] 연선 사용

㉡ 지지물 : 모두 시설 가능하다.

㉢ 목주의 풍압하중에 대한 안전율 : 2

③ 제3종 특고압 보안공사(제1차 접근 상태)
  ㉠ 특고압 가공전선은 연선일 것
  ㉡ 지지물의 경간

지지물의 종류	경 간
목주, A종 지지물인 경우	100[m] (14.51[kN], 38[mm^2] 이상 사용시 150[m])
B종 철주 또는 B종 철근 콘크리트주인 경우	200[m] (21.67[kN], 55[mm^2] 이상 사용시 250[m])
철탑인 경우	400[m] (21.67[kN], 55[mm^2] 이상 사용시 600[m])

(6) 가공전선로 경간의 제한시설규정

지지물 종류	표준경간 (이하)	장경간(조건) 고압: 22[mm^2] 특고압: 55[mm^2]	보안공사 (저·고압)	보안공사(조건) 저압: 22[mm^2] 고압: 38[mm^2]	특고압 1종 보안공사	특고압 2,3종 보안공사	특고압 시가지 시설
목주·A종 지지물인 경우	150[m]	300[m]	100[m]	150[m]	목주·A종 지지물 시설금지	100[m]	75[m]
B종 지지물인 경우	250[m]	500[m]	150[m]	250[m]	150[m]	200[m]	150[m]
철탑인 경우	600[m]	경간제한 없음	400[m]	600[m]	400[m]	400[m]	400[m] (단, 수평으로 2조시설, 상호간의 간격: 250[m])
단주인 경우	400[m]		300[m]		300[m]	300[m]	

단) 특고압 보안공사 중 경간에 제한받지 않는 경우(표준경간사용)
  ┌ 제1종 특고압 보안공사 : 150[mm^2] 이상 또는 인장강도 58.84[kN] 이상
  └ 제2·3종 특고압 보안공사 : 100[mm^2] 이상 또는 인장강도 38.05[kN] 이상

(7) 가공전선과 가공약전류전선 등의 접근 또는 교차시설 규정

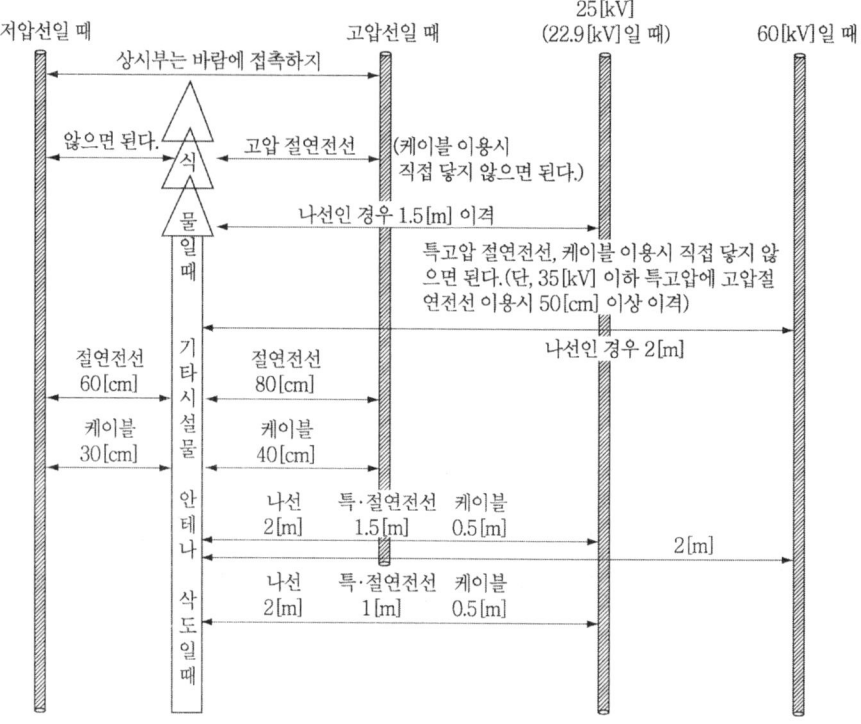

(8) 구내에 시설하는 저압 가공 전선로 시설 규정

1구내에만 시설하는 사용전압이 400[V] 미만인 저압 가공전선이 건조물의 위에 시설된 경우 전선로의 경간 30[m] 이하일 것

1) 전선과 다른 시설물과의 이격거리

다른 시설물의 구분	접근 형태	이격 거리
조영물의 상부 조영재	위쪽	1[m]
	옆쪽 또는 아래쪽	60[cm] (고압 절연전선, 특고압 절연전선 또는 케이블인 경우에는 30[cm])
조영물의 상부 조영재 이외의 부분 또는 조영물 이외의 시설물		

2) 도로를 횡단하는 경우 : 4[m] 이상

(9) 저·고압 가공전선과 다른 시설물과 접근 교차시 이격거리

다른 시설물의 구분	이 격 거 리
조영물의 상부 조영재	상부 조영재의 위쪽은 2[m](절연전선 또는 케이블인 경우에는 1[m]), 상부 조영재의 옆쪽 또는 아래쪽은 60[cm](절연전선 또는 케이블인 경우에는 30[cm])
상부 조영재 이외의 부분	60[cm](절연전선 또는 케이블인 경우에는 30[cm])

(10) 병가 및 공가 ☆★

1) 병가 : 동일 지지물에 **전력선과 전력선**이 동시 시설된 경우

① 저·고압 병가

저압 가공전선을 고압 가공전선 아래에 시설하고 별개의 완금을 시설할 것
(단, 저압 가공 전선을 고압용의 완금류에 견고하게 시설하는 경우 별개의 완금류에 시설하지 않을 수 있다.)

② 특고압(사용전압 35[kV] 이하)과 저·고압 전선의 병가

㉠ 별개의 완금에 시설하고 특고압 가공전선은 연선일 것
㉡ 저압·고압 가공전선의 굵기

기준(표준)	케이블 또는 인장강도 8.31[kN] 이상
가공전선로 경간 50[m] 이하	지름 4[mm] 경동선 또는 인장강도 5.26[kN] 이상
가공전선로 경간 50[m] 초과	지름 5[mm] 경동선 또는 인장강도 8.01[kN] 이상

기준 : 사용전압 35[kV] 이하

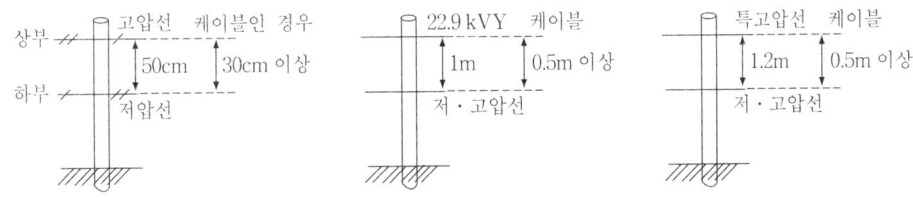

③ 사용전압 35[kV] 초과 ~ 100[kV] 미만

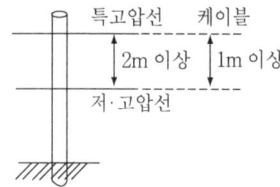

㉠ 2종 특고압 보안공사에 준해서 시설할 것.
㉡ 전선은 인장강도 21.67[kN] 이상 연선 또는 단면적 55[mm^2] 이상 경동연선
㉢ 특고압 사용 지지물 : 철주, 철근콘크리트주, 철탑일 것(강판조립주 제외)
㉣ 100[kV] 이상인 특고압 가공전선과 저·고압 전선은 병가해서는 안 된다.

④ 60[kV] 초과시에는 1만[V]당 12[cm]씩 가산한다.

병가(사용)전압	기준(표준) 이격거리	고압(케이블 사용시)	특고압(케이블 사용시)
저·고압 병가	0.5[m] 또는 50[cm] 이상	0.3[m] 또는 30[cm] 이상	×
35[kV] 이하	1.2[m] 이상	×	0.5[m] 또는 50[cm] 이상
35[kV] ~ 60[kV] 이하	2[m] 이상	×	1[m] 이상
60[kV] 초과 ~ 100[kV] 미만	2[m](저고압↔특고압 사이) 1[m](케이블인 경우)	+(x−6)×0.12=이격거리	

2) 공가 : 동일 지지물에 전력선과 가공 약전류 전선이 동시시설된 경우

기준 : 사용전압 35[kV] 이하에서만 시설가능하다.(35[kV] 초과시 불가능)

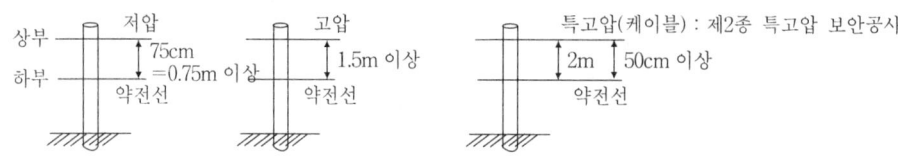

① 저·고압 가공전선과 약전류 전선의 공가
㉠ 목주의 안전율 : 1.5 이상일 것
㉡ 별개의 완금류에 시설할 것
㉢ 이격거리

구 분	저 압	고 압
기준(표준)	75[cm] 이상	1.5[m] 이상
가공 약전류 전선에 → 절연전선 또는 통신용 케이블 사용시 가공전선에 → 절연전선 또는 케이블 사용시	30[cm] 이상	50[cm] 이상
관리자의 승낙을 얻는 경우	60[cm] 이상	1[m] 이상

ⓔ 가공전선로의 접지선에 절연전선 또는 케이블을 사용하고 접지선 및 접지극과는 별개로 시설할 것

② 특고압(35[kV] 이하) 가공전선과 가공 약전류 전선의 공가

㉠ 제2종 특고압 보안공사(인장강도 21.67[kN] 이상, 55[m²] 이상 경동연선 사용)

㉡ 이격거리 : 2[m] 이상(케이블 사용시 50[cm] 이상)

㉢ 가공 약전류 전선을 특고압 가공전선이 케이블인 경우 이외에는 금속제의 전기적 차폐층이 있는 통신용 케이블일 것

(11) 25[kV] 이하 특별고압 가공전선로의 시설규정

1) 사용 전선의 굵기

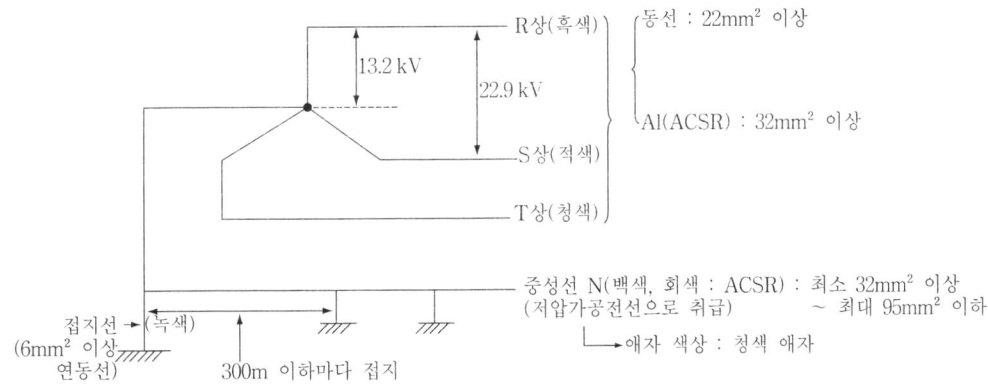

[22.9[kVY] 3φ4W 중성점 다중접지]

2) 중성선과 대지 사이의 합성(접지)저항값(다중 접지 원칙)

전 압 범 위	1[km]마다 합성저항치	각 지점의 대지 전기저항치
15[kV] 초과~25[kV] 이하	15[Ω] 이하	단독인 경우 150[Ω] 이하
15[kV] 이하	30[Ω] 이하	단독인 경우 300[Ω] 이하

① 중성선 다중접지식 : 전로지락시 2초이내 자동차단장치 시설할 것
② 다중 접지한 중성선은 저압 접지측 전선이나 중성선과 공용할 수 있다.

3) 특별고압 가공전선로의 시가지 경간규정

지지물의 종류	경 간	사용전압 15~25(kV) 이하 전로지락시 2초이내 차단장치 시설된 경우 경간
A종 지지물 (목주는 시설할 수 없다.)	75[m] 이하	100[m] (목주가능)
B종 지지물	150[m] 이하	150[m] 이하
철 탑	400[m] 이하 (단주인 경우에는 300[m]) 다만, 전선이 수평으로 2이상 있는 경우에 전선 상호간의 간격이 4[m] 미만인 때에는 250[m]	400[m] 이하

4) 특고압 가공전선이 교류전차선 등과 접근 또는 교차시

특고압 가공전선이 전차선 위쪽·옆쪽(아래쪽)·위에서 교차하는 경우 시설

구 분	시 설 내 용
위쪽에 접근시	수평이격거리 3[m] 이상
옆쪽(아래쪽)에 접근시	수평이격거리 ① 전차선 지지물의 지표상 높이에 상당한 거리 이상 ② 3[m] 이상(경간 60[m] 이하, 접촉 우려가 없는 경우) ③ 2[m] 이상 3[m] 미만(경간 60[m], 지선 설치, 안전율 2 이상)
위에서 교차시	① 전선 　㉠ 38[mm²] 이상의 경동 연선(인장강도 14.5[kN] 이상의 것) 　㉡ 특고압 가공전선이 케이블인 경우(인장강도 19.61[kN] 이상 또는 단면적 38[mm²] 이상 강연선으로 조가하여 시설할 것) ② 가공전선 상호간 거리 : 65[cm] 이상 ③ 가공전선로는 내장 애자 장치를 가질 것 ④ 목주 : 안전율 2.0 이상 ⑤ 가공전선로의 경간 : 목주·A종은 60[m] 이하, B종은 120[m] 이하 ⑥ 가공전선로의 완금류(금속제)는 제3종 접지 공사

5) 특고압 가공전선 상호간 접근 또는 교차하는 경우의 이격거리

사 용 전 선 의 종 류	이격거리
어느 한쪽 또는 양쪽이 나전선인 경우	1.5[m]
양쪽이 특고압 절연전선인 경우	1.0[m]
한쪽이 케이블이고, 다른 한쪽이 케이블이거나 특고압 절연전선인 경우	50[cm]

특고압 가공전선과 다른 특고압 가공전선로의 지지물 사이의 이격거리 1[m]
(케이블인 경우 60[cm] 이상)

(12) 전력보안 통신설비시설

정전유도작용 또는 전자유도작용에 의하여 사람에게 위험을 줄 우려가 없도록 시설하며 선로길이 5[km] 마다 휴대용 또는 이동용의 전력보안 통신용 전화설비를 시설해야 한다.

1) 전력보안 통신용 전화설비의 시설 장소

① 원격감시제어가 되지 아니하는 발전소, 변전소, 발전제어소, 변전제어소, 개폐소 및 전선로의 기술원주재소와 이를 운용하는 급전소간
② 2 이상의 급전소 상호간과 이들의 총합 운용하는 급전소간
③ 동일 수계에 속한 수력 발전소 상호간
④ 발전소·변전소·발전 제어소·변전 제어소 및 개폐소와 기술원 주재소 간

2) 통신선의 굵기

첨가 통신선이 도로, 횡단보도교, 철도, 궤도 또는 삭도와 교차하는 경우

전 압 구 분	사 용 전 선 굵 기
저압·고압인 경우	2.6[mm] 이상 경동선
특고압인 경우	4.0[mm] 이상 절연전선 5.0[mm] 이상 경동선

통신선과 삭도 또는 가공 약전류 전선 등의 이격거리 80[cm] 단 케이블은 40[cm]

3) 가공전선과 첨가 통신선과의 이격거리

전 압 구 분	통신선과 전력선 이격거리
저압·고압·중성선인 경우	0.6[m] 이상 (나선, 절연전선) 0.3[m] 이상 (케이블인 경우)
특고압인 경우	1.2[m] (나선, 절연전선) 0.3[m] (케이블인 경우) : 통신선이 절연전선과 같은 위력이 있는 경우

단)

통신선과 22.9[kVY] 전력선과 이격거리	0.75[m] 이상=75[cm] 이격
통신선과 22.9[kVY] 중성선과 이격거리	0.6[m]=60[cm] 이격

4) 가공통신선의 높이 시설 규정

구 분	가공통신선 높이	가공전선로의 지지물에 시설하는 통신선 높이	
		저·고압인 경우	특고압인 경우
도로 횡단시	5[m] 이상(단, 교통에 지장 우려 없다 : 4.5[m])	6[m] 이상(단, 교통에 지장 우려 없다 : 5[m])	6[m] 이상
철도 횡단시	궤조면상 6.5[m] 이상	궤조면상 6.5[m] 이상	궤조면상 6.5[m] 이상
횡단보도교시	노면상 3[m] 이상	노면상 3.5[m] 이상 단, 절연전선 케이블 : 3[m]	노면상 5[m] 이상 단, 절연전선 케이블 : 4[m]
기타 장소	3.5[m] 이상	4[m]	5[m]

5) 25[kV] 이하인 특별고압 가공전선로 첨가 통신선의 시설특례

특별고압 가공전선로의 지지물에 시설하는 통신선은 케이블, 첨가 통신용 제2종 케이블 또는 광섬유 케이블일 것.

6) 전력 보안 통신설비의 보안장치

㉠ 통신선(광섬유 케이블을 제외)에 직접 접속하는 옥내통신 설비를 시설하는 곳은 보안장치를 시설한다.
㉡ 특별고압용 제1종(2종) 보안장치 또는 이에 준하는 보안장치를 시설할 것

7) 특고압 가공전선로 첨가 통신선과 도로·횡단보도교·철도 및 다른 선로와 접근 교차시설

① 통신선이 교차하는 경우
  통신선은 지름 4[mm]의 절연전선 또는 5[mm]의 경동선
② 통신선과 삭도(다른 가공 약전류 전선) 이격거리
  80[cm](통신 케이블 40[cm] 이상)

8) 기타시설
① 통신선은 조가용선으로 조가 할 것.(단 2.6[mm] 통신선은 제외)
② 무선용 안테나를 지지하는 목주, 철주, 철근콘크리트주, 철탑의 안전율 : 1.5
③ 무선용 안테나 : 전선로의 주위상태 감시목적으로 시설(전선의 아래쪽에 시설할 것)
④ 특고압 전선로의 지지물에 시설하는 통신선 또는 이에 직접 접속하는 통신선 중 옥내에 시설하는 부분(400[V] 이상의 저압 옥내 배선의 규정 적용)

(13) 특고압 가공전선로의 지지물에 시설하는 저압 기계기구 등의 시설

특고압 가공전선이 케이블인 경우 제외
1) 저압의 기계기구에 접속하는 전로에는 다른 부하를 접속하지 말 것
2) 절연 변압기를 사용할 것
3) 부하측의 1단자 또는 중성점 및 기계기구의 금속제 외함은 1종 접지공사 할 것

(14) 특별고압 가공전선로의 지선 및 지지물 시설 규정

1) 지선 시설 규정 ★★

지지물 종류	지선 시설 규정	용도
A종 지지물 (목주, 철주, 콘크리트주)	5기 이하마다 → 직각지선 시설할 것. 15기 이하마다 → 양쪽(사방)지선 시설할 것.	배전용
B종 지지물 (철주, 철근콘크리트주)	10기 이하마다 → 내장형 지지물 1기 시설할 것. 5기 이하마다 → 보강형 지지물 1기 시설할 것.	송전용
직선형 철탑	10기 이하마다 → 내장형 애자장치를 한 지지물 1기 시설할 것.	

2) 철탑의 종류

철탑종류	내용
직 선 형	전선로의 각도가 3° 이하에 사용
각 도 형	전선로의 각도가 3° 초과 20° 이하에 사용
인 류 형	전가섭선을 인류하는 장소(개소)에 사용
내 장 형	전선로에 경간의 차가 큰 장소에 사용
보 강 형	전선로의 직선부분을 부분적으로 보강에 사용

3) 특고압 가공전선과 그 지지물·완금류·지주 또는 지선 사이의 이격 거리

사용전압범위	이 격 거 리
15[kV] 이상 ~ 25[kV] 미만	20[cm] 이상 ⇒ [과년도] 22.9[kVY]
60[kV] 이상 ~ 70[kV] 미만	40[cm] 이상 ⇒ [과년도] 69[kV]
130[kV] 이상 ~ 160[kV] 미만	90[cm] 이상

특고압 가공전선을 지지하는 애자장치를 붙이는 완금류에 제3종 접지공사를 한다.

(15) 조가용선 시설 규정

① 시설 − 가공케이블에 시설시 사용
② 조가용선 외함 − 제3종 접지공사
③ 전선굵기 ☆ − 단면적 $22mm^2$ 또는 인장강도 5.93[kN](아연도금 철연선)
　▶ 암기법 : 조선 투투(22)아
④ 행거간격
　㉠ 고압인 경우 50[cm] 이하로 한다.
　㉡ 금속테이프(철테이프) 사용시 : 20[cm] 이하

(16) 지중전선로 (케이블 사용)

1) **종류** : ① 직접 매설식(직매식) ② 관로식(관로 인입식) ③ 암거식

2) **케이블 전선 종류**

① CV-CN 케이블 ② CV 케이블 ③ CD 케이블 ④ 연피 케이블 : 부식 방지용
⑤ 파이프형 압력 케이블 : 특고압 지중전선로용

3) **직접매설식에 의한 압력의 유무에 따른 케이블매설 깊이**

구 분	케이블 매설깊이
① 차량 또는 중량물의 압력을 받을 경우(도로)	1.2[m] 이상
② 차량 또는 중량물의 압력을 받지 않을 경우	0.6[m] 이상

4) **지중전선로의 외함(지중함) 크기 $1[m^3]$ 이상** : 외함은 제3종 접지

지중전선로 지중함의 시설 기준	① 견고하고 차량, 기타 중량물의 압력에 견딜 수 있는 구조 ② 지중함 안에 고인 물을 제거할 수 있는 구조 ③ 뚜껑은 시설자 이외의 자가 쉽게 열 수 없는 구조

5) 지중전선로의 절연내력 시험(케이블 가압장치의 시설) : 연속 10분간

① 최대 사용전압 : 1.5배 이상 − 3배 이하[kg/cm^2]

② 유압, 수압 : 1.5배 이상   ▶ 암기법 : 유수일오

③ 기압 : 1.25배

6) 지중전력선과 지중전력선 이격거리

전압 구분	이격거리
저압 ↔ 고압	15[cm] 이상
저·고압 ↔ 특고압	30[cm] 이상

- 지중전선과 약전선과의 이격거리(내화격벽 존재시 → 내화성, 난연성, 불연성)
  다음 이격거리 이하로 시설되는 경우에 상호간에 내화성 격벽을 시설할 것

전압 구분	이격거리
약전선 — 저·고압	0.3[m]
약전선 — 특고압 (내화성 격벽)	0.6[m]

7) 기설 기중 약전류 전선로에 대하여 누설전류, 유도작용에 의한 통신상 장해 방지 시설할 것.

8) 특고압 지중전선과 가연성, 유독성 유체를 내포하는 관과 접근, 교차시 1[m] 이하(25[kV] 이하 다중접지식은 0.5[m])이면 내화성 격벽 시설할 것.

9) 지중관로의 종류 : ① 지중전선로 ② 지중 약전류 전선로 ③ 지중 광섬유 케이블 선로

(17) 옥측 전선로 시설 규정

1) 저압 옥측 전선로

① 시설방법

시설공사종류	시 설 가 능 조 건
애자사용공사	전개된 장소만 가능(사람이 쉽게 접촉우려가 없도록 시설할 것)
합성수지관공사	
금속관공사	목조이외의 조영물에 시설하는 경우
버스덕트공사	목조이외의 조영물에 한함(점검할 수 없는 은폐장소 제외)
케이블공사	목조이외의 조영물에 한함(단, 연피케이블·알루미늄피케이블 또는 미네럴인슈레이션 케이블을 사용한 경우)

② 애자사용공사에 의한 저압 옥측 전선로

㉠ 사용전선 굵기 : 단면적 $4[mm^2]$ 이상 연동 절연전선(OW, DV 제외) 또는 인장강도 1.38[kN] 이상 사용

㉡ 전선 지지점 간의 이격거리 : 2[m] 이하

㉢ 전선 상호간의 간격 및 전선과 조영재 사이의 이격거리

시 설 장 소	전선 상호간의 간격		전선과 조영재 간의 이격거리	
	400[V] 미만	400[V] 이상	400[V] 미만	400[V] 이상
비나 이슬에 젖지 아니하는 장소	6[cm]	6[cm]	2.5[cm]	2.5[cm]
비나 이슬에 젖는 장소	6[cm]	12[cm]	2.5[cm]	4.5[cm]

2) 고압 및 특고압 옥측 전선로

① 전선은 케이블을 사용하고 사람이 접촉할 우려가 없도록 시설할 것.

② 제1종 접지공사를 할 것.(단, 사람이 접촉할 우려가 없을 시 제3종 접지공사)

③ 전선 지지점간의 거리는 2[m] 이하(수직인 경우 6[m])

④ 특고압 옥측 전선로의 시설

㉠ 사용전압 100[kV] 이하만 가능

㉡ 특고압 옥측전선로는 시설할 수 없다.(특고압 인입선의 옥측 부분 제외)

(18) 옥상 전선로의 시설규정

1) 저압 옥상 전선로 : 전개된 장소에 시설할 것.

① 지름 2.6[mm] 이상의 경동선(2.30[kN] 이상) 사용.
② 전선은 절연전선일 것.
③ 지지점간의 거리는 15[m] 이하(애자 사용)
④ 상시 부는 바람 등에 의하여 식물에 접촉하지 않도록 시설할 것.

2) 고압 옥상 전선로 시설

① 전선은 케이블을 사용할 것
② 상시 부는 바람 등에 의하여 식물에 접촉하지 않도록 시설할 것

3) 특고압 옥상 전선로

특고압 옥상 전선로는 시설할 수 없다.(단, 특고압의 인입선의 옥상부분은 예외)

4) 건조물과 전력선의 이격교차 접근 이격거리

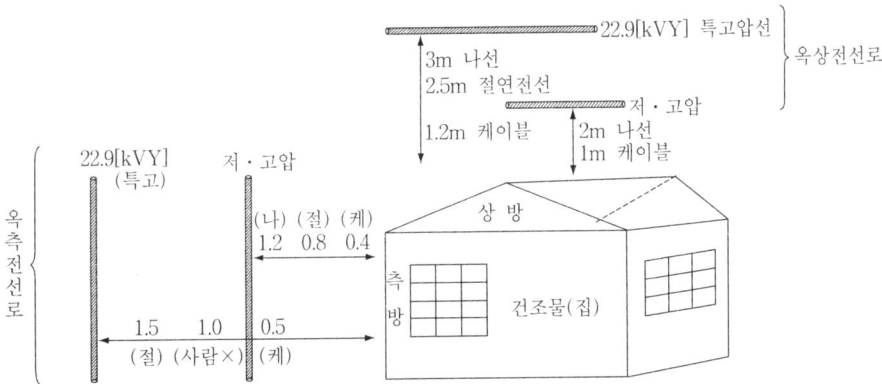

특고압 절연전선 사용시 전선에 사람이 쉽게 접촉할 우려가 없도록 시설된 경우 (사람×) : 1[m]

(19) 터널안 전선로의 시설규정

구 분	철도, 궤도, 자동차도 전용 터널 안의 전선로 높이	사람이 상시 통행하는 터널 안의 전선로 높이	적용 접지 종류
저압인 경우	① 애자공사 : 레일면상, 노면상 2.5[m] 이상 ② 인장강도 2.30[kN] 이상 절연전선 또는 2.6[mm] 이상 경동선의 절연전선 ③ 합성수지관, 금속관, 가요전선관 케이블 사용 가능	① 애자공사 : 노면상 2.5[m] 이상 ② 인장강도 2.30[kN] 이상 절연전선 또는 2.6[mm] 이상 경동선의 절연전선(옥외용 및 인입용 비닐절연전선 제외) ③ 합성수지관, 금속관, 가요전선관 케이블 사용 가능	제3종 접지
고압인 경우	① 애자공사 : 레일면상, 노면상 3[m] 이상 ② 인장강도 5.26[kN] 이상, 4[mm] 이상의 경동선의 고압절연전선 또는 특고압 절연전선 ③ 케이블 공사	· 케이블 공사 · 지지점간 거리 : 2[m] · 수직으로 시설시 : 6[m]	제1종 접지
특고압	케이블 공사	시설하지 않는다.	제1종 접지

● 터널 등의 전구선 또는 이동전선 등의 시설 규정

1) 사용전압 : 400[V] 미만
2) 전선 : 단면적 0.75[mm^2] 이상

(20) 수상 전선로 시설 규정(저압·고압에 한하여 시설할 것)

1) 사용전선

① 저압인 경우 : 클로로프렌 캡타이어 케이블 사용
② 고압인 경우 : 고압용 캡타이어 케이블 사용

2) 수상 전선과 가공 전선의 접속점 높이 규정

① 접속점이 육상에 있을 때 : 5[m] 이상(도로 이외의 곳 : 4[m])
② 접속점이 수상에 있을 때
  ㉠ 저압인 경우 : 수면상 4[m] 이상
  ㉡ 고압인 경우 : 수면상 5[m] 이상

3) 고압인 경우 지기 발생시 자동차단장치 시설할 것.

수상전선로에는 전용개폐기 및 과전류차단기를 각 극에 시설할 것

제 4 장 옥내 배선

(1) 전등회로

① 전등 : 백열전등, 방전등회로 공급대지전압 - 300[V] 이하일 것
  ㉠ 전선은 사람이 접촉할 우려가 없도록 시설할 것.
  ㉡ 안정기는 전압의 옥내 배선과 직접 접속하여 시설할 것.
  ㉢ 백열전등의 소켓은 키나 점멸기구가 없는 것을 사용할 것.
  ㉣ 대지전압 150[V] 이하는 제외할 것.
② 가로등 방전등 설치시 150[V] 초과시 자동차단장치 시설할 것.
③ 주택의 태양전지 모듈에 접속하는 부하측 옥내전로의 대지전압은 직류 600[V] 이하일 것

(2) 저압옥내 전로의 분기회로 종류

저압 옥내배선의 사용전선(사용 전압 400[V] 미만일 것)
① 단면적 2.5[mm²] 이상 연동선 사용할 것
② 단면적 1[mm²] 이상 미네랄인슈레이션 케이블 사용할 것

저압 옥내 배선 굵기 및 과전류 차단기 용량		MI케이블(연선) 미네랄 인슐레이션 케이블 문화재 보관장소, 선박, 제련공장용	콘센트 (정격전류)
저압 옥내 전로의 종류	연동선		
과전류차단기 15[A] 이하	2.5[mm²]	1.2[mm]=1.0[mm²]	15[A] 이하
배선용차단기 20[A] 이하	2.5[mm²]	1.2[mm]=1.0[mm²]	20[A] 이하
과전류차단기 20[A] 이하	4.0[mm²]	1.5[mm²]	20[A] 이하
과전류차단기 30[A] 이하	6.0[mm²]	2.5[mm²]	20[A] 이상~30[A] 이하
과전류차단기 40[A] 이하	10[mm²]	6[mm²]	30[A] 이상~40[A] 이하
과전류차단기 50[A] 이하	16[mm²]	10[mm²]	40[A] 이상~50[A] 이하

1) 단 400[V] 미만 전광표시 장치·출 퇴근 표시등·제어 회로 사용전선
   ① 지름 1.2[mm] 이상의 연동선
   ② 단면적 0.75[mm²] 이상인 다심케이블, 다심 캡타이어 케이블 사용할 것

2) 진열장(쇼윈도), 진열대(쇼케이스) 안의 배선공사
   ① 사용전압 400[V] 미만, 건조한 곳에 시설할 것
   ② 전선 : 단면적 0.75[mm²] 이상(코드 또는 다심 캡타이어 케이블일 것)
   ③ 전선의 지지점 간의 거리 : 1[m] 이하(애자공사)

3) 전구 및 이동용 전선의 시설
   ① 옥내 시설 사용전압 400[V] 미만인 전구선은 코드(비닐 코드 이외) 또는 캡타이어 케이블(비닐 캡타이어 케이블 이외)로서 단면적이 0.75[mm²] 이상인 것
   ② 사용전압이 400[V] 이상인 전구선은 옥내에 시설할 수 없다.

(3) 옥내에 시설하는 저압용의 배선기구의 시설 규정

(1) 충전 부분을 노출하지 말 것
(2) 저압 콘센트는 접지극이 있는 것을 사용하여 접지한다.
(3) 욕실 등 인체가 물에 젖어있는 상태에서 물을 사용하는 장소에 콘센트 시설
   ㉠ 인체감전보호용 누전차단기(정격 감도전류 15[mA] 이하, 동작시간 0.03[초] 이하의 전류동작형) 또는 절연변압기(정격용량 3[kVA] 이하)로 보호된 전로에 접속하거나, 인체감전보호용 누전차단기가 부착된 콘센트 시설
   ㉡ 접극이 있는 방적형 콘센트를 사용하여 접지할 것

(4) 고압 옥내 배선

구 분		시 설 규 정
케이블 공사(기준), 케이블 트레이 공사		(단, 건조하고 전개된 장소 : 애자 사용 공사)
애자 사용 공사 (고압)	전선 굵기	2.5[mm²] 이상(최소) ~ 25[mm²] 이하(최대)
	전선의 지지점 이격거리	6[m] 이하 (조영재 면따라 시설시 : 2[m] 이하)
	전선 상호간 간격	8[cm] 이상 (저압 : 6[cm] 이상)
	전선과 조영재의 이격거리	5[cm] 이상 400[V] 미만 → 2.5[cm] 400[V] 이상 → 4.5[cm](단, 전개된 장소 → 2.5[cm])

◉ 옥내에 시설하는 고압의 이동전선
  ① 고압용의 3종 클로로프렌 또는 3종 클로로설폰화 폴리에틸렌 캡타이어 케이블일 것.
  ② 이동 전선과 기계기구와는 볼트 조임에 의하여 견고하게 접속할 것.
  ③ 전로에는 전용 개폐기 및 과전류 차단기를 각 극에 시설하고, 또한 전로에 지락이 생겼을 때에 자동적으로 전로를 차단하는 장치를 시설할 것.

(5) 특고압 옥내 배선

① 공사방법 : 케이블 공사
② 제1종 접지(단, 사람이 닿을 우려 없다 → 제3종 접지) : 케이블의 피복, 금속제 외함
③ 특고압 옥내배선과 저고압 옥내배선 이격거리 : 60[cm] 이상
④ 전압 : 100[kV] 이하(최대) (단, 케이블 트레이 공사 시 전압 : 35[kV] 이하일 것.)

(6) 옥내 배선 (수도관, 가스관, 약전선과 전력선 간의 이격거리)

구 분	이 격 거 리
수도관, 가스관, 약전선 ↔ 저압(절연, 케이블)	10[cm](최소), 나선인 경우 30[cm]
수도관, 가스관, 약전선 ↔ 고압(절연, 케이블)	15[cm] ☆
수도관, 가스관, 약전선 ↔ 애자사용공사	30[cm]
수도관, 가스관, 약전선 ↔ 특고압(버스 덕트)	60[cm] ☆
가스계량기 및 가스관 이음부 ↔ 전력량계·개폐기	60[cm]

(단, 케이블을 금속관 안에 삽입시는 직접 닿지 않으면 된다.)

(7) 점멸 장치와 타임스위치 시설규정

1) 점멸기 1개당 → 1개 스위치로 등기구수 6개 이하 점멸 가능할 것
2) 타임 스위치 시설

구 분	점 멸 시 간
호텔, 여관 입구	1분 이내 점멸(소등)
주택, APT(현관)	3분 이내 점멸

▶ 암기법 : 호일(1) 주삼(3)

3) 가로등, 경기장, 공장, 아파트 등의 일반조명 고압방전등 효율은 70[lm/w] 이상

(8) 고주파 전류에 의한 잡음(장해) 방지시설

형광 방전등의 점등관과 병렬 접속(형광등에 콘덴서 병렬 접속)

방 식 종 류	연결 콘덴서 용량
① 예열 시동식	$0.006[\mu F]$ 이상 ~ $0.01[\mu F]$ 이하
② 래프트 스타트식(사무실) ③ 더블 스폿식 ④ 필라멘트식	$0.006[\mu F]$ 이상 ~ $0.5[\mu F]$ 이하

(9) 간선의 시설규정

인입구에서 분기 과전류 차단기에 이르는 전선

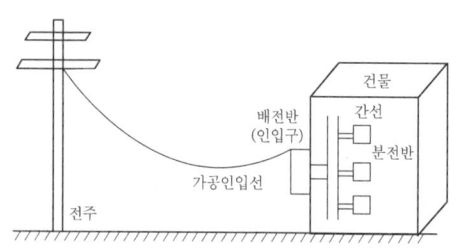
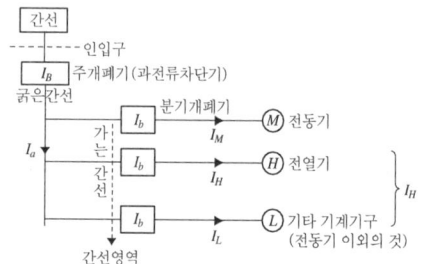

전동기 기동 방식	구 분
★ I_a (간선의 굵기 또는 허용전류)	50[A] 이하(전동기 정격전류의 합계)×1.25배+I_H 50[A] 초과(전동기 정격전류의 합계)×1.1배+I_H(기타 기계기구)
★ I_B (주개폐기 산정 또는 과전류차단기 용량)	단상 = $I_M + I_H$(기타 기계기구) 3상 = $3I_M + I_H$ = $2.5I_a$(과전류차단기 용량은 간선의 2.5배 초과 못함) (단, 3상의 경우 둘 중에 작은 값 선택할 것)

• 전동기 과부하 보호장치 생략할 수 있는 경우

  ① 전동기 출력 0.2[kW] 이하인(단상) 경우
  ② 상시 취급자가 감시할 수 있는 위치에 시설하는 경우
  ③ 전동기의 권선에 전동기가 소손할 우려가 있는 과전류가 생길 우려가 없는 경우
  ④ 단상 전동기이고 15[A] 이하 과전류 차단기 또는 20[A] 배선용 차단기로 보호한 경우

(10) 분기회로 시설 규정

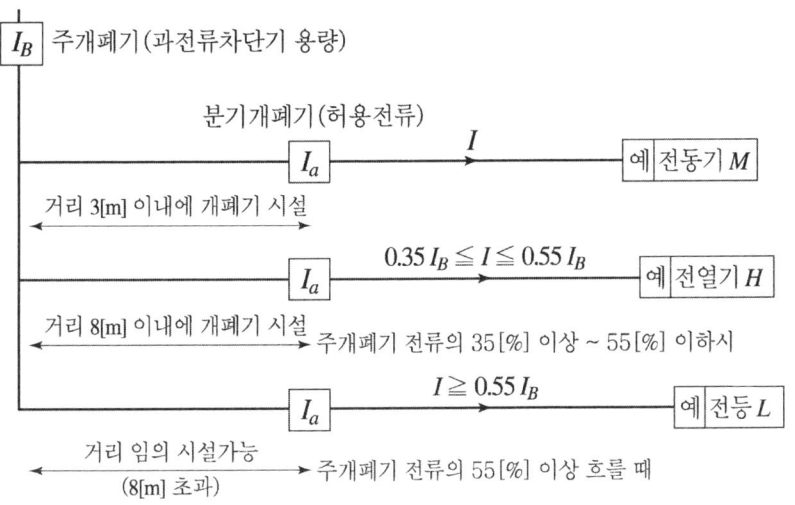

① 기준 : 3[m] 이내에 개폐기 시설할 것
② 8[m] 이내 시설 가능 : 주개폐기 전류의 35[%] 이상~55[%] 이하시
③ 임의 시설 가능 : 주개폐기의 55[%] 이상시

(11) 애자 사용 공사(저압)

1) 사용애자는 "내수성, 난연성, 절연성"일 것   ▶ 암기법 : 애·난·내·절

2) 이격거리

구 분	이 격 거 리
전선의 지지점의 이격거리	6[m] 이하 (단, 조영재면 따라서 시설시 2[m] 이하 가능)
전선 상호간의 이격거리	6[cm] 이상 (고압인 경우 : 8[cm] 이상)
전선과 조영재의 이격거리	사용전압이 400[V] 미만 → 2.5[cm] 이상 이격 사용전압이 400[V] 이상 → 4.5[cm] 이상 이격(습기가 많은 장소) (단, 건조한 장소 시설시 → 2.5[cm] 이상)

3) 비나 이슬 시설장소에 따른 이격거리

시설장소	전선 상호간의 간격		전선과 조영재의 간격	
	400[V] 미만	400[V] 이상	400[V] 미만	400[V] 이상
비나 이슬에 젖지 아니 하는 장소	6[cm]	6[cm]	2.5[cm]	2.5[cm]
비나 이슬에 젖는 장소	6[cm]	12[cm]	2.5[cm]	4.5[cm]

4) **사용전선** : 절연전선 사용(단, 옥외용 OW 및 인입용 비닐절연전선 DV은 제외)

(12) 금속관 공사 → 3.6[m](한 본의 길이)

1) 사용전선
① 절연전선(단, 옥외용 비닐절연전선은 제외) 사용
② 연선 사용(단, 단면적 10[mm^2](알루미늄선은 16[mm^2]) 이하인 것은 단선 사용가능)

2) 규격(종류)

금속관 종류	규 격
후강 : 내경(짝수) (10종류)	16mm, 22mm, 28mm, 36mm, 42mm, 54mm, 70mm, 82mm, 92mm, 104mm
박강 : 외경(홀수) (8종류)	15mm, 19mm, 25mm, 31mm, 39mm, 51mm, 63mm, 75mm

3) 매입 공사시 금속전선관의 피복두께

구 분	사용 금속관 두께	암기법
매입 공사시	1.2 [mm] 이상	➡ 암기법 : 매·일(1)·이(2)
노출 공사시	1.0 [mm] 이상	➡ 암기법 : 노·일(1)전쟁

4) 전선수 : 금속관, PVC 공사시 전선은 전선관 총단면적의 32[%] 이하 적용.
(단, 굴곡장소가 거의 없고 용이하게 끌어낼 수 있는 경우로서 동일 재질·동일 전선인 경우 전선의 단면적이 8[mm^2] 이하시 48[%] 이하 적용.)

5) 전선관의 지지점간의 이격거리 : 2[m] 이하마다 이격 ☆
지지물 : 새들(saddle) 이용

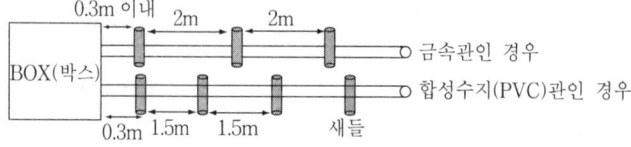

6) 접지공사
① 400[V] 미만인 경우 : 3종 접지 ② 400[V] 이상인 경우 : 특3종 접지

7) 접지공사 생략 가능한 경우 ☆
① 관의 길이가 4[m] 이하의 건조한 장소

② 직류 DC=300[V] 이하, 교류 AC=150[V] 이하이고 관의 길이가 8[m] 이하 건조하고 인무(人舞)시(사람이 닿을 우려가 없는 경우)

8) 금속관, PVC 공사시 전선을 단선으로 넣을 수 있는 최대 굵기

동선은 10[mm²] 이하, 알루미늄 Al선은 4.0[mm] 이하, 그 이상은 연선 사용

9) 금속관 직각 구부리기(곡률 반경) 자재

① 노멀 밴드 : 매입공사시 사용.(단, 공장 노출 매설시)
② 유니버설 앨보 : 노출공사시 사용.

10) 금속관 연결시 : 유니온 커플링 사용

11) 금속관의 나사 크기 : 5턱 이상

12) 금속관을 구부리는 도구

① 소형 : 파이프 벤더, 휘커   ② 대형 : 유압식 파이프 벤더
 · 로크 너트(2개) : 박스와 금속관과 고정시키는 것
 · 링 리듀서 : 박스 구멍이 클 때
 · 와이어 커넥터 : 절연 캡
 · 부싱 : 절연물의 피복 보호

13) 전선관 부식 방지 : 아연도금

금속관 관단 인입구 : 우에샤 캡, 앤트런스 캡

(13) 합성수지관 공사

1) 합성수지관 1본의 길이 : 4[m] 이하   ▶ 암기법 : 합선사(4)

① PVC (경질 비닐관, 합성수지관)
② PE관 : 두루말이 → 주택에 이용

2) 합성수지관 규격(후강 원칙) ; 종류

근사 내경 14[mm], 16, 22, 28, 36, 42, 54, 70, 80, 100, 104, 125[mm] (12종)

3) 전선관의 피복두께 : 2.0[mm] 이상(단, 400[V] 미만은 제외)

4) 합성수지 전선관의 접속 : 커플링 사용

① 관 외경의 1.2배 이상 접속
② 접착제 이용시(관 외경의 0.8배 이상 접속)

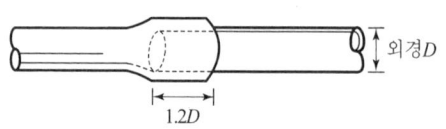

5) 관의 지지점 이격거리 : 1.5[m] 이하

6) 구부리는 공구 : 토치 램프

7) 사용전선 : 최대 3.2[mm] 이하 절연전선(단, 옥외용 비닐절연전선은 제외)으로 연선일 것
   (단, 짧고 가는 관에 넣은 것 또는 단면적 10[mm^2] (Al은 16[mm^2]) 이하는
   단선사용가능)

(14) 가요 전선관 공사

1) 시설장소

   외상을 받을 우려가 없는 곳(전동기의 리드선 굴곡 장소, 전등의 리드선)

2) 가요 전선관 종류(규격)

   ① 제1종 금속제 가요전선관(방수용) → 피복(관)두께 : 0.8[mm] 이상
   ② 제2종 금속제 가요전선관(원칙)일 것.(단, 전개된 장소, 점검할 수 있는 은폐
      장소로 건조한 장소에서 사용하는 것은 제외.)
   ③ 제2종 금속제 가요전선관을 사용시 습기, 물기가 있는 장소에는 방습장치 할 것.

3) 전선 : 절연전선 사용(단, 옥외용 비닐절연전선은 제외)

4) 접지공사

사용전압구분	접지 종류
400[V] 미만인 경우	제3종 접지
400[V] 이상인 경우	특별 제3종 접지(단, 사람 접촉우려가 없도록 시설시 제3종 접지)

5) 지지점의 이격거리 : 1[m] 이하마다 지지(조영재 면따라 원칙)

(15) 몰드 공사

1) 합성수지 몰드 공사

① 홈 깊이 : 3.5[cm] 이하(단, 사람이 쉽게 접촉할 우려가 없는 경우 5[cm] 이하)
② 관 두께 : 2.0[mm] 이상
③ 몰드내부에 접속점 : 만들 수 없다.(단, 합성수지제의 조인트 박스 사용시 예외)

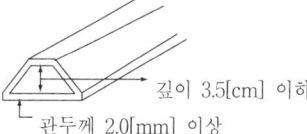

2) 금속 몰드 공사

① 홈 깊이 : 5[cm] 이하
② 관 두께 : 0.5[mm] 이상
③ 몰드는 제3종 접지공사할 것

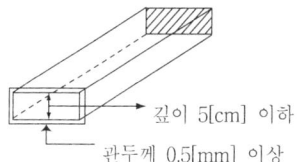

3) 몰드공사 규정

① 400[V] 미만 건조하고 전개된 장소에 시설 가능(점검할 수 있는 은폐장소), 점검할 수 없는 은폐장소는 시설 못함.
② 관에 넣을 수 있는 전선 수 : 10본 이하
  • 전선은 몰드 내단면적의 20[%] 이하 적용
③ 몰드 내부에서 **접속점**(전선을 접속)을 만들 수 없다.
④ 관단을 폐쇄한다.
⑤ 반드시 절연전선 이용(단, 옥외용 비닐절연전선은 제외한다.)

(16) 덕트 공사

1) 금속 덕트 공사

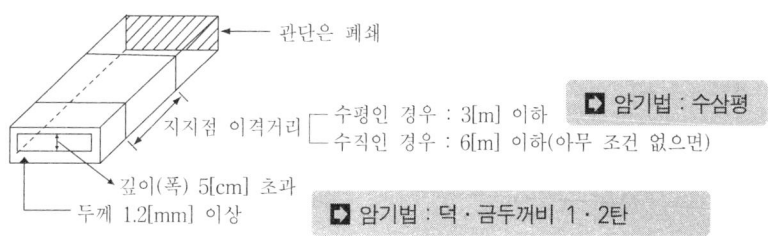

① 절연전선 사용(단, 옥외용 비닐절연전선 OW은 제외한다.)

② 접지공사

사용전압구분	접지 종류
400[V] 미만인 경우	제3종 접지
400[V] 이상인 경우	특별 제3종 접지(단, 사람 접촉우려가 없도록 시설시 제3종 접지

2) 버스 덕트 공사(나전선 사용가능)

① 옥내배선시 반드시 절연전선이 아니라도 상관없는 공사
② 종류 : 피더 버스 덕트, 플러그인 버스 덕트, 트롤리 버스 덕트
③ 지지점의 이격거리
   수평인 경우 : 3[m] 이하, 수직인 경우 : 6[m] 이하
④ 접지공사

사용전압구분	접지 종류
400[V] 미만인 경우	제3종 접지
400[V] 이상인 경우	특별 제3종 접지(단, 사람 접촉우려가 없도록 시설시 제3종 접지

3) 플로어 덕트공사

콘크리트 바닥에 시설하는 공사
① 강판(아연도금이거나 에나멜로 피복한 것)의 두께 : 2.0[mm] 이상
② 400[V] 미만 점검할 수 있는 장소에 시설
③ 전선 : 절연전선 사용(옥외용 비닐절연전선 제외)할 것
   단, 단면적 10[mm^2] 이하는 단선 사용 가능

4) 라이팅 덕트공사(전등을 일렬로 배선하는 공사)

덕트 하단에 전등배선공사
① 지지점의 이격거리 : 2[m] 이하
② 나전선 사용가능
③ 조영재를 관통하여 시설하지 말 것

5) 덕트 공사 규정

① 금속 덕트에서는 습기 물기가 있는 장소에는 시설할 수 없다.
② 전선수
  ㉠ 30본 이하로 넣는다.
  ㉡ 전선은 덕트 총 단면적의 20[%] 이하 적용
  ㉢ (단, 출퇴표시, 형광표시 제어회로용인 경우 ⇒ 50[%] 이내까지 가능
      제어회로 동력용 ⇒ 20[%] 이내)
③ 전선 : 절연전선 사용(OW 제외)
④ 관단은 폐쇄시킴.

(17) 케이블 공사

1) 케이블 ★★

케이블의 지지점의 이격거리	6[m] 이하. (단, 조영제면 따라서 시설시 ⇒ 2[m] 이하)
굴곡반경	① 다심 6R(6배), 케이블의 외경의 6배(R=6D) ② 단심 : 8R(8배) : R=8D ③ 연피케이블 및 알루미늄피 : 12R(12배) ※ (단, 케이블관 안에 넣어서 시설시 경우 케이블 외경의 1.5배 이상의 관을 선정)

2) 캡타이어 케이블 ★★

시설 장소 : 산(염기)이 많은 곳에 사용한다.(이동용 기계기구)

지지점의 이격거리	1[m] 이하(조건 : 조영제면을 포함)
심선의 색상	1심~5심(흑, 백, 적, 녹, 황)
캡타이어 코드 (코오드선) = 금실(금사) 코드	① 심선의 색상 2심 - 4심(흑, 백, 적, 녹(접지)) ② 용도(기계기구) : 전기 면도기, 전기이발기, 헤어드라이기 ③ 허용전류 : 0.5[A] 이하 ④ 길이 : 2.5[m] 이하

3) 접지공사

사용전압구분	접지 종류
400[V] 미만인 경우	제3종 접지
400[V] 이상인 경우	특별 제3종 접지(단, 사람 접촉우려가 없도록 시설시 제3종 접지)

(18) 나전선 사용 가능한 선로

① 전기로용 전선(전개한 장소의 애자사용공사)
② 전선의 피복 절연물이 부식하는 장소에 시설된 전선(전개 애자사용공사)
③ 취급자 이외 출입할 수 없는 설비 장소에 시설하는 전선(전개 애자사용공사)
④ 버스 덕트, 라이팅 덕트 공사에 의하여 시설하는 경우
⑤ 접촉전선(유희용 전차, 이동기중기 등에 전기 공급)을 시설하는 경우

(19) 옥내 저압용 전구선 시설 규정

① 사용전압 400[V] 이상은 시설할 수 없다.
② 사용전압 400[V] 미만 적용 : 고무코드 또는 0.6/1[kV] EP 고무 절연 클로로프렌 캡타이어 케이블로 단면적 0.75$[mm^2]$ 이상

(20) 옥내 이동전선의 시설 규정

사용전압 구분		사 용 가 능 전 선
저압이동전선	사용전압 400[V] 미만	고무코드 또는 0.6/1[kV] EP 고무 절연 클로로프렌 캡타이어 케이블로 단면적 0.75[mm^2] 이상
	사용전압 400[V] 이상	
저 압 이동전선		전기를 열로 이용하지 않는 기계기구 또는 이동점멸기(방전등, 선풍기, 전기이발기, 스탠드 등)의 사용전선 : 단면적 0.75[mm^2] 이상인 비닐코드 또는 비닐 캡타이어 케이블
고 압 이동전선		• 3종 클로로프렌 캡타이어 케이블 또는 3종 클로로설폰화 폴리에틸렌 캡타이어 케이블 • 전용개폐기 및 과전류차단기를 각 극에 시설할 것. • 지락 시 자동으로 전로를 차단하는 장치 시설할 것. • 이동전선과 기계기구는 볼트 조임 등 견고히 접속할 것.

(21) 옥내배선과 약전류 전선 등 또는 관과의 접근, 교차시 이격거리 규정

전 압	타 시 설 물 과 이 격 거 리
저 압 옥내배선	애자공사시 ① 약전류 전선, 수관 다른 저압옥내배선, 관등회로의 배선 : 10[cm] 　　(단, 나전선인 경우 30[cm]) ② 가스관과의 이격거리 : 10[cm] (단, 나전선 30[cm]) 　　가스계량기 및 가스관의 이음부와 전력량계 및 개폐기 : 60[cm] 　　가스계량기 및 가스관의 이음부와 점멸기 및 접속기의 이격거리 : 30[cm]
고 압 옥내배선	다른 고압옥내배선, 저압옥내배선, 관등회로의 배선, 약전류 전선 수관, 가스관 : 15[cm] 　　(단, 애자공사에 의한 저압옥내전선 : 30[cm]) 　　가스계량기 및 가스관의 이음부와 전력량계 및 개폐기 : 60[cm]
특 고 압 옥내배선	① 저·고압 옥내배선, 관등회로의 배선 : 60[cm] 　　(단, 내화성 격벽시설시 접촉하지 않으면 된다.) ② 약전류 전선, 수관, 가스관 : 직접 접촉하지 않도록 시설

(22) 출퇴표시등 회로의 시설

① 전기를 공급하기 위한 변압기는 1차측 전로의 대지전압이 300[V] 이하, 2차측 전로의 사용전압이 60[V] 이하인 절연변압기일 것.
② 출퇴표시등 회로의 전선을 조영재에 붙여 시설하는 경우에 전선은 지름 0.8[mm]의 연동선, 코드 또는 캡타이어 케이블, 케이블일 것.

(23) 사람이 상시 통행하는 터널 안의 배선 시설 규정

① 합성수지관, 금속관, 가요전선관, 케이블 공사 가능
② 지름 2.6[mm] 절연전선 사용하여 노면상 2.5[m] 높이로 애자공사(옥외용 및 인입용 비닐절연전선 제외)
③ 터널 입구의 가까운 곳에 전용 개폐기 시설할 것.

(24) 저압 옥내배선의 시설 장소별 공사 종류

시설장소	사용전압	400[V] 미만인 경우	400[V] 이상인 경우
전개된 장소	건조한 장소	애자 사용 공사, 합성수지 몰드 공사, 금속 몰드 공사, 금속 덕트 공사, 버스 덕트 공사 또는 라이팅 덕트 공사	· 애자 사용 공사 · 금속 덕트 공사 · 버스 덕트 공사
	기 타	애자 사용 공사, 버스 덕트 공사	· 애자 사용 공사
점검할 수 있는 은폐된 장소	건조한 장소	애자 사용 공사, 합성수지 몰드 공사, 금속 몰드 공사, 금속 덕트 공사, 버스 덕트 공사, 셀룰라 덕트 공사, 평형 보호층 공사 또는 라이팅 덕트 공사	· 애자 사용 공사 · 금속 덕트 공사 · 버스 덕트 공사
	기 타	애자 사용 공사	· 애자 사용 공사
점검할 수 없는 은폐된 장소	건조한 장소	플로어 덕트 공사 또는 셀룰라 덕트 공사	

저압 옥내배선공사시 합성수지관 공사 · 금속관 공사 · 가요전선관 공사 · 케이블 공사 등은 시설장소에 관계없이 가능하다.

(25) 먼지, 가연성 가스, 위험물, 화약류 저장소 등 시설공사 규정

구 분	내 용	공사 방법
폭연성 분진 장소	마그네슘, 알루미늄, 티탄 등 먼지가 있을 때 폭발 또는 화학류 분말이 있는 곳 400[V] 미만 설비	· 금속관 공사 · 케이블 공사
가연성 분진 장소	소맥분, 전분, 유황 등 가연성 먼지에 의해 폭발할 우려가 있는 곳	· 합성수지관 공사 · 금속관 공사 · 케이블 공사
가연성 가스 장소	가연성 가스 또는 인화성 물질이 전기설비가 발화 원인이 되어 폭발 우려가 있는 곳(프로판 가스, 에탄올, 메탄올)	· 금속관 공사 · 케이블 공사 (캡타이어 케이블 제외)
위험물 저장 장소	셀룰로이드, 성냥, 석유류 등 타기 쉬운 물질 저장소	· 합성수지 공사 · 금속관 공사 · 케이블 공사
화약류 저장 장소	화약, 총포 등 화약류 저장장소	· 금속관 공사 · 케이블 공사
폭연성 분진, 가연성 분진에서 정한 곳 이외 먼지가 많은 장소 : 애자 사용 공사, 합성수지 공사, 금속관 공사, 가요전선관 공사, 금속 덕트 공사, 버스 덕트 공사, 케이블 공사		

1) 폭연성 분진(화약류의 분말)이 전기 설비가 발화원이 되어 폭발할 우려시

　① 금속관 공사 또는 케이블 공사(캡타이어 케이블은 제외)
　② 금속관은 박강 전선관일 것
　③ 5턱 이상 나사조임으로 접속할 것
　④ 개장된 케이블 또는 미네럴인슈레이션 케이블을 사용할 것

2) 가연성 분진에 전기설비가 발화원이 되어 폭발할 우려가 있는 곳

　① 합성수지관 공사·금속관 공사 또는 케이블 공사
　② 합성수지관 및 박스 기타의 부속품은 손상을 받을 우려가 없도록 시설할 것
　③ 박스 기타의 부속품 및 풀박스는 쉽게 마모·부식 기타의 손상이 생길 우려시 먼지가 내부에 침입하지 아니하도록 시설할 것

(26) 옥내에 시설하는 저압 접촉전선 공사

이동 기중기, 자동 소제기 등의 저압 접촉 전선은 전개된 장소 또는 점검 가능 은폐장소에 애자 사용 공사·버스 덕트 공사·절연 트롤리 공사 시설

1) 애자 사용 공사(전개된 장소)인 경우

　① 전선 높이 : 3.5[m] 이상
　② 사용전선 : 지름 6[mm]의 경동선으로 단면적이 28[mm^2] 이상(단, 400[V] 미만시 인장강도 지름 3.2[mm] 이상 경동선(단면적 8[mm^2]) 이상)
　③ 전선 지지점간의 거리 : 6[m] 이하

2) 절연 트롤리 공사인 경우

　① 사람이 쉽게 접할 우려가 없도록 시설할 것
　② 개구부는 아래 또는 옆으로 향하여 시설할 것
　③ 끝 부분은 충전부분이 노출되지 않는 구조일 것
　④ 양쪽 끝을 내장 인류장치에 의하여 견고하게 인류할 것

제 5 장 특수 전기 시설 규정

1) 교통 신호등

① 전압 : 300[V] 이하(기준). (단, 전원측에는 전용개폐기 및 과전류차단기 시설하고 150[V] 초과시 자동차단장치 시설할 것.)
② 공사 : 지중 및 가공. (단, 가공시 조가용선 사용할 것.)
③ 인하선의 굵기 : 케이블인 경우 이외에는 2.5[mm^2] 이상 연동선 사용
④ 제어기 외함 : 제3종 접지(300[V] 이하이므로)
⑤ 전선 지표상 높이 : 2.5[m] 이상일 것(금속관·케이블 공사시 예외)

2) 옥내 네온방전등 공사

① 방전등용 변압기는 네온변압기일 것
  1차 전압 : 150[V] 이하.(단, 인무시이고, 옥내배선과 직접 접촉이 되어 시설시 300[V] 이하까지 가능.)
② 전개된 장소, 점검할 수 있는 은폐장소에 시설할 것.
③ 애자공사에 의하여 시설인 경우
  ㉠ 네온전선을 조영재의 옆면 또는 아랫면에 붙일 것.
  ㉡ 전선 지지점간의 거리 : 1[m] 이하일 것.
  ㉢ 전선 상호간의 간격 : 6[cm] 이상일 것.
④ 정격감도 전류 : 30[mA] 이하. (단, 옥내방전등 공사시 관등회로의 사용전압이 400[V] 미만 또는 방전등용 변압기의 2차 단락전류나 관등회로의 동작 전류가 50[mA] 이하인 방전등 시설시 접지공사 생략)
⑤ 접지공사 ⇒ 외함접지 : 제3종 접지(전압에 관계없이)

3) 옥내 방전등 배선공사

사용전압이 400[V] 이상~1,000[V] 이하인 관등회로의 배선 공사

시설장소		공사의 종류
전개된 장소	건조한 장소	애자사용공사·합성수지몰드·금속몰드공사
	기타	애자사용공사
점검 가능 은폐된 장소	건조한 장소	애자사용공사·합성수지몰드·금속몰드공사
	기타	애자사용공사

4) 유희용 전차(저전압 전기철도) ☆☆

구 분		시 설 규 정	
절연변압기 전 압	1차측 전압	400[V] 미만	
	2차측 전압	150[V] 미만 (전차 안의 승압 전압)	
2차측 전압 (사용전압)	직류 DC	60[V] 이하 ★	
	교류 AC	40[V] 이하 ★	➡ 암기법 : 직육(6), 교사(4)
누설전류	1[km]당 교류 AC	100[mA] 이하 ★	대지와의 절연저항은 $\dfrac{최대공급전류}{5,000}$ 이하
	직류 DC	10[mA] 이하 ★	

접촉전선은 제3궤조방식일 것

5) 전기울타리(짐승의 침입, 탈출 방지)

구 분		시 설 규 정
전 압	1차측	400[V] 미만
	2차측	단속교류형, 임펄스형(10[mA] 이하) ★
전선 굵기		지름 2.0[mm] 이상 경동선 사용 ★ (인장강도 1.38[kN] 이상)
이격거리	전선과 지지하는 기둥 사이	2.5[cm] 이상
	전선과 수목 사이	30[cm] 이상 ★

※ 사람 출입이 적은 장소에 시설할 것.

6) 도로 등의 전열장치

대지전압	300[V] 이하 ★	
발열선의 온도	옥내	80[°C]
	옥외(도로, 주차장)	120[°C]
접 지	• 400[V] 미만 : 제3종 접지	• 400[V] 이상 : 특별 제3종 접지

7) 전기온상기(식물재배 · 부화 · 양잠)

구 분	시 설 규 정
대 지 전 압	300[V] 이하
발열선의 온도	80[℃] 이하(넘지 않도록 시설할 것) ★
외 함 접 지	제3종 접지공사 ★
발열선의 지지점 거리	1[m] 이하

8) 전기욕기(목욕탕) ★

구 분	시 설 규 정
전 압	① 대지전압 : 300[V] 이하 ② 입력전압 : 125[V] 이하
욕탕안의 전극과 절연변압기 2차전압	① 제한전압(욕극간의 전압, 사용전압) : 10[V] 이하 ② 인덕션 코일의 파고치 : 30[V] 이하 ③ 절연 변압기 2대 사용, 권수비 1:1
욕탕안 전극(욕극)간의 이격거리	1[m] 이상
전선과 대지사이 절연저항	0.1[MΩ] 이상
외 함	제3종 접지
사 용 전 선	단면적 2.5[mm²] 이상 연동선 사용

9) 풀용 수중조명등 시설 규정

구 분		시 설 규 정
절연변압기 전압	1차측 400[V] 미만	2차측은 비접지식(절연 변압기 사용) → 400/150 ★
	2차측 150[V] 이하	
절연변압기 2차측 전압	30[V] 이하	금속제 혼촉 방지판 붙이고 E_1(제1종 접지)할 것
	30[V] 초과	자동으로 차단되는 누전차단기 ELB 시설할 것
※ 기타 등기구 외함 접지 : 특3종 접지		
사 용 전 선		단면적 2.5[mm²] 이상의 0.6/1[kV] EP 고무 절연 클로로프렌 캡타이어 케이블

10) 흥행장 시설(무대, 오케스트라)

① 사용전압 : 400[V] 미만

② 전선 : 고무 캡타이어 케이블 ★

③ 외함 접지 : 제3종 접지 E_3

11) 화약류 저장소 등의 시설 규정 ★

① 대지 전압 : 300[V] 이하일 것.
② 전기기계기구는 **전폐형(방폭형)** 시설일 것.
③ 전로에 지기가 생기는 경우 자동차단장치 시설을 하거나 경보장치 시설을 할 것.
④ 개폐기에서 화약고 저장소 인입구 배선은 등까지는 **케이블을 사용, 지중 전선로** 로 할 것.
⑤ 화약류 저장소 이외의 곳에 전용개폐기 및 과전류 차단기 시설할 것

12) 전극식 온천용 승온기 시설 규정

① 승온기 사용 전압 : 400[V] 미만
② 차폐장치와 승온기 이격거리 : 50[cm] 이상(차폐장치와 욕탕 사이 이격거리 1.5[m] 이상)
③ 차폐장치의 전극 접지 : 제1종 접지 공사

13) 전격 살충기의 시설 규정

① 전격격자 지표상(마루 위) 높이 : 3.5[m] 이상
 (단, 2차측 전압이 7,000[V] 이하인 경우는 1.8[m] 가능.)
② 전격 살충장치와 식물(공작물)과 이격거리 : 30[cm] 이상
③ 2차측 개방전압 : 7000[V] 이하

14) 전기 부식 방지 시설

지중 또는 수중에 시설된 금속체의 부식방지시설

① 사용 전압 : **직류 60[V] 이하**
② 지중 매설시 양극의 매설 깊이 : 75[cm] 이상
③ 전위차 규정
 • 수중시설 양극과 주위 1[m] 이내의 **임의점 전위차 : 10[V]** 이하로 할 것.
 • 수중 1[m] 간격 임의의 **2점간의 전위차 : 5[V]** 이하로 할 것.
④ 전선 굵기
 • 2.0[mm] 경동선 이상(단, 케이블인 경우 제외)

15) 소세력 회로의 시설 규정

> 정의 : 전자 개폐기의 조작 회로, 초인벨, 경보벨 등. 최대사용전압 60[V] 이하 전로.

① 절연 변압기 사용(1차 대지전압 300[V] 이하, 2차 사용전압 60[V] 이하)
② 전선 굵기 : 1[mm^2] 이상 연동선 사용(단, 케이블 사용시 제외)
③ 절연 변압기 2차 단락 전류(과전류차단기 시설된 경우 제한 안받음)

최대 사용 전압의 범위	2차 단락 전류	과전류 차단기 정격 전류
15[V] 이하	8[A] 이하	5[A] 이하
16[V] ~ 30[V] 이하	5[A] 이하	3[A] 이하
31[V] ~ 60[V] 이하	3[A] 이하	1.5[A] 이하

16) 전기 집진 장치의 시설 규정

> ① 변압기의 1차측 전로에는 쉽게 개폐할 수 있는 곳에 개폐기를 시설할 것.
> ② 변압기로부터 전기 집진 응용 장치에 이르는 전선은 케이블을 사용하고 케이블의 금속 피복 등에는 제1종 접지공사를 한다.(사람이 접촉할 우려가 없는 경우 제3종 접지공사 가능.)

17) 아크 용접 장치의 시설 규정

> ① 절연 변압기 사용 : 1차 대지전압 300[V] 이하일 것.
> ② 사용전선 : 용접용 케이블, 1종(비닐) 이외의 캡타이어 케이블 사용 가능.
> ③ 피용접재 : 제3종 접지 공사할 것(전기적으로 접속된 받침대·정반)
> ④ 용접 변압기의 1차측 전로에는 용접 변압기에 가까운 곳에 쉽게 개폐할 수 있는 개폐기를 시설할 것.

18) 의료실의 접지 등의 시설 규정

① 의료실내에 시설하는 의료기기의 금속제 외함은 보호접지를 할 것
② 접지저항값은 10[Ω] 이하로 할 것(다만, 등전위 접지를 시설하는 경우 100[Ω] 이하)

제 6 장 전기 철도

(1) 직류식 전기 철도

1) 시설방법
① 가공방식(가공직류 전차선) ② 강체복선식(모노레일) ③ 제3레일방식

2) 가공직류 전차선의 굵기

전 압 구 분	전차선 굵기
저압인 경우	7[mm] 이상 경동선 사용
고압인 경우	7.5[mm] 이상 경동선 사용

3) 도로에 시설하는 가공직류 전차선의 경간 : 60[m] 이하

4) 가공직류 전차선의 레일면상 높이

시 설 구 분	전차선의 높이
레일 면상인 경우	4.8[m] 이상 단) 전용부지 위에 시설시 4.4[m] 이상
터널 안의 윗면에 시설한 경우 교량의 아래면에 시설한 경우	3.5[m] 이상
광산, 기타 갱도 안의 윗면에 시설한 경우	1.8[m] 이상

5) 가공 직류전차선의 장선시 가공 직류전차선간 및 가공직류 전차선으로부터 60[cm] 이내의 부분 외는 제3종 접지공사할 것

6) 직류식 전기철도용 전차선로 절연 부분과 대지 사이 절연 저항의 사용전압에 대한 누설전류값
- 가공 직류전차선(강체조가식 제외)인 경우 10[mA/km] 미만(궤도의 연장 1[km]당)
- 기타 전차선인 경우 100[mA/km] 미만

7) 가공 직류 절연 귀선은 저압 가공 전선에 준하여 시설하여야 한다.

8) 전기부식 방지를 위한 절연 시설

직류귀선은 레일간, 레일의 바깥쪽 30[cm] 이내에 시설하는 부분 외에는 대지로부터 절연시킬 것

9) 전기부식 방지를 위한 이격거리

직류귀선은 궤도 근접부분이 금속제 지중 관로와 접근 교차시 1[m] 이상 이격시킴

10) 전기부식 방지를 위한 귀선의 시설규정

직류 귀선의 궤도 근접 부분이 금속제 지중 관로와 1[km] 안에 접근하는 경우 적용
① 귀선은 부극성으로 할 것.
② 귀선용 궤조의 이음매의 저항을 합친 값은 그 구간의 궤조 자체의 저항의 20[%] 이하로 유지할 것.
③ 귀선용 레일(궤조)는 길이 30[m] 이상이 되도록 연속하여 용접할 것.
 (단, 단면적 115[mm^2] 이상, 길이 60[cm] 이상의 연동 연선을 사용한 본드 2개 이상을 용접하거나 볼트로 조여 붙임으로서 레일의 용접에 갈음)
④ 귀선의 궤조 근접 부근에 1년간의 평균 전류가 통할 때에 생기는 전위차는 그 구간 어느 2점 사이에서도 2[V] 이하일 것

11) 전식방지를 위한 귀선용 레일의 시설규정

직류귀선의 궤도근접부분이 금속제 지중관로와 1[km] 이내 접근시 전식 장해 방지 조치할 것

12) 통신상의 유도 장해방지 시설규정

전선과 기설약전류 전선사이의 이격거리는 ① 직류복선식 전차선은 2[m] 이상, ② 직류 단선식 전차선(또는 가공직류 절연귀선)은 4[m] 이상

13) 전차선 또는 이와 전기적으로 접속하는 조가용선과 가공약전류 전선 사이 수평거리

구분(수평거리)	저압인 경우	고압인 경우
조가용선 ↔ 가공약전류 전선	1[m]	2[m]

14) 배류접속 시설규정

① 배류시설
  ㉠ 선택 배류기를 사용할 것
  ㉡ 선택 배류기 보호를 위해 과전류 차단기 시설할 것

② 강제 배류기

　㉠ 적정한 과전류 차단기를 시설할 것

　㉡ 강제배류기 전원장치 : 절연변압기일 것

　　1차측 전로에는 개폐기 및 과전류 차단기를 각 극(다선식 전로의 중성극 제외)에 시설할 것

③ 가공 시설된 배류선

　㉠ 배류선 : 케이블 이외에는 지름 4[mm]의 경동선 사용할 것

　㉡ 지표상 2.5[m] 미만 부분은 절연전선(O.W선 제외), 캡타이어 케이블, 케이블 사용.

(2) 교류식 전기 철도(25,000[V] 이하 적용)

교류전차선은 사용전압이 25[kV] 이하로 전기철도 전용부지 안에 시설할 것

1) 교류전차선과 식물, 삭도 이격거리

① 이격거리 : 2[m] 이상일 것

② 금속제 부분 : 제3종 접지공사

2) 교류전차선이 교량 밑에 시설되는 경우 교량과의 이격거리

① 이격거리 : 30[cm] 이상일 것

② 교량의 금속제 난간부분 금속부분에 제3종 접지공사

3) 전압불평형에 의한 장해방지

교류식 전기 철도는 그 단상 부하에 의한 전압불평형의 허용한도가 그 변전소의 수전점에서 3[%] 이하일 것

(3) 강색철도(강색차선, 케이블카)

1) 누설전류가 10[mA/km] 이하가 되게 할 것

2) 궤조(레일)면상 높이 : 4[m] 이상 가공 방식으로 시설

(단, 터널 안, 교량 아래, 그밖에 이와 유사한 곳에 시설시에는 3.5[m] 이상 시설)

3) 강차선의 절연저항

강색 차선과 대지 사이 절연저항은 사용전압에 대한 누설전류가 궤도의 연장 1[km]마다 10[mA]를 넘지 않도록 유지할 것

PART 8

전기응용

[전기공사기사 · 산업기사 요점정리 Ⅲ]

제 1 장　조명공학
제 2 장　전열공학
제 3 장　전동기 응용
제 4 장　전력용 반도체
제 5 장　전기화학
제 6 장　전기철도
제 7 장　자동제어

제1장 조명공학

제1절 전등과 조명

1. 빛과 전자파

1) 복사속 $\phi = \dfrac{\text{에너지 } W}{\text{시간 } t}$ [J/S 또는 W] (단위시간당 복사되는 에너지 양)

2) 전자파

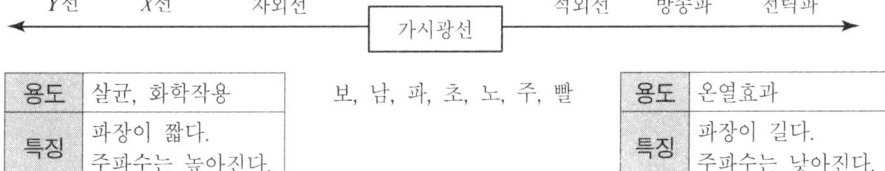

3) 파장 $\lambda = \dfrac{C}{f}$ [m], 광속도 $C = 3 \times 10^{+8}$ [m/s]

4) 시감도 $K_\lambda = \dfrac{F_\lambda (\text{어느 파장에서 본 광속})}{\phi_\lambda (\text{어느 파장에서 본 복사속})}$ [lm/W]

5) 시감도가 최대일 때 광속, 파장, 색상

① 광속 $F = 680$ [lm] ② 복사속 $\phi = 1$ [W]
③ 파장 $\lambda = 555$ [nm] ④ 색상 : 황녹색, 녹색
⑤ 시감도가 최대일 때 발광효율 $\eta = \dfrac{\text{광속 } F}{\text{복사속 } \phi} = 680$ [lm/W]

6) 가시광선의 파장의 범위

색상 종류	보라색	파랑색	녹색	노랑색	주황색	빨강색
파장 λ값 [mμ]	380~450	450~490	490~550	550~590	590~640	640~760

2. 광속 F [lm] : 복사에너지를 눈으로 보아 빛으로 느끼는 크기(빛의 양).

광속 $F = \dfrac{2\pi}{r} \times S$ [lm]   (r : 반지름, S : 루소 선도의 면적)

1) 광원의 형태에 따른 전광속 F

광원의 종류	전광속 F값
구 광원(백열전구일 때)	기준 $F = 4\pi I$ [lm]
원통 광원(형광등일 때)	$F = \pi^2 I$ [lm]
평판 광원(면광원일 때)	$F = \pi I$ [lm]

3. 광도 I [cd 칸델라] : 빛의 세기=광원의 밝기

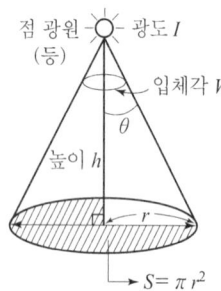

광도 $I = \dfrac{\text{광속 } F}{\text{입체각 } W}$ [lm/sr 또는 cd]

$$I = \dfrac{ES}{2\pi(1-\cos\theta)}$$ 에 의해 계산.

※ $\cos\theta = \dfrac{h}{\sqrt{h^2 + r^2}}$

4. 조도 E [lx 럭스] : 단위면적당 빛의 양 (피조면의 빛의 밝기=빛의 밀도)

조도 $E = \dfrac{F}{S} \times u \times n =$ 값 [lm/m^2] 또는 [lx]

  (u : 조명률(이용률), n : 등수가 주어질 때만 곱해서 구한다.)

1) 직하 조도 E[lx]

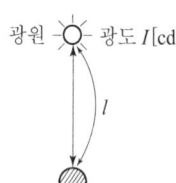

☆☆ 조도 $E = \dfrac{F}{S} = \dfrac{4\pi I}{4\pi l^2} = \boxed{\dfrac{I}{l^2}}$ [lx]

(단, 투과율(τ)이 주어지면 곱해서 구한다.)

2) 조도 E의 종류

① 법선 조도(직하조도) : $E_n = \dfrac{I}{l^2}$ [lx]

② 수평면 조도(바닥, 간판에서 생기는 조도) : $E_h = \dfrac{I}{l^2}\cos\theta = E_n\cos\theta$ [lx]

③ 수직면 조도(벽면에서 생기는 조도) : $E_v = \dfrac{I}{l^2}\sin\theta = E_n\sin\theta$ [lx]

5. 휘도 B [nt 니트] : 눈부심의 정도(표면의 밝기)

1) 휘도 B 및 단위

- 휘도 $B = \dfrac{\text{광도}\,I}{\text{면적}\,S}$ [cd/m^2 또는 nt, cd/cm^2 또는 Sb 스틸브]
- 단위 환산 : 1[니트 nt] = 10^{-4}[Sb], 1[스틸브 Sb] = 10^4[nt]

2) 구광원, 반지름 r, 투과율 τ일 때

휘도 $B = \dfrac{I}{S} \times \tau = \dfrac{F}{4\pi^2 r^2} \times \tau$

6. 광속 발산도 R [rlx 라딜럭스] : 물체 표면의 밝기

광속 발산도 $R = \dfrac{F}{S} \times \tau \times \eta$ [lm/m^2 또는 rlx]

단, 투과율 τ, 기구효율 η 주어진 경우만 곱해 준다.
  발광면적 S : 구광원인 경우 $S = 4\pi r^2$ / 반구광원인 경우 $S = 2\pi r^2$ 사용

1) 완전 확산면 인 경우
   └ 어느 방향에서나 눈부심(휘도)이 같은 면

구 분	완전확산면일 때	반사면인 경우	투과면인 경우
광속발산도	$R = \pi B$	$= eE$	$= \tau E$ [rlx]
용 어		반사율 e + 투과율 τ + 흡수율 $\alpha = 1$	

7. 온도 복사에 관한 법칙

(1) 스테판 볼츠만의 법칙 : 전복사에너지 W는 절대온도 4승에 비례한다.

$$W = KT^4 \quad (K : \text{상수} = 5.68 \times 10^{-8} [\text{W/m}^2 \cdot \text{K}°], \quad T : \text{절대온도}) \quad \therefore W \propto T^4$$

(2) 빈의 변위 법칙 : 최대 파장 λ_m은 절대온도에 반비례한다.

$$\lambda_m = \frac{b}{T}[\mu] \propto \frac{1}{T} \quad (\text{암기값} : b = \text{상수} = 2896[\mu], \quad T = \text{절대온도})$$

(3) 플랭크의 복사 법칙 : 분광 복사속의 발산도를 나타낸다.

$$P_\lambda = \frac{C_1}{\lambda^5} \frac{1}{e^{C_2/\lambda T} - 1} [\text{W/cm}^2 \cdot \mu], \text{ 광고온계의 측정 원리.}$$
$$(C_1 \cdot C_2 : \text{플랭크 정수}, \quad \lambda : \text{파장}, \quad T : \text{절대온도})$$

8. 루미네선스

형 광	자극을 작용하는 동안만 발광(규산아연 : $ZnSiO_3$)
인 광	자극이 없어진 후에도 수분 내지 수시간 발광을 지속(황화아연 : $ZnSiO_4$)

종 류	내 용	예
전 기 루미네선스	기체 중의 방전을 이용	네온관등, 수은등, 나트륨등
복 사 루미네선스	발광체가 발산하는 복사의 파장은 조사된 복사의 파장보다 길다.	형광등, 야광도료
파이로 루미네선스	증발하기 쉬운 원소를 불꽃 속에 넣을 때 발광하는 현상	발염 아크등
열 루미네선스	금강석, 대리석, 형석 등을 약간 가열하면 일어나는 발광	가스 맨틀
생 물 루미네선스	야광충	반딧불
화 학 루미네선스	인광	
음극선 루미네선스	브라운관, 텔레비전 영상	

9. 측광 (조도 역비례 법칙)

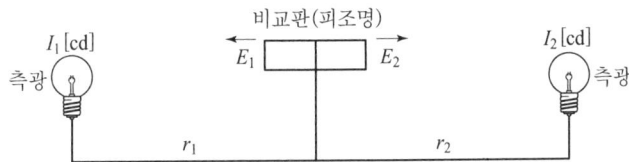

조도와 반사율이 같다면 ($E_1 = E_2$)

$E_1 = \dfrac{I_1}{r_1^2}$, $E_2 = \dfrac{I_2}{r_2^2}$, ★★ $\boxed{\dfrac{I_1}{r_1^2} = \dfrac{I_2}{r_2^2}}$

10. 루소 선도

공 식	광원의 전광속 $F = \dfrac{2\pi}{r} \times S$ [lm]
용 어	r : 반지름, S : 루소 선도의 면적

11. 조도 계산

조도 해석법	① 단위구법(입체각 투사의 법칙) ② 추면 적분법(경계면 적분 법칙) ③ 등 조도법

(1) 반구형 천장 또는 평원판 광원에 의한 조도 계산

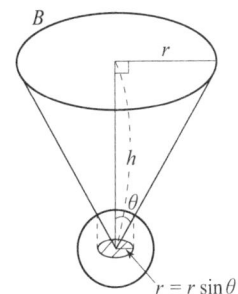

바닥 중심 조도 $E_p = \dfrac{\pi B r^2}{h^2 + r^2}$ [lx]

(단, 하늘이 고르게 흐린 날 또는 광원이 무한히 큰 경우 : $E = \pi B$ 적용)

(2) 구형 광원에 의한 조도 : $E = \dfrac{\pi B r^2}{h^2}$ [lx]

(3) 수평면 조도가 최대가 되는 거리 a 및 높이 h 계산

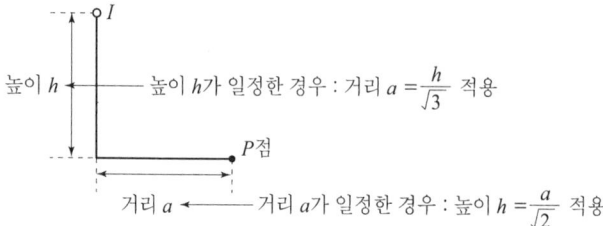

높이 h가 일정한 경우 : 거리 $a = \dfrac{h}{\sqrt{3}}$ 적용

거리 a가 일정한 경우 : 높이 $h = \dfrac{a}{\sqrt{2}}$ 적용

(4) 구 내면(유리구)의 상호 반사에서

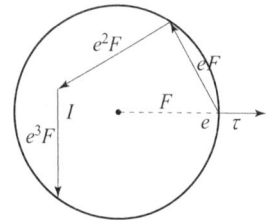

① 전체조도 $E_0 = \dfrac{F}{4\pi r^2 (1-\rho)}$

② 구 밖의 광속발산도 $R = \dfrac{\tau I}{r^2 (1-\rho)}$

③ 구 밖의 발산광속 $F = \dfrac{\tau F}{1-\rho}$

④ 효율 η

종 류	효율식	용 어
전등(램프) 효율	$\eta = \dfrac{F}{P}$ [lm/W]	F : 광속, P : 소비전력
글로브 효율	$\eta = \dfrac{\tau}{1-\rho} \times 100$ [%]	τ : 투과율, e : 반사율

제2절 백열전구

1. 구조 및 재료

명 칭	사용 재료
봉합부 도입선(듀밋선)	니켈강에 구리피복 (이유 : 팽창계수가 같다.)
베이스	황동판(내식성 있는 Al)
외부 도입선(듀밋선)	구리, 니켈도금철선, 듀밋선
내부 도입선	구리, 니켈도금철선, 듀밋선
앵커	(몰리브덴선) 지지선(부착계수가 좋다.)
2중 필라멘트	(텅스텐) 최고온도 2,800~3,200°K

(1) 필라멘트의 구비 조건

① 융해점이 높을 것.(최고온도 : 탄소 3300°K)
② 고유저항이 클 것.
③ 높은 온도에서 증발(승화)이 적을 것.
④ 선팽창계수가 적을 것.
⑤ 전기저항의 온도계수가 (+)일 것.
⑥ 경제(성)적일 것.

2중 필라멘트 사용 목적	① 수명 연장(길게 하기 위해) ② 효율 개선(높이기 위해)

(2) 게터(getter) 삽입 이유(목적)

이 유	① 수명을 길게 하기 위해 ② 흑화를 방지하기 위해
종 류	① 적린(붉은 인) 게터 : 40[W] 미만 전구에 사용. 예 진공전구(소형) ② 질화바륨[Ba(N₃)₂] 게터 : 40[W] 이상 전구에 사용(대형)

※ 게터 : 필라멘트에 발라주는 물질.

흑화의 원인	① 필라멘트의 온도가 높을 때 ② 필라멘트의 증발비율이 높을 때 ③ 배기가 불량일 때

(3) 백열전구의 가스(gas)

봉입 가스 ☆★	Ar(아르곤 90~96%) : 열 전도율이 낮다. N(질소 4~10%) : 아크의 방지가 목적. ⎤Ar+N
점등시 가스 압력	700~800[mmHg]
가스 봉입 이유 ☆	• 필라멘트 증발 억제를 위하여　• 수명을 길게 하기 위하여 • 발광 효율을 크게 하기 위하여

2. 특 성

(1) 동정곡선 : 전구 사용하면서 전류, 광속, 시간을 그래프상에 나타낸 것.

(2) 수명

① 유효수명 : 광속값의 처음값의 80[%] 될 때까지 사용하는 시간의 수명
② 단선수명 : 필라멘트가 단선될 때까지 사용하는 수명

(3) 전구의 시험

구조시험, 초특성시험, 동정특성시험, 수명시험, 베이스의 치수와 접착강도시험

에이징(백열전구의 절연내력시험)	정격전압보다 10[%] 높은 전압을 약 40분~60분 동안 점등시켜 필라멘트의 특성을 안정화시키는 작업.

(4) 수하 특성

부하전류가 증가하면 전압은 급격히 감소하는 현상.

(5) 전압 특성　▶ 출제 유형 : 비례식 이용

$$☆★ \quad \frac{F(\text{나중광속})}{F_0(\text{처음광속})} = \frac{E(\text{나중조도})}{E_0(\text{처음조도})} = \frac{I(\text{나중광도})}{I_0(\text{처음광도})} = \left(\frac{V : \text{나중전압}}{V_0 : \text{처음전압}}\right)^{3.6}$$

(6) 전압과 수명 관계식

$$☆ \quad \frac{L}{L_0} = \left(\frac{V}{V_0}\right)^{-14} = \left(\frac{V_0}{V}\right)^{14} \quad [L : \text{변화된 수명}, \ L_0 : \text{처음수명}]$$

제3절 방전등

1. 형광등(기호 F) : 발광 원리 → 양광주를 이용한 발광

방전에서 발생된 자외선으로 유리관 내면의 형광물질을 자극하여 발광하는 현상.

안정기 (저항, 초크코일)	방전등의 전압-전류 특성은 부 특성이므로 일정 전압을 인가하면 전류가 급속히 증가하여 방전등이 파괴되는 것을 방지하는 장치.(방전등의 전류 안정 때문에 접속)
발광 순서	열음극 → 자외선(2537Å) → 형광물질 자극 → 빛

(1) 형광등의 색상을 여러 색상으로 방전하는 이유

이 유	형광물질의 종류에 의해서(형광물질이 다르기 때문에)		암기법
☆★★ 형광체 종류 및 발광색	텅스텐산칼슘($CaWO_4$) 텅스텐산마그네슘($MgWO_4$)	청색 청백색	텅·청
	규산아연($ZnSiO_3$)	녹색(효율 최대)	규·녹
	규산카드뮴($CdSiO_2$)	주황색(동색)	규·카·주
	붕산카드뮴(CdB_2O_5) ※ 정육점 진열대⇒붕산카드뮴	다홍색 핑크색	붕·핑

(2) 형광물질의 자극파장 ☆★

자극 파장	$2{,}537[\text{Å}] = 253.7[\text{m}\mu] \rightarrow \begin{cases} \text{Å} = 10^{-10} \\ \text{m}\mu = 10^{-9} \end{cases}$

(3) 형광등의 점등시

형광등의 점등시	가동 전극(바이메탈)이 떨어지는 순간 *가동 전극을 움직이는 것 : 글로우 방전

(4) 온도

온 도	효율이 최대가 되는 주위온도 : 25[℃] 효율이 최대가 되는 관벽온도 : 40[℃]

(5) 역률 ☆★

| 안정기의 역률 | 50~60[%], 고역률형인 경우 : 85[%] 이상 |

(6) 광속

| 초특성 광속 | 점등 100시간 후 광속 측정 |
| 동정특성 광속 | 점등 500시간 후 광속 측정 |

(7) 안정기의 효율 : 55~65[%]

(8) 형광등의 방전개시 색온도 ☆★   ▶ 암기법 : 주, 백, 은 ⇒ 6.4.3

주광색인 경우	6,500[°K]
백 색인 경우	4,500[°K]
은백색인 경우	3,000[°K] or 3,500[°K]

(9) 형광등의 깜박거림(flicker : 플리커 현상) 방지 대책

| 플리커 현상 방지 방법 | ① 직류전원 사용, 전원의 주파수를 크게 한다.
② 3상 전원의 접속을 바꾼다.
③ 전류의 위상을 바꾼다.(콘덴서 이용.)
④ 전광시간이 긴 형광물질을 사용한다. |

(10) 형광등 특징

① 효율이 높다.(백열전구에 비해 3배 높다.)
② 임의의 광색을 얻을 수 있다.
③ 램프의 휘도가 낮다.
④ 역률이 나쁘다.
⑤ 플리커 현상이 있다.

2. 수은등(기호 H)

(1) 원리

관이 2중관(발광관+외관) 사용 이유	발광관의 온도를 고온 유지하기 위해

(2) 수은등의 종류

구 분	저압 수은등	고압 수은등	초고압 수은등
적용 기압	증기압 0.006~0.01[mmHg] (10^{-2}기압)	증기압 100~800[mmHg] (1기압)	증기압 10기압 이상 ~200기압
효율(lm/W)	5~10	50~55	40~70
용 도	자외선 살균등 (파장길이=2537Å)	도로 공원 조명	보건용 조명
특 성	스펙트럼 에너지 파장 2537[Å]	효율이 좋고 소형이며 광속이 크므로 널리 사용.	휘도가 크다.

3. 나트륨등(기호 N)

나트륨 증기를 통하여 방전시 발생하는 파장 5890[Å]의 황색의 D선을 광원으로 이용

(1) 인공 광원 중 효율이 최대다.

복사에너지가 대부분이고 D선이고, 비시감도가 좋다.(비시감도 76.5[%])

종 류		효율 η 값
저압 나트륨등	이론적 효율	$680 \times 0.76 \times 0.99 = 510$[lm/W]
	실 제 효율	190[lm/W]
고압 나트륨등	이론적 효율	$680 \times 0.76 \times 0.76 = 395$[lm/W]
	실 제 효율	80~150[lm/W]

(2) 용도 및 특징

용 도	특 징
① 안개가 많이 끼는 강변도로 ② 터널 ③ 주사액 불순물 검출	① 투시력이 좋다.(안개 낀 지역, 터널 등에 사용.) ② 단색 광원으로 옥내 조명에 부적당하다. ③ 효율이 좋다. ④ 공진선인 D선(5890~5896Å)을 광원 사용

4. 네온전구

발광 원리	음극 글로우(부글로우) = 극을 짧게 하여 사용.
용 도	① 소비전력이 적으므로 배전반의 파일럿, 종야 등에 적합하다. ② 음극만이 빛나므로 직류의 극성 판별용에 이용한다. ③ 일정 전압에서 점화하므로 검전기 교류 파고치의 측정에 쓰인다. ④ 빛의 관성이 없고, 어느 범위 내에서는 광도와 전류가 비례 오실로 스코프 파형 측정.
봉입 압력	수 10[mmHg]
전 극	Fe(철) 사용
방전을 쉽게 하기 위하여	바륨, 세륨, 마그네슘을 바른다.

5. 네온관등 : 양광주(빛의 양이 일정)를 이용한 발광 원리

★ 발광 원리	양광주(냉음극 방전등) = 관을 길게 하여 사용한 것
용 도	광고등(네온사인용)
2차 전압	3,000[V], 6,000[V], 9,000[V], 12,000[V], 15,000[V]
★★ 방전의 색상	• 질소(N_2) : 황색 • 탄산가스(CO_2) : 백색 • 아르곤+수은(Ar+Hg) : 청색

6. 특수 전구

(1) 적외선 전구 : 복사열을 이용한 전구.

필라멘트 온도	2400~2500[°K]
특 징	시설이 간단하다. 방사효과 80[%]
용 도	표면 건조용(파장의 길이 1.15[μ])으로 사용한다. ① 도장건조 ② 염색공업 ③ 인쇄공업 ④ 식물 재배 ⑤ 산란

(2) 할로겐 전구 : 석영관 내 불활성 가스와 함께 할로겐 물질을 봉입한 전구.

특 징	① 백열전구에 비해서 소형이다. ② 발생광속이 많고, 광색은 적색부분이 대부분이다. ③ 고휘도이면서 배광제어 용이하다. ④ 흑화가 발생하지 않는다.(할로겐 사이클)
효 율	16~23[lm/W]
수 명	2,000~3,000[h]
용 도	경기장, 자동차용에 사용한다.

(3) 크세논 램프 : 높은 압력으로 봉입한 크세논 가스 중의 방전을 이용한 전구.

특 징	분광에너지 분포와 주광에너지 분포가 비슷하다.
연색성	빛의 분광 특성이 색의 보임에 미치는 효과
Xe가스 봉입	10기압 정도
용 도	백색표준광원, 영사용에 사용한다.

(4) 내진 전구 : 필라멘트의 지지선이 많고 진동이 심한 장소의 설치.(자동차용 전구에 사용)

(5) E·L 램프

① 유리구에 황화아연(ZnS)을 반도체 분말을 플라스틱이나 글라스 유전체에 넣고 전계를 가하면 발광하는 램프.(전계효과 이용)
② 유전체(면광원, 고체등) 램프

(6) 제논 램프 : 제논가스 속에서 일어나는 방전에 의한 발광을 이용한 램프.(각종 광원 중에서 자연광원에 가장 가까운 빛을 낸다.)

(7) 메탈 할라이트 전구(램프) MH

원리 및 구조	금속 할로겐 증기를 사용하여 고압수은등과 동일 구조
특 징	① 연색성과 효율이 우수하다. ② 수명이 길다. ③ 고휘도이고 1등당 광속이 많고 배광 제어가 쉽다. ④ 시동전압이 높으며 점등방향이 수평이 되어야 한다.
용 도	옥내외 조명, 운동 경기장, 산업용에 사용한다.
효 율	70~100[lm/W]

제4절 조명 설계

1. 명시조명 조건

① 조도가 알맞게 되어야 한다.
② 시야에 눈부심을 느끼는 것이 없어야 한다.
③ 보려는 물체와 그 배경, 보려는 부분과 그 주위 부분 사이의 밝기, 또는 빛깔의 틀림, 즉 대비(contrast)가 알맞아야 한다.
④ 보려는 물체를 상당 시간 계속하여 볼 수 있어야 한다.
  즉, 시속도가 작아야 하며, 너무 빨리 움직이는 것은 보기 곤란하다.
⑤ 광색이 주광색에 가까워야 한다.

2. 건축화 조명의 종류

구분	천장에 매입한 것	천장면을 광원으로 하는 것	벽면을 광원으로 하는 것
조명 종류	광량 조명 (반매입 라인라이트)	광천장 조명	코니스 조명(벽면 조명)
특징	일종의 라인라이트 조명이고, 건축화 조명의 간단한 방법. 반매입하는 확산 플라스틱을 사용하여 천장면도 밝게 할 수 있어 전반조명으로 추정된다.	구름이 낀 날에 가까운 상태로 실내를 재현할 수 있는 천장면 광원 중에서는 가장 조명률이 높다. 보수가 비교적 용이하므로 많이 사용되고 있다.	형광등 기구를 벽면 상방 모서리에 숨겨서 치부하는 방식으로서, 기구로부터의 빛이 직접 벽면을 조명한다.

☞ 표 계속

구분	천장에 매입한 것	천장면을 광원으로 하는 것	벽면을 광원으로 하는 것
조명 종류	코퍼(coffer) 조명 (천장 매입)	루버(louver) 조명	밸런스(balance) 조명
특징	천장면에 환형, 4각형, 기타 형상의 기구를 매입할 수 있도록 공작한 후 매입 기구를 취부하여 단조함을 깨는 방법이다. 완전 매입이면 천장면이 어두워진다.	쾌청한 낮과 근사한 주광상태를 재현한다. 아주 직하로부터 올려다보지 않는 한 광원이 보이지 않는다. 루버가 오손되기 쉽고 보수에 있어 힘이 든다.	형광등 기구를 취부한 후 광원을 나무, 금속판 또는 투과율이 낮은 재료로 보이지 않게 한다. 광원으로부터의 직접광은 하방벽의 커튼을, 상방은 천장을 조명하므로 분위기 조성에 효과적인 방식이다.
조명 종류	다운라이트 조명 (pin hole light)	코브(cove) 조명 (간접조명)	광벽(light window) 조명
특징	확산광이 없으며 집광성의 빛을 조사면에 준다. 구름 사이에서 새어나오는 태양 직사광 또는 밤하늘의 별과 같은 느낌을 준다.	눈부심이 없고 조도 분포가 균일하며 그림자가 없다.(단 조도를 얻기가 곤란하다.)	지하실 또는 자연광이 들어오지 않는 실내의 조명으로 이용해서 주간에 창으로부터 채광하는 것과 같은 느낌을 주는 조명 방식이다.

3. 전등의 설치 높이와 간격

(1) 직접조명인 경우

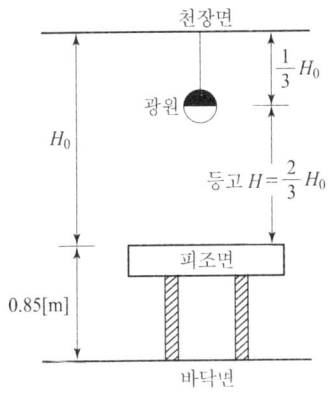

☆★ 등고 H	① 직접조명시 H : 피조면에서 광원까지 높이 ② 반간접조명시 H_O : 피조면에서 천장까지 높이
☆★ 등간격 S	① 등기구 간격 : $S \leq 1.5H$ (H : 등고) ② 벽면 간격 : $S \leq 0.5H$ (벽측을 사용하지 않을 경우 적용) $\quad\quad\quad\quad\quad S \leq \frac{1}{3}H$ (벽측을 사용하는 경우 적용)
★★ 실지수 K	① 방의 크기와 모양에 대한 광속의 이용 척도가 된다. ② 실지수 $K = \dfrac{XY}{H(X+Y)}$ $\quad$ [X : 방의 폭(가로길이), Y : 방의 길이(세로길이), $\quad\quad H$: 작업면에서 광원까지 높이]
조명률 U	① 조명률 결정 : 방지수(실지수), 반사율, 조명기구 선택 ② 조명률 $U = \dfrac{EAD}{NF} \times 100[\%] = \dfrac{피조면의\ 전광속}{광원의\ 전광속}$ $\quad$ [E : 조도, M : 유지율, A : 면적, N : 등수, F : 광속, $\quad\quad D$: 감광보상률(여유계수 $= \frac{1}{M}$), U : 조명률(이용률)]

(2) 한 등당 조명 면적과 종류

구 분	종 류	
실 내	・사각형 면적인 경우 $A = a \cdot b$	・원형 면적인 경우 $A = \pi r^2$
실 외 (옥외조명) 가로등 또는 도로 조명	① 양쪽조명(대치식) $A = \dfrac{a \cdot b}{2}$ [m²]　② 지그재그 $A = \dfrac{a \cdot b}{2}$ [m²]	③ 일렬조명(한쪽) $A = a \cdot b$　④ 일렬조명(중앙) $A = a \cdot b$

제 2 장 전열공학

제1절 전열의 기초

1. 전기 가열의 특징

① 매우 높은 온도를 얻을 수 있다.
② 내부 가열을 할 수 있다.
③ 제어가 용이하다.
④ 조작이 용이하고 작업환경이 좋다.
⑤ 열효율이 높다.
⑥ 국부가열과 급속가열이 가능하다.
⑦ 온도 및 가열시간의 제어가 용이하다.
⑧ 작업환경이 좋다.

2. 열의 전달 : 전도, 대류, 복사

3. 전기로의 가열 방식

(1) 저항가열 : 전류에 의한 옴손(줄열)을 이용

구 분	내 용
직접 방식	도전성의 피열물에 직접 전류를 통하여 가열하는 방식
간접 방식	저항체(발열체)로부터 열의 방사, 전도, 대류에 의해서 피열물에 전달하여 가열하는 방식
용 도	전기기기, 전선의 건조

열량 $Q = 0.24 I^2 R t \, [\text{cal}] = 0.24 I^2 R t \times 10^{-3} \, [\text{kcal}]$

1) 직접저항로

종 류	① 흑연 화로	② 카바이트로
전 원	상용 주파 단상 교류 사용	상용 주파 3상 교류 사용
반응식	무정형 탄소 → 흑연	산화칼슘 $CaO+3C \rightleftarrows$ 카바이트 CaC_2+Co
특 성	열효율이 가장 높다.	

③ 카버런덤로 ④ 알루미늄 전해로 ⑤ 제철로

2) 간접저항로

형태가 복잡하게 생긴 금속제품을 균일하게 가열하는 저항로.
① 염욕로 : $NaCl$, $NaNO_3$, $CaCl_2$ ② 클립톨로 ③ 발열체로

(2) 아크 가열 : 전극 사이에 발생하는 고온의 아크열을 이용한다.

① 전극 : 흑연전극, 탄소전극 사용
② 효율 : 70~80[%]
③ 진공아크 : 고도의 기계 분야에 이용된다.
④ 고유저항이 가장 작은 것 : 인조 흑연 전극
⑤ 아크로(전극로) 종류

저압 아크로	직접 아크로 (에루식 제강로)	전 원	상용주파 3상 교류전원 사용
		용 도	제철·제강(피열물의 표면만 가열)
	간접 아크로 (요동식)	용 도	구리·Al 합금 용해(피열물의 균일하게 가열)
고압 아크로	센헬로 포밍로 비란게이드 아이텐로	용 도	공기중 질소 이용하여 초산석회 제조
		반응식	$N_2+O_3 \rightarrow 2No+O \rightarrow N_2O$
진공 아크로	설비비가 비싸다.(제트기, 로켓, 터빈, 항공기 분야에 이용된다.)		

(3) 유도 가열 : 와류손과 히스테리시스손 이용(저항손 이용)

구 분	종 류	적 용
유도로	저주파	50~60[Hz] 이하
	중간주파	60 초과 ~ 10[kHz] 이하
	고주파	10[kHz] 초과 ~ 고주파 유도가열의 전원 : 전동 발전기, 불꽃 캡식 발전기, 진공관 발전기
용도	제철, 제강, 금속의 정련(금속 분야), 합금 제조, 반도체에 사용	

(4) 유전가열 : 유전체손을 이용하여 가열하는 방식.

[용도]

목재의 접착·건조·비닐막의 접착(합성수지 분야)에 사용.

사용 주파수	1~200[MHz]
유도가열과 유전가열의 공통점	직류전원은 사용 불가능하다.
유전체손	$P_e = \frac{5}{9} E^2 f \varepsilon \tan \delta \times 10^{-12} \, [\text{W/cm}^2] = \omega C E^2 \tan \delta$

- 유전가열의 장점 및 단점

① 장점

　㉠ 열이 유전체손에 의하여 피열물 자신에 발생하므로, 가열이 균일하다.

　㉡ 온도 상승 속도가 빠르고, 속도가 임의 제어된다.

　㉢ 전원이 끊어지면, 가열은 즉시 멈추고, 주위 물체에 저축된 열에 의한 과열이 없다.

　㉣ 표면의 소손 및 균열이 없다.

　㉤ 선택 가열이 가능하다.

② 단점

　㉠ 전 효율이 고주파 발진기의 효율(50~60[%])에 의하여 억제되고, 회로 손실도 가해지므로 양호하지 못하다.

　㉡ 설비비가 고가이고 유도장해 발생 우려가 있다.

　㉢ 장치를 적당히 차폐하지 않으면, 전파의 누설에 의해 통신에 장해를 준다.

(5) 적외선 가열 : 열원의 방사열에 의하여 피조물 가열하여 건조 가열하는 방식.

필라멘트의 온도	2,400~2,500[°K]
수　　명	5,000~10,000[h]
★★ 특　징	① 공산품 표면 건조에 적당하고 효율이 좋다.(방직, 도장, 인쇄) ② 구조와 조작이 간단하다. ③ 건조 재료의 감시가 용이하고 청결, 안전하다. ④ 유지비 싸고, 설치장소가 절약된다. ⑤ 동일한 양을 소량 건조에 적당하다. ⑥ 얇은 목재 건조에 적당하다. ⑦ 저온건조에 적당하다. ⑧ 적외선 복사열 이용(효율 $\eta = 80~85\%$)
용　　도	적외선 전구의 복사건조

●정리●

종류	원리	적용
저항가열	전류에 의한 줄열 이용	전기기기, 전선의 건조
아크가열	아크손 이용	고도의 기계 분야
유도가열	저항손(와류손과 히스테리시스손) 이용	금속 분야(제철, 제강)
유전가열	유체손 이용	합성수지 분야(목재의 건조, 접착)
적외선 가열	열원의 방사열 이용	방적·염색건조, 금속제품의 도장, 적외선 전구의 복사·건조

(6) 플라즈마 가열 : 직류 아크 가열의 일종. 아크 가열보다 고온을 얻을 수 있고 청결한 환경을 갖는다는 이점이 있다.

[특징]
① 플라즈마 아크의 에너지 밀도가 커서 안정도가 높고 보유열량이 크다.
② 비드(bead) 폭이 좁고 용입이 깊다.
③ 용접속도가 빠르고 균일한 용접이 된다.
④ 용접속도가 크기 때문에 가스의 보호가 불충분하게 된다.
⑤ 피포 가스를 이중으로 사용할 필요가 있고 토치의 구조가 복잡하게 된다.

(7) 전자빔 가열 : 진공 속에서 고속으로 가열한 전자를 접속하고 그 전자의 충돌에 의한 에너지로 가열

[특징]
① 전자빔을 접속하고 에너지 밀도가 매우 높아 용접, 용해 등에 이용된다.
② 진공중에서 가열하기 때문에 산화 등의 영향이 적다.
③ 진공중에서 가열하기 때문에 피열물의 치수와 형상이 제한된다.
④ 빔의 파워와 조사위치 등을 정확하게 제어할 수 있다.
⑤ 빔을 펄스적으로 조사하면 열변질이 적은 가열이 가능하다.
⑥ 빔의 편향에 필요한 부분에 고속으로 가열할 수 있다.(국소 표면 열처리)
⑦ 피열물은 일반적으로 도전성이 양호한 금속이 좋으며, 자기를 띠고 있으면 빔의 궤도가 구부러지기 때문에 제거할 필요가 있다.

(8) 레이저 가열 : 피열물을 광에너지로 가열하는 방식.

[특징]
① 레이저는 단색광으로 자연광에 비해 에너지 밀도를 높게 할 수 있다.
② 전자빔 가열과 같이 진공부분이 필요하지 않다.
③ 레이저의 파워와 조사 면적을 광범위하게 제어할 수 있다.
④ 열의 변질이 적은 가공을 할 수 있다.
⑤ 필요한 부분에 고속으로 가열할 수 있다.
⑥ 레이저는 원격가공이 가능하다.
⑦ 일반적으로 파장이 짧은 레이저는 미세 가공이 적합하다.
⑧ 에너지 변환효율이 낮은 결점이 있다.

제2절 전열 계산 및 발열체 설계

1. 전열 및 전기회로의 비교

전기회로			전열회로			공업용
명칭	기호	단위	명칭	기호	단위	단위
전압	V	[V]	온도차	θ	[°K]	[°C]
전류	I	[A]	열류	I	[W]	[kcal/h]
저항	R	[Ω]	열저항	R	[C/W]	[C°h/kcal]
전기량	Q	[C]	열량	Q	[J]	[kcal]
전도율	K	[℧/m]	열전도율	K	[W/mdeg]	[kcal/h·m·deg]
정전용량	C	[F]	열용량	C	[J/C]	[kcal/C°]

$1[J] = 0.2389[cal] ≒ 0.24[cal]$, $1[cal] = 4.2[J]$, $1[B.T.U] = 0.252[kcal]$

☆ $1[kWh] = 860[kcal]$

(1) 열류 $I[W]$ ★★

$$I = \boxed{\frac{KA\theta}{l}}[W] \quad \text{(열회로의 옴의 법칙)}$$

(K : 열전도율, A : 단면적, θ : 온도차, l : 길이)

1) 열전도율 $K = \dfrac{Il}{A\theta}$ [w/m·deg]

2) 열저항 $R = \dfrac{\theta}{I}$ [°C/W] = [C⁰h/kcal]

(2) 열량 $Q[J]$ 구하는 방법

1) 질량과 온도가 주어진 경우 사용 식

$$Q = Cm(T - T_o)[cal]$$

(비열 : C, 질량 : m[kg], 처음온도 : T, 나중온도 : T_o)

2) 전류, 저항, 시간이 주어진 경우 사용 식

열량 $Q = 0.24I^2Rt$ [cal]

(I : 전류[A], R : 저항[Ω], t : 시간[sec])

3) 전력과 시간이 주어진 경우 사용 식

열량 $Q = 860\eta pt$ [kcal]

(p : 전력[kw], t : 시간[h], η : 효율)

(단, 잠열 · 기화열은 1[kg] 물을 수증기로 변화하면 539[kcal] 필요하다.)

열량 $Q = m[c(T - T_o) + q]$ [kcal]

q (기화열, 잠열) ┌ 얼음 → 물인 경우 : 80[kcal]
　　　　　　　　　└ 물 → 수증기인 경우 : 539[kcal]

(3) 열량 Q 관계식

$Q = 860\eta pt$ 에서

열량 : $Q \propto P \propto V^2 \propto \dfrac{1}{R} \propto \dfrac{1}{e} \propto A \propto d^2 \propto \dfrac{1}{l}$ 관계가 성립된다.

(Q : 열량, P : 전력, V : 전압, R : 저항, e : 고유저항, A : 단면적, d : 간격, l : 길이)

제3절 전열 재료

발열체의 구비 요건	전극 재료의 구비 요건
① 내열성이 커야 한다. ② 내식성이 클 것. ③ 적당한 고유저항을 가질 것. ④ 압연성이 풍부하며 가공이 쉬울 것. ⑤ 가격이 쌀 것. ⑥ 저항온도계수는 +로써 적을 것.	① 불순물이 적고 산화 및 소요가 적을 것. ② 고온에서 기계적 강도가 크고 열팽창률이 적을 것. ③ 열전도율이 작고 도전율이 커서 전류밀도가 클 것. ④ 성형이 유리하며 값이 쌀 것. ⑤ 피열물에 의한 화학반응이 일어나지 않고 침식이 되지 않을 것.

1. 발열체의 종류 및 온도

금속 발열체	합금 발열체	니크롬선 (가정)	1종 : 1,100[°C] 2종 : 900[°C]	저항은 구리의 60배
		철 니크롬선 (공장)	1종 : 1,200[°C] 2종 : 1,100[°C]	저항은 구리의 80배
	순금속 발열체	백금(1,768°C), 몰리브덴(2,610°C), 텅스텐(3,380°C), 탄탈(2,886°C)		
	비금속 발열체 (탄산규소 발열체)	최고온도 1,400[°C] (금속, 비금속을 통틀어 가장 높음) 주성분 : SiC(탄소실리콘) → 카보런덤의 발열체의 주성분		

2. 온도 측정

(1) 저항온도계 (브리지식 온도계)

순수금속의 저항률이 온도변화에 비례하여 변화하는 것을 이용한 것.

온 도	$-200 \sim 500°C$
측온 재료	pt(백금), Ni(니켈), Cu(구리), 서모스탯

(2) 열전효과

제어벡 효과	서로 다른 두 종류의 금속에 온도차를 주면 기전력 발생 효과. 예) 열전대식 감지기, 열전온도계(열전쌍)

펠티에 효과	서로 다른 두 종류의 접합부에 전류차를 주면 열의 발생 흡수하는 현상. 예) 전자 냉동기
톰 슨 효과	같은 금속(동종)의 접합부에 전류를 흘리면 온도차가 발생하여 열흡수 발생하는 현상. 예) 냉동기

열전쌍 종류 (제어백 효과)	구리-콘스탄탄	보통 열전대 (500°C 측정)
	철콘-콘스탄탄	700~800°C 측정
	크로멜-알루멜	1,100°C 측정
	백금-백금로듐	(공업용으로 널리 사용) (0~1,400°C) 측정

※ 열전대 보호관 : 석영유리, 수정유리

(3) 압력형 온도계

핀치 오프 (pinch off) 효 과	용융체에 강한 전류를 통하면 전자력에 의해서 인력이 커지므로 용융체가 도중에 끊어져 전류가 끊어지는 현상 · pinch off effect : 용융체와 강전류 이용 ★
재 료	인청동, 놋쇠 또는 강철로 만들고 부르동관을 이용한 온도계

(4) 복사온도계

측정계기	밀리볼트미터로 측정 ★
원 리	스테판-볼츠만 법칙 적용
온도측정범위	600~2,000[°C] 정도로 넓다.
특 징	① 온도를 직독할 수 있다. ② 피측온물에서 떨어진 위치에서 온도를 기록할 수 있다.

(5) 광고온계

원 리	프랭크의 방사법칙 이용
온도측정범위	약 2,000[°C]까지 측정 가능하다.(가장 높은 온도 측정시 사용.)
특 징	① 복사고온계에 비하여 강도가 높다. ② 피측온물의 크기가 지름 0.1[mm] 정도의 작은 경우에도 측정 가능.

(6) 수은 온도계

수은의 팽창을 이용한 것으로 보통은 36[°C] 이하에서 사용되는데 가스를 높은 기압에서 봉입하여 비등을 낮추고 내열유리를 이용하면 500[°C] 정도까지 측정

제4절 전기용접

1. 저항용접

저항용접 종 류	① 점 용접(필라멘트 용접, 열전대 용접) ② 이음매 용접(심 용접) ③ 돌기 용접(프로젝션 용접) ④ 심 용접(원통형 회전전극 이용) ⑤ 충격 용접 : 고유저항이 적고 열전도율이 큰 것(경금속 용접)
특 징	① 방전 용접에 비해 용접부의 온도가 낮다. ② 열의 영향이 용접부 부근에만 국한되므로 변형이나 비뚤어짐이 적다. ③ 용접시간이 짧으므로 정밀한 공작물의 용접까지 가능하다. ④ 대전류를 필요로 하므로 설비비가 많이 들어 다량 생산이 아니면 부적당하다.

2. 아크 용접

금속(모재)와 용접용 전극(용접봉) 사이에서 발생한 아크열에 의해서 용접.

아크용접 종 류	① 탄소 아크 용접(전극 → 탄소 사용, 전원 → 직류 사용) ② 금속 아크 용접 ③ 원자 수소 아크 용접(수소 핵융합 원리 이용 6,000°C 고열 이용 특수용접에 사용)
특 성	수하 특성(누설 변압기, 직류 타여자 차동복권 발전기) 부하전류가 증가하면 전압은 급격히 감소하는 특성
사용 가스	아르곤, 헬륨

3. 불활성 가스 용접

용접용 전극 주위에서 아르곤이나 헬륨을 분출시켜서 용접.

용 도	① 알루미늄 용접에 적당하다. ② 마그네슘 용접에 적당하다.
사용 가스	헬륨 He, 아르곤 Ar, 수소 H_2

4. 유도용접 (전봉관 제조에 이용)

용접부분을 유도가열 방식으로 가열해서 용접하는 방식.

5. 비파괴 검사 : ① 자기 검사 ② X선 검사 ③ γ선 검사

제3장 전동기 응용

제1절 전동기 운동력학 기초

1. 전동기의 장점 및 단점

장 점	단 점
① 전동력의 집중, 분배가 용이하고 경제적이다. ② 동력 전달기구가 간단하고 효율적이다. ③ 전동기 종류의 다양으로 부하에 알맞은 특성, 구조 선택이 가능하다. ④ 제어가 간단하고, 확실하다. ⑤ 작업능률이 좋고 신뢰도 및 안전도가 높다.	① 외관으로 고장 발견이 어렵다. ② 단락사고 등의 영향이 광범위하다. ③ 전원 전압 및 주파수 변동에 의한 영향을 받는다. ④ 정전시 운전이 불가하다.

2. 동력의 역학적 분류

동력의 종류	사 용 기 계
① 마찰 동력 사용	분쇄기, 연마기, 인쇄기
② 가속 동력 사용	전동기
③ 유체 동력 사용	송풍기
④ 축적된 에너지 동력 사용	권상기(엘리베이터)

3. 회전운동의 기본 식

(1) 관성 모멘트 $J = \dfrac{GD^2}{4} \, [\text{kg} \cdot \text{m}^2]$ (단, GD^2=플라이휠 효과)

(2) 운동에너지 $W = = \dfrac{1}{8} GD^2 \omega^2 \, [\text{J}]$

(3) 플라이휠의 운동에너지 W

$$W = \frac{GD^2 N^2}{730} \, [\text{J}]$$ (G : 회전체의 질량, D : 회전직경, N : 회전수)

(4) 회전속도($n_1 \to n_2$) 감속시 방출 에너지

★★ 방출 에너지 $W = \dfrac{GD^2}{730}(n_1^2 - n_2^2)\,[\text{J}]$

(5) 관성 모멘트와 플라이휠

관성 모멘트 $J = \dfrac{GD^2}{4}\,[\text{kg} \cdot \text{m}^2]$,   플라이휠 $GD^2 = 4J\,[\text{kg} \cdot \text{m}^2]$

(6) 토크(회전력) $T[\text{kg} \cdot \text{m}] = [\text{N} \cdot \text{m}]$ (★ 효율과 무관하다)

토크 식	조건
$T = 0.975 \times \dfrac{P_m}{N}\,[\text{kg} \cdot \text{m}]$ ★	$P_m[\text{W}]$: 주어진 단위가 킬로[k]가 아닌 경우 사용 식
$T = 975 \times \dfrac{P_m}{N}\,[\text{kg} \cdot \text{m}]$	$P_m[\text{kW}]$: 단위가 킬로[k]인 경우 사용 식

1) 토크 이너샤비(전동기의 토크와 관성 모멘트의 비)

토크 이너샤비 $= \dfrac{T(\text{토크})}{J(\text{관성 모멘트})}$ → 토크 값 ⦅大⦆ → ┌ 기동시간은 짧다.
└ 가속도가 크다.

제2절 전동기의 선정

구 분	사용 전동기 형식
① 옥외용인 경우	방수형(수분에 강한 전동기)
② 조풍이 있는 해안 지대용	방식형(부식에 강한 전동기)
③ 습기가 많은 장소	방침형(방수 기능 전동기)
④ 광산 갱내용	방적형, 방수형, 방폭형, 방식형, 방침형
⑤ 수적이 많은 곳	방말형, 방적형
⑥ 화학공장 등의 부식성 가스가 많은 곳	방식형
⑦ 사진이나 암진이 나는 장소	방진형(먼지에 강한 전동기)
⑧ 선내용	방수형, 방적형, 수중형

1. 전동기 입력

직류인 경우	전동기 입력 $P = VI$ [W]
교류인 경우	① 단상인 경우 전동기 입력 $P = VI\cos\theta$ [W] ② 3상인 경우 전동기 입력 $P = \sqrt{3}\,VI\cos\theta$ [W]

2. 전동기 출력 $P = 9.8\omega T = 9.8\dfrac{2\pi N}{60}T = 1.026NT$ [W]

3. 전동기의 상태 해석

구 분	적용 식
등속상태인 경우	$J\dfrac{d\omega}{dt} = T - (T_L + T_B)$
가속상태인 경우	$J\dfrac{d\omega}{dt} < T - (T_L + T_B)$
감속상태인 경우	$J\dfrac{d\omega}{dt} > T - (T_L + T_B)$

4. 전동기의 운전 조건

구 분	안정 운전 조건	불안정 운전 조건
적용 그래프	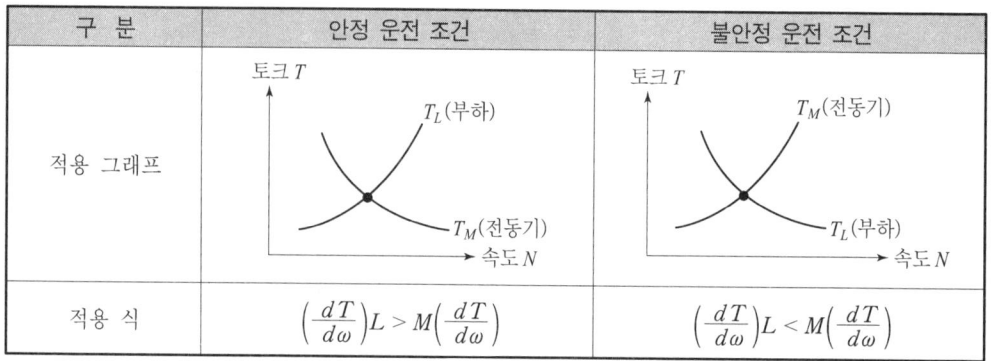	
적용 식	$\left(\dfrac{dT}{d\omega}\right)L > M\left(\dfrac{dT}{d\omega}\right)$	$\left(\dfrac{dT}{d\omega}\right)L < M\left(\dfrac{dT}{d\omega}\right)$

5. 전동기 온도 상승

상승온도 $T = \dfrac{P_L}{h \cdot s}$ [℃]   (P_L : 손실, h : 방열계수, s : 방열면적, T : 최종온도 상승)

연재료 종별	B	E ★	A	Y
온 도	130	120	105	90

6. 전동기 정격

정 의	지정된 조건하에서 사용할 수 있는 기기의 한도
정격 종류	① 연속 정격 ② 단시간 정격 예 수문의 개폐장치 ③ 반복 정격 예 엘리베이터

7. 속도 변동률 $\varepsilon = \dfrac{\text{무부하속도 } N_0 - \text{정격속도 } N}{\text{정격속도 } N} \times 100[\%]$

8. 동기속도 $N_s = \dfrac{120f}{P}$ [rpm]   (f[Hz] : 주파수, p : 극수)

제3절 전동기 제어

1. 전동기 종류

(1) 직류 전동기 : 속도 조정이 간단하고 정밀한 속도 제어에 사용

종류	특징
☆★ 직권 전동기	① 기동 토크가 크다. $\left(T \propto I^2 \propto \dfrac{1}{N^2}\right)$ ② 직류, 교류에 이용된다. 예 전차, 기중기, 권상기 ③ 부하 변동이 심한 경우 정출력 부하에 적당하다.
분권 전동기	① 정속도 특성 $P \propto T$(토크) ② 자기 기동이 어렵다.
복권 전동기	① 가동 복권 전동기 ② 차동 복권 전동기

(2) 교류 전동기 : 전원을 자유롭게 얻을 수 있고 구조가 견고하고 가격이 염가

1) 농형 유도 전동기

농형 유도 전동기	① 브러시를 사용하지 않는다. ② 10[kW] 이하 크레인에 사용된다.
★ 특수 농형 전동기	① 기동이 빈번한 부하에 사용된다. ② 동기 속도 이상 회전이 불가능하다.

2) 동기 전동기

특 성	① 속도 일정, 효율이 가장 높고, 속도 변동률이 0이다. ★ ② 자기 기동이 어렵다. ③ 효율, 역률(1로 운전 가능)이 가장 우수하다. ★
용 도	압연기, 분쇄기에 이용된다.

3) 권선형 유도 전동기

2차측의 저항을 삽입하여 속도-토크 특성을 변화시킴으로써 기동한다. 농형보다 기동전류를 적게 제한할 수 있다는 장점이 있으나 구조가 복잡하여 슬립링 및 브러시의 보수 등이 고가인 결점이 있다.

4) 단상 유도 전동기 : 속도 변동이 크고 효율이 낮다.(가정용에 이용.)

종 류	★ 기동 토크 큰 순서	구 분	★ 속도 변동률이 큰 순서
반 발 기동형 반 발 유도형 콘덴서 기동형 분 상 기동형 셰이딩 코일형	大 ↑ ↑토크(T) ↑ 小	단상 유도 전동기 농형 유도 전동기 권선형 유도 전동기 동기 전동기	大 ↑속도(N) ↑ 小

2. 속도 및 토크 특성에 의한 전동기 분류

(1) 속도 특성에 따른 분류(종류)

1) 정속도 전동기 : 부하에 관계없이 항상 일정한 속도로 가동하는 전동기

예	직류 타여자 전동기, 직류 분권 전동기, 동기 전동기(교류 전동기)
종 류	① 다단 속도 전동기 부하에 관계없이 회전수가 일정하며, 몇 단계로 회전수를 바꾸는 전동기 (예 극수 변환 전동기) ② 가감 속도 전동기 여러 가지 속도 변화 후 정속도 유지하는 전동기 (예 권선형 유도 전동기, 분권 정류자 전동기)

2) 변속도 전동기

정 의	부하가 걸리면 감속이 되고 부하가 적게 걸리면 회전수가 가속이 되는 전동기
예	직권 전동기(직류·교류 양용 전동기), 직권 정류자 전동기

(2) 부하 특성에 따른 분류(종류)

1) 정토크 부하 적용 전동기 : 속도에 관계없이 일정한 토크를 가지는 전동기

종류	직류 분권 전동기, 레오너드 방식, 권선형 유도 전동기, 분권 정류자 전동기
예	인쇄기, 압연기, 권상기, 선반용 전동기

2) 제곱토크 부하 적용 전동기

정의	토크가 속도의 제곱에 비례하여 변화하는 토크를 가지는 전동기
예	유체기계, 펌프, 송풍기용 전동기
그래프	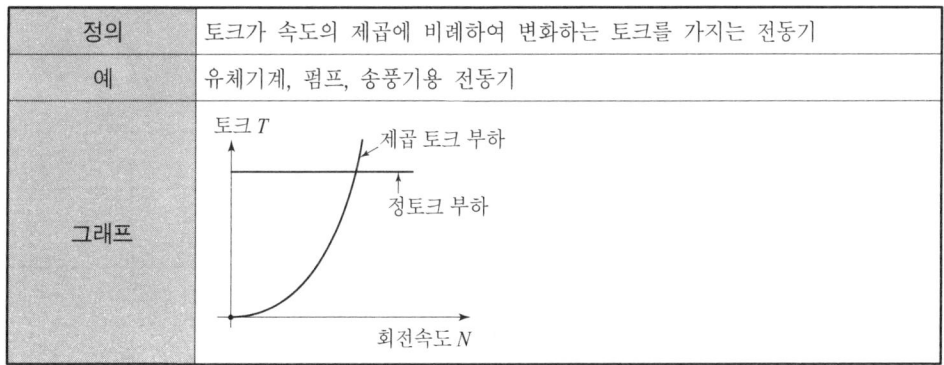

3. 전동기 기동법

★ 농형 유도 전동기	직입 기동	① 기동전류가 가장 크다. : 5~7배 ≒ 6배 ② 소형 전동기에 이용(5[kW] 이하 정도에 적용)
	감압 기동	① 단권 변압기 기동 ② 1차 저항 기동(15[kW] 이상에 적용)
	Y-△ 기동법	기동전류를 작게 하기 위하여(5~15[kW] 이하 전동기에 적용) 토크와 기동전류는 전전압 기동의 각각 $\frac{1}{3}$ 정도 적용
	기동 보상기법	15[kw] 이상에 적용

4. 전동기 제동법

제동법 종류	내용
발전 제동	① 운동에너지를 전기적 에너지로 변환시켜서 제동. ② 자체 저항에서 열로 소비시켜 제동하는 방식.
회생 제동	① 역기전력을 전원 전압보다 높게 하여 제동하는 방식. ② 발전 제동하여 발생된 전력을 선로로 되돌려 보냄. ③ 전원 : 회전 변류기를 이용. ④ 장소 : 산악지대의 전기철도용.
역전(역상) 제동 또는 플러깅	① 일명 플러깅(plugging)이라 한다. ② 3상중 2상을 바꾸어 제동.(3상 유도 전동기에 적용) ③ 속도를 급격히 정지 또는 감속시킬 때 사용.
와전류 제동	① 구리의 원판을 자계내에 회전시켜 와전류에 의해 제동.(전기동력계법) ② 전기 동력계법에 이용.
기계 제동	① 전동기에 붙인 제동화에 전자력으로 가압하여 제동하는 방식.

5. 전동기 속도 제어

(1) 직류 전동기 속도 $N = K\dfrac{V - I_a R_a}{\phi}$

1) 저항 제어

저항 제어	① 효율이 낮고 전력 손실이 크다.(소형 전동기용) ② 사용 이유 – 전류를 제한할 목적으로 사용.

2) 전압 제어(광범위한 제어) ★★

워드 레오너드 방식 (직류 DC 전원 사용)	광범위한 제어(10 : 1 범위까지)	소형
일그너 방식 (교류 AC 전원 사용)	① 부하가 수시로 변하는 데 사용(큰 속도 제어용) ② 플라이휠 사용(워드와 일그너 차이점) ③ 가변속도 대용량 제관기용 ④ 제철용 압연기의 전원용 ⑤ 고속 엘리베이터용	대형
초퍼 제어 방식	대형 전기 철도에 적용	

3) 계자 제어 : 정출력 제어(미세 제어)

4) 효율이 큰 순서 ★ : 전압 제어 〉 계자 제어 〉 저항 제어

(2) 교류 전동기 $\left(N_s = \dfrac{120f}{P} \text{에서}\right)$ ★

1) 주파수 제어

방 법	주파수 가변시킴.(기동과 정지가 빈번한 견고한 전동기에 사용)
용 도	① 인견 공장(Pot Moter), 선박의 전기 추진용 ② 회전수 : 6,000~10,000[rpm] ③ 특수 농형 유도 전동기

2) 극수변환 제어

방 법	극수를 바꾸어 속도 변환 $N_s = \dfrac{120f}{P}$ [rpm]
용 도	승강기, 송풍기, 펌프, 목공기계, 공작기계용 ★

3) 2차 여자법

클래머 방식	2차 출력을 기계 동력으로 변환하여 유도 전동기의 축으로 공급하는 방식
세르비스 방식	2차 출력을 전원 주파수와 같은 전력으로 변환하여 전원으로 반환시키는 방법
용 도	송풍기

4) 2차 저항 제어법 : 비례 추이 원리를 이용.

슬 립	슬립 $s = \dfrac{N_s - N}{N_s}$ [N_s : 동기 속도, N : 회전 속도] ① 제동기 $1 \leq S \leq 2$ ★ ② 전동기 $0 \leq S \leq 1$ ★ ③ 발전기 $0 \leq S \leq -1$
비례 추이	3상 권선형 유도전동기의 속도제어법으로서 외부저항 삽입으로 토크를 이동시킨다.
용 도	송풍기

제4절 전동기 용량 계산

1. 펌프용 전동기 출력

출력	$P = \dfrac{9.8KQH}{\eta 60} = \dfrac{KQ[\text{m}^3/\text{분}]H}{6.12\eta}$ [kW]
용어	K : 여유계수(1.1~1.2), $Q[\text{m}^3/\text{sec}]$: 양수량, 1초[sec] $= \dfrac{1}{60}$ (분), $H[\text{m}]$: 높이

(1) 사용 전동기 및 특징

구분	사용 전동기		특징
펌프	직류	분권 전동기, 분권 전동기	• 기동 토크가 크다.
	교류	농형 또는 특수 농형 3상 유도 전동기	
		권선형 유도 전동기(전원 용량이 작은 경우)	← 저속·고속 대용량
		동기 전동기(역률이 좋은 운전이 필요한 경우)	← 저속도·대용량 400[kW] 이상
양수펌프	• 단상 유도 전동기(가정용 우물용 펌프) • 발전기를 동기 전동기로 사용.		

2. 기중기, 권상기, 엘리베이터용 전동기 출력 ★

출력	$P = \dfrac{wv}{6.12\eta} \times K \times F$ [kW]
용어	$w[\text{ton}]$: 권상하중, $v[\text{m/분}]$: 권상속도, k : 여유계수, F : 평형률(엘리베이터에서 적용), η : 효율

(1) 사용 전동기 및 특징

구 분		사용 전동기	전동기 특징	용 도
기중기인 경우		직류 직권 전동기, 교류 3상 권선형 유도 전동기	• 기동·정지·역전이 빈번하므로 진동·충격에 견딜 것. • 플라이 휠 효과가 작다. • 최대 토크가 클 것.	선박용, 공장, 광산, 토목, 건축 현장
권상기인 경우	직류일 때	레오너드 방식(소형), 일그너 방식(대형)		광산, 탄갱, 토목, 건축, 교통
	교류일 때	• 3상 농형 유도 전동기(소형 권상기) • 3상 권선형 유도 전동기(대형 권상기)		
엘리베이터인 경우	직류일 때	1대마다 전동 발전기 설치(가변 전압 제어)	• 회전부분의 관성 모멘트 작고 기동 토크가 커야 한다. • 가속 및 감속 변화 일정하고 소음이 낮을 것.	교통에 사용
	교류일 때	• 3상 2중 농형 유도 전동기 • 디프 슬롯형 농형 유도 전동기		

3. 송풍기, 환풍기용 전동기 출력(유체 동력 이용) ★

출 력	$P = \dfrac{KQH}{6120\eta}$ [kW]
용 어	k : 여유계수(1.2~1.3), $Q[\text{m}^3/\text{분}]$: 풍량 $\propto N$(회전수), $H[\text{mmAg}]$: 풍압 $\propto N^2$, η : 효율, T : 토크 $\propto N^3$

(1) 사용 전동기 및 특징

구 분	소형 송풍기	중용량 송풍기	대용량 송풍기
사용 전동기	농형 유도 전동기	권선형 유도 전동기	동기 전동기
사용 용량	50[kW] 이하	50~100[kW] 이하	100[kW] 이상~
특 징	풍량의 가·감이 불필요시	기동 특성 좋다.	역률이 좋다.

제 4 장 전력용 반도체

제1절 다이오드

1. 다이오드 (diode) :

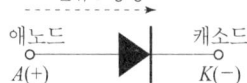

(1) 접합형 다이오드

PN 접합(정류작용 : 전류의 방향을 바꾸어 주는 것)

순바이어스된 경우	역바이어스된 경우
① 전위 장벽이 낮아진다. ② 공간 전하 영역의 폭이 좁아진다. ③ 전장이 약해진다.(이온화 감소↓)	① 전위 장벽이 높아진다. ② 공간 전하 영역의 폭이 넓어진다. ③ 전장이 강해진다.(이온화 증가↑)

(2) 제너 다이오드 (정전압 다이오드)

목 적	전원 전압을 안정하게 유지시킴
cut in voltage	① cut in voltage=off-set 전압, =break point 전압 ② 순방향에서 전류가 현저히 증가하기 시작하는 전압
파괴 원인	① 제너 파괴(접합층이 좁다.) ② 에벌렌스 파괴(큰 에너지를 갖는 캐리어에 의해 결합이 깨지면서 캐리어를 증가시켜 발생하는 절연파괴 현상) ③ 줄 파괴 : 역 바이어스 전압이 증대하면 마침내 접합이 파괴되는 현상
접속(목적)	① 직렬 : 과전압으로부터 보호 ② 병렬 : 과전류로부터 보호
특 성	정(+), 부(-)의 온도계수를 가진다.
터널 다이오드 응용	증폭작용, 발진작용, 개폐작용

※ 브레이크 다운 : 역바이어스가 걸린 상태에서도 일정 전압 이상이 걸리면 전류가 급격히 흐르는 현상.

(3) 터널 다이오드

① 증폭작용 ② 발진작용 ③ 개폐(스위칭)작용

(4) 가변용량(바렉터) 다이오드

pn 접합에서 역바이어스시 전압에 따라 광범위하게 변화하는 다이오드의 공간 전하량을 이용한 다이오드.

(5) 발광 다이오드 LED (주입형 발광소자)

정 의	PN 접합에서 빛이 투과되도록 P형 층을 얇게 만들어 순방향 전압을 가하면 발광하는 다이오드.(전기를 가하면 재결합시 빛을 낸다.)
특 징	• 발열이 적고 응답속도가 빠르다. • 정류에 대한 광출력이 직선형이고 수명이 길다. • 효율이 좋다.
사용재료	① GaAs ② GaAsP ③ GaP 금속화합물 사용 (Ga : 갈륨, As : 비소, P : 인)

2. 트랜지스터 (transistor) : 증폭작용

종 류	구 조	
PNP형	에미터(순방향) 컬렉터(역방향)	E ─◦ ◦─ C 에미터 컬렉터 ◦ B 베이스
NPN형	에미터(역방향) 컬렉터(순방향)	E ◦─ ─◦ C 에미터 컬렉터 ◦ B 베이스

(1) 트랜지스터의 장점 및 단점

장 점	단 점
① 소형 경량이며 소비전력이 적다. ② 기계적 강도가 크며 수명이 길다. ③ Heter가 필요하지 않다. ④ 시동이 순간적이며 비교적 낮은 전압에 동작한다.	① 온도의 영향을 받기 쉽다. ② 대전력에 약하다.

(2) 접지 방식

종 류	① 에미터 접지 → 전류 증폭이 크다. ★ ② 베이스 접지 ③ 컬렉터 접지

(4) 최대 정격 : 온도, 전압, 전류 ★

(5) 열폭주 : 컬렉터 손실로 트랜지스터 파괴 현상.

(6) 펀치 스로우

컬렉터 역바이어스 증가하면 베이스의 중성 영역이 없어지는 현상. ★

3. 광전 효과 소자

(1) 광전 현상

photo	transistor(광트랜지스터) : 컬렉터 전류를 제어
sola	battery(태양전지)
cds	광도전체(빛)

(2) 발광소자

고유 전계 발광소자(E.L)	ZnS 반도체 분말을 플라스틱이나 글라스 유전체에 넣고 전계를 가하면 발광하는 소자

제2절 특수 반도체

1. 특수 저항 소자

(1) 서미스터

★ 서미스터 (thermistor)	① 열 의존도가 큰 반도체를 재료로 사용한다. ② 온도계수는 (-)를 갖고 있다.(온도 증가시 저항은 감소한다.) ③ 온도 보상용으로 사용한다.

(2) 바리스터리스터(varistor) : 가변 용량 소자

특 성	전압에 따라 저항치가 변화하는 비직선 저항체
용 도	① 서지 전압에 대한 회로보호용으로 사용한다. ② 비직선적인 전압 전류 특성을 갖는 2단자 반도체 소자(장치)
심 벌	〈대칭형〉　　　　　〈비대칭형〉

2. 사이리스터(thyristor)

PN 접합 3개 이상 내장하여 ON → OFF 또는 OFF → ON으로 전환하는 장치(모터, 히터, 전동 시스템용)

특 징	① 고전압 대전류의 제어가 용이하다. ② 게이트의 신호가 소멸해도 온상태를 유지할 수 있다. ③ 수명은 반영구적이고 신뢰성이 높다. ④ 서지전압 및 전류에도 강하다. ⑤ 소형, 경량이며 기기나 장치에 부착이 용이하다. ⑥ 기계식 접점에 비하여 온-오프 주파수 특성이 좋다.
용 도	위상 제어, 정지 스위치, 인버터, 초퍼, 타이머 회로, 트리거 회로, 카운터, 과전압

(1) PNPN 다이오드 (쇼클리 다이오드)

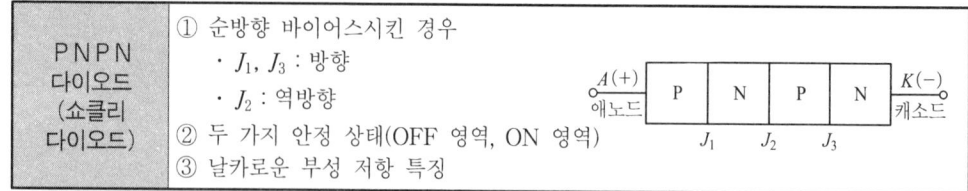

PNPN 다이오드 (쇼클리 다이오드)	① 순방향 바이어스시킨 경우 　· J_1, J_3 : 방향 　· J_2 : 역방향 ② 두 가지 안정 상태(OFF 영역, ON 영역) ③ 날카로운 부성 저항 특징

(2) SCR (silicon controlled rectifier) : 실리콘 제어 정류기 ★★★

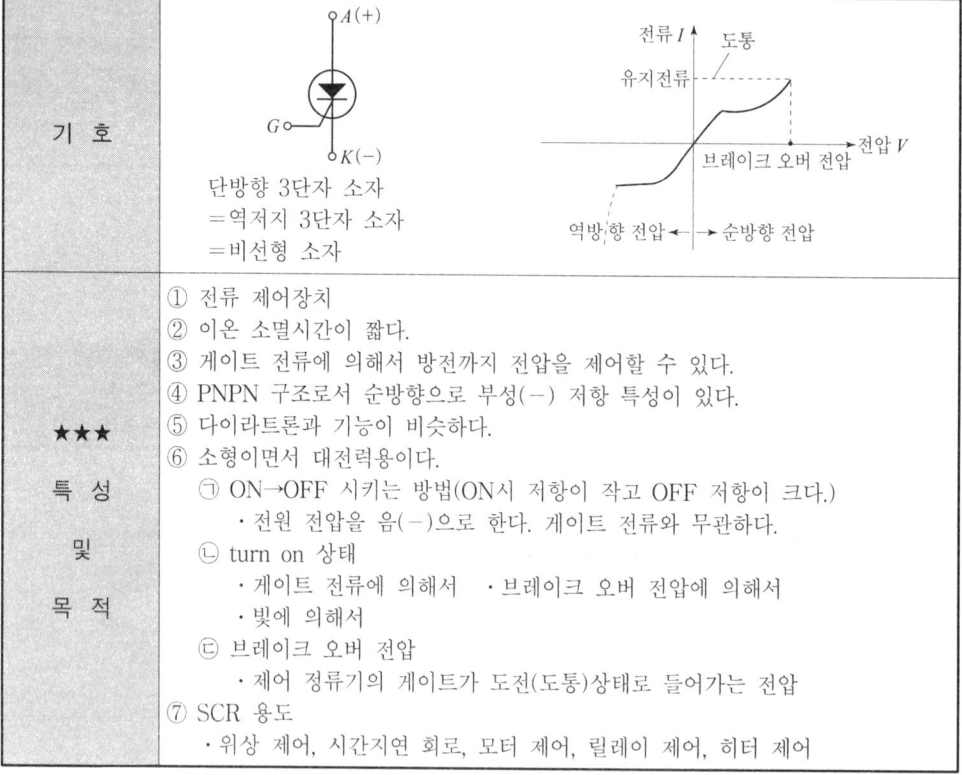

기 호	단방향 3단자 소자 ＝역저지 3단자 소자 ＝비선형 소자
★★★ 특 성 및 목 적	① 전류 제어장치 ② 이온 소멸시간이 짧다. ③ 게이트 전류에 의해서 방전까지 전압을 제어할 수 있다. ④ PNPN 구조로서 순방향으로 부성(-) 저항 특성이 있다. ⑤ 다이라트론과 기능이 비슷하다. ⑥ 소형이면서 대전력용이다. 　㉠ ON→OFF 시키는 방법(ON시 저항이 작고 OFF 저항이 크다.) 　　· 전원 전압을 음(-)으로 한다. 게이트 전류와 무관하다. 　㉡ turn on 상태 　　· 게이트 전류에 의해서　· 브레이크 오버 전압에 의해서 　　· 빛에 의해서 　㉢ 브레이크 오버 전압 　　· 제어 정류기의 게이트가 도전(도통)상태로 들어가는 전압 ⑦ SCR 용도 　· 위상 제어, 시간지연 회로, 모터 제어, 릴레이 제어, 히터 제어

(3) SCS (silicon controlled switch) : 실리콘 제어 스위치, 저전력 소자

심벌(기호)	특　징
（G_1, A, K, G_2 단자를 가진 기호）	① 단방향 4단자 소자(게이트 2개) ② P → SCR 겸용 다이리스트 　 N → SCR 겸용 다이리스트 ③ LASCS : 빛에 의해 동작 　　　　＝광SCR

(4) SSS (silicon symmetrical switch)

특 성	① 쌍방향 2단자 소자 ② OFF→ON 상태 하는 법 　• 브레이크 오버 전압 이상의 펄스를 가한다. ③ 조광 제어, 온도 제어에 이용된다. ④ 자기 회복 능력이 뛰어나다.

(5) DIAC (diode AC switch) : 다이액

특 성	① 쌍방향 2단자 소자(NPN 3층 구조) ② 소용량 저항부하의 교류 AC 전력 제어용 ③ 부(−) 저항 특성이 있다. ④ TRIAC SCR Gate의 트리거용에 적합하다.

(6) TRIAC (triode switch for AC) : 트라이액

심벌(기호)	특 성
	① 쌍방향 3단자 소자 ② SCR 역병렬 구조와 같다. ③ 교류전력을 양극성 제어 ④ 과전압에 의해서 파괴 안됨. ⑤ (트라이액+포토커플러) 조합 교류 무접점 릴레이 회로

(7) SUS (silicon unilateral switch)

특 성	① SCR과 제너 다이오드 조합 ② 빠른 turn on(턴온) 시간을 갖는다. ★

(8) UJT (unijunction transistor)

특 성	단접합 트랜지스터 − PN 접합이 하나 부성 저항 소자, 스위칭 회로, 펄스 발생기, 전압 분별 회로 용도

(9) PUT (program mable unijunction transistor)

SCR과 유사한 특성으로 게이트 레벨보다 에노드 레벨이 높아지면 스위칭하는 기능을 지닌 소자.

특 성	고감도 N게이트형 SCR 게이트 전위(스탠드 오브 비) $\eta = \dfrac{R_1}{R_1 + R_2}$

•참고•

SCR 이외의 각종 사이리스터

명 칭	내부의 원리적 구조	그림 기호	특 징	용 도
SSS (실리콘신 메트리컬 스위치)			스리에스 또는 사이더크라 부르고 있다. NPNPN의 5층으로 되며 2단자를 가지며 양방향으로 오프상태에서는 상태로 스위칭을 할 수가 있다.	• 네온사인의 조광 • 전동기의 회전제어 • 스트로보 프레스 회로
TRIAC (트라이악)			3단자의 교류제어소자이며 게이트 전극을 가지고 있으므로 약간의 전압으로 쌍방향으로 턴온할 수 있다.	• 무접점 스위치 • 가정용 조광 기능의 간단한 교류제어
DIAC (다이악)			NPN의 3층으로 되어 있으며 쌍방향에 대칭으로 부성저항을 나타낸다.	• 가정용 조광기 • 소형 전동기의 속도제어
GTO (게이트 턴오프 스위치)			게이트의 부전압을 주면 도통상태에 있던 것이 오프상태가 된다.	• DC 초퍼 회로 • 고압 발생 회로 • 전동기의 속도조정
SCS (실리콘 컨트롤드 스위치)			보통의 SCR은 P층에서 게이트전극을 꺼내지만 SCS는 N층에서도 게이트를 꺼낸 4개의 전극이 있다.	
LASCR 라이트 (액테이프테드 SCR)	SCR과 같음		호트 SCR라 부른다. 게이트 전극이 있으므로 게이트 전류를 흐르게 함으로써 점호할 수가 있으나 빛을 조사함으로써 점호(占弧)할 수가 있다.	• 고압회로
PUT 프로그래머블 (유니정크션 트랜지스터)			게이트 전류가 매우 높고 저전압으로 동작이 가능하다. 또 출력펄스의 입상이 빠르고 값이 싸다.	• 위상제어 • 범용 타이어 • 천연가스용 라이트 • 변조기 • 발전기

제 5 장 전기화학

1. 패러데이(Faraday) 법칙

정의(특성)	① 전기분해시 물질의 석출량은 통과한 전기량에 비례한다. ② 같은 양의 전극에서 석출된 물질의 양은 그 물질의 화학당량에 비례한다.
석출량(식) W	$W = KQ = KIt$ [g] · 전기화학당량 $K = \dfrac{화학당량}{96,500}$ [g/c] $= \dfrac{원자량}{96,500 \times 원자가}$ · 화학당량 $= \dfrac{원자량}{원자가}$
이온화 경향이 큰 순서	칼륨 K > 칼슘 Ca > 나트륨 Na > 마그네슘 Mg > 망간 Mn

2. 전 지

(1) 1차 전지 (재생 불가능 전지)

1) 르클랑세(망간전지) : 보통 건전지

- 양극 : 탄소봉
- 음극 : 아연 용기
- 전해액 : NH_4Cl(염화암모늄)
- 감극제 : MnO_2(이산화망간)

감극제를 MnO_2(이산화망간)을 쓰는 이유	분극작용에 의한 전압 강하 방지
분극작용	수소가 음극재에 둘러싸여 기전력이 저하되는 현상. · 방지법 : 감극제 사용(MnO_2, O_2, HgO)
국부작용(불순물 원인)	국부적인 자체 방전 현상.(부식이 되는 것) · 방지법 : 순수금속 사용, 수은도금 처리
반응식	$Zn + 2NH_4Cl + 2MnO_2 \Rightarrow Zn(NH_3)_2 + H_2O + Mn_2O_3$

2) 공기 건전지

반응식	$Zn + 2NH_4Cl + O_2 \Rightarrow Zn(NH_3)_2Cl_2 + H_2O$
구 성	• 전해액 : NH_4Cl • 감극제 : O_2
특 성	① 전압변동률과 자체방전이 작고 오래 저장할 수 있으며 가볍다. ② 방전용량이 크고 처음 전압은 망간전지에 비해 약간 낮다.

3) 표준전지

종 류	웨스턴 카드뮴 전지, 클라크 전지
구 성	• 양극 : Hg(수은) • 음극 : Cd(카드뮴) • 전해액 : $CdSO_4$ • 감극제 : Hg_2SO_4

4) 물리전지

반도체 PN 접합면에 태양 광선이나 방사선을 조사해서 기전력을 얻는 전지.

종 류	태양전지, 원자력 전지
구 성	① 국부작용을 방지 : 수은도금 처리 ② 자체방전의 원인 : 불순물 때문에 ③ 전해액의 도전율 증가 : 전해액의 농도

5) 수은전지

반응식	$Zn + HgO \Rightarrow ZnO + Hg$
전해액	수산화칼륨(KOH)
감극제	산화수은(HgO)
음 극	아연(Zn)
특 징	• 기전력 1.3[V]로 전압의 안전성이 좋다. • 전압강하가 적고 방전용량이 크다.
용 도	보청기, 휴대용 카메라, 휴대용 소형 라디오, 휴대용 계산기

(2) 2차 전지 (축전지 : 재생 가능 전지) ★★★

1) 납축전지(충전용량 : 10[Ah])

① 양극(+) → PbO2(이산화납) 사용, 음극(−) → Pb(납) 사용.
② 전해액 : H_2SO_4(묽은황산)
  ㉠ 방전시 색상 : 회백색 ㉡ 충전시 색상 : 적갈색 ㉢ 전해액의 비중 : 1.2~1.3
③ 방전된 종기전압 : 1.7~1.8[V]

④ 용량 $Q = It$ [Ah]
⑤ 기전력 : 2[V]
⑥ 방전과 충전시의 화학 반응식

$$\underset{(이산화납)}{양극 \atop PbO_2} + \underset{(황산)}{전해액 \atop 2H_2SO_4} + \underset{(납)}{음극 \atop Pb} \underset{충전}{\overset{방전}{\rightleftarrows}} \underset{(황산납)}{양극 \atop PbSO_4} + \underset{(물)}{물 \atop 2H_2O} + \underset{(황산납)}{음극 \atop PbSO_4}$$

⑦ 납축전지 용량 감소 이유 : 극판의 황산화 때문(극판이 휘고 내부저항 증가)
⑧ 특징 : 효율이 좋고, 장시간 일정 전류 공급이 가능하다.

2) 알칼리 축전지(충전용량 : 5[Ah])

① 양극 : $Ni(OH)_3$(산화니켈) 사용
② 음극 ┌ 에디슨 전지 : Fe(철) 사용
       └ 융그너 전지 : Cd(카드뮴) 사용
③ 방전전압(공칭전압) : 1.2[V]
④ 충전전압 : 1.35~1.33[V]
⑤ 알칼리 축전지 장점 및 단점

장 점	단 점
㉠ 수명이 길다.	㉠ 내부 저항이 크다.
㉡ 진동에 강하다.	㉡ 효율이 나쁘다.
㉢ 낮은 온도에 방전 특성이 양호하다.	㉢ 전압 변동이 심하다.
㉣ 높은 방전에 견딘다.	㉣ 값이 비싸다.

3) 축전지 종류

종 별		연축전지		알칼리 축전지	
형식명		클래드식 (CS형)	페이스트식 (HS형)	포켓식 (AL, AM, AMH, AH형)	소결식 (AH, AHH형)
작용 물질	양극 음극 전해액	이산화연(PbO_2) 연(Pb) 황산(H_2SO_4)		수산니켈(NiOOH) 카드뮴(Cd) 가성가리(KOH)	
전해액 비중		1.215	1.240	1.20~1.30	
반응식		양극 음극 방전 양극 음극 $PbO_2+2H_2SO_4+Pb=PbSO_4+2H_2O+PbSO_4$		양극 음극 방전 양극 음극 $2NiOOH+2H_2O+Cd=2Ni(OH)_2+Cd(OH)_2$	

4) 사용중의 충전방식의 종류

종 류	내 용
① 보통충전	필요할 때마다 표준시간율로 소정의 충전을 하는 방식이다.
② 급속충전	비교적 단시간에 보통 충전전류의 2~3배의 전류로 충전하는 방식이다.
③ 부동충전	전지의 자기방전을 보충함과 동시에 상시 부하전력은 충전기가 부담하고 충전기가 부담하기 어려운 일시적 대전류부하는 축전지가 부담하는 방식이다.
④ 균등충전	부동충전방식에 의하여 사용할 때 각 전해조에서 일어나는 전위차를 균일화하기 위해서 1~3개월마다 1회 정전압으로 10~12시간 충전하는 방식이다.
⑤ 세류충전 (트리클 충전)	자기 방전량만을 항상 충전하는 방식이다.

(3) 전기분해 및 계면전해 현상

1) 전기분해 현상

종 류	내 용
전기 도금	전기분해에 의하여 음극에 금속을 석출시키는 것 (양극에 구리막대, 음극에 은막대를 두고 전기를 가하면 은막대에 구리색을 띠는 현상)
전기 주조	전기도금을 계속하여 두꺼운 금속층을 만든 후 원형을 떠서 그대로 복제 예 활자의 제조, 공예품 복제, 인쇄용 판면
전해 정련	불순물에서 순금속을 채취(구리[전기동])
전해 연마	금속을 양극으로 전해액 중에서 단시간 전류를 통하면 금속표면이 먼저 분해되어 거울과 같은 표면을 얻는 것(터빈 날개)
전해 채취	주로 산을 사용하여 금속만을 녹여서 전기분해하여 금속을 석출(알루미늄 제조)

2) 계면 전해현상

종 류	내 용
전기 영동	액체 속에 미립자를 넣고 전압을 가하면 입자가 양극을 향하여 이동하는 현상
전기 침투	중금속류의 액체 용액 속에 다공질의 격막을 설치하고 직류전압을 가하면 액체만이 격막을 통과하여 음극 쪽으로 이동하는 현상.(전해 콘덴서, 재생고무 등의 제조)
전기 투석	2장의 다공질 격막에 의하여 3개의 전해실로 나누고, 중앙에 전해질 용액을, 양쪽에는 순수한 물을 넣은 다음, 음극실과 양극실에 전압을 가하면 중앙의 양이온을 음극실로 이동하고, 음이온은 양극실로 이동하여 중앙의 전해물질을 제거하는 현상.(물, 설탕, 소금 등의 정제)

제 6 장 전기철도

제1절 전기철도의 종류 및 궤도

1. 전기철도의 종류

① 시가지 철도 ② 도시 고속 철도(서울 지하철)
③ 교외 철도 ④ 시간 철도
⑤ 간선 철도 ⑥ 지선 철도
⑦ 특수 철도

2. 궤도의 구조

종 류	용 도 및 목 적
궤 간	레일과 레일의 내측 간격(안쪽)거리 ① 표준궤간 : 1,435[mm] ★ ② 광궤 : 표준궤간보다 넓은 궤간(1675, 1600, 1523mm) ③ 협궤 : 표준궤간보다 좁은 궤간(1067mm)
레 일	① 목적 : 차량을 지탱(고탄소강 사용) ② 운전 저항을 감소 ③ 레일의 수명은 내부에 결함에 의해서 좌우된다.
침 목	차량 하중을 분산시킨다.(충격 흡수)
도상(자갈)	① 소리를 경감시킨다. ★ ② 배수를 원활하게 한다. ★ ③ 단단한 노반과 침목상의 적당한 탄력을 준다.
유 간	온도 변화에 따른 레일의 신축성 때문에 이음장소에 간격을 둔 것
복진지	레일이 열차 진행방향의 반대로 이동함을 막는 것

☞ 표 계속

종 류	용 도 및 목 적
슬 랙 (slack)	곡선시 표준궤간보다 내측을 조금 넓혀 주는 것(이유 : 원심력 때문에) 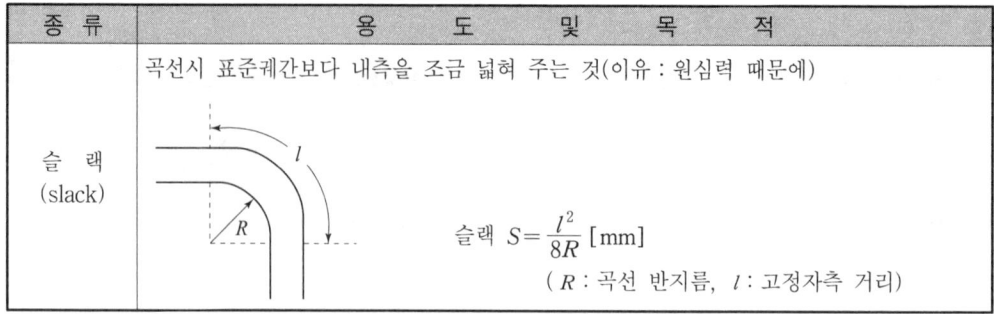 슬랙 $S = \dfrac{l^2}{8R}$ [mm] (R : 곡선 반지름, l : 고정자측 거리)

(1) 고도(Cant) ★★

① 정의 : 곡선시 안쪽 레일보다 바깥쪽 레일을 조금 높게 하는 것.
② 이유 : 운전의 안전성 확보를 위하여 둔다.
③ 궤도의 곡선부분에서 고도를 갖지 못하는 곳은 → 철차가 있는 곳

> ★ 고도 $h = \dfrac{GV^2}{127R}$ [mm]
>
> ※ 각 단위에 주의할 것. G[mm] : 궤간, V[km/h] : 속도, R[m] : 곡선 반지름

(2) 구배저항

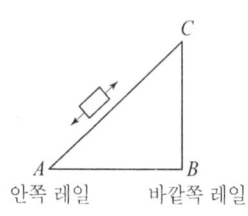
안쪽 레일 바깥쪽 레일

> 기울기 $= \dfrac{BC(높이)}{AB(밑변)} \times 1,000$ [‰]
>
> ★ 구배 = 기울기 $= \dfrac{최대\ 견인력\,[\mathrm{F \cdot m}]}{전기차의\ 중량\,[\mathrm{ton}]}$ [‰]
>
> → 중요선로 구배 10[‰] 이하
>
> ★ 철차각 번호 $N = \dfrac{1}{2}\cot\dfrac{\theta}{2} = \cot\theta$

3. 선로의 분기

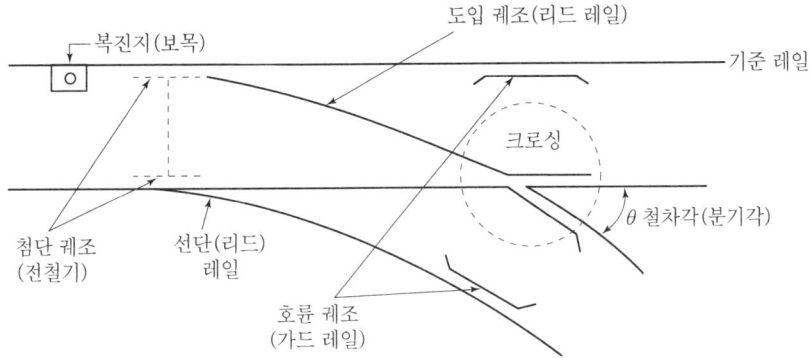

(1) 복진지 : 궤도가 열차 진행방향으로 이동을 막는 것.

(2) 리드 레일 (선단 레일=호륜 레일=도입 궤조=lead rail)

① 선단 레일과 철차 사이를 연결한 원곡선 레일.
② 설치 장소 ┌ 분기 개소
　　　　　　└ 철차(레일분기)가 있는 곳
③ 설치 불가능 장소 : 고도를 갖는 곳은 불가능하다. ★

(3) 종곡선 : 수평궤도에서 경사궤도로 변화하는 부분.

(4) 완화곡선 : 직선궤도에서 곡선궤도로 이용하는 곳.

(5) 전철기 (첨단 궤조) : 차륜을 궤도에서 다른 궤도로 유도하는 장치로 끝을 얇게 깎은 첨단 궤조를 움직여 동작한다.

(6) 호륜 레일 : 분기개소에 보조적으로 설치하는 레일.

4. 제3레일 (방식) : 지면에 전력공급장치를 설치하는 방식.

저항률은 구리의 7배 정도.

5. 본드선

① 용접(레일) 본드 : 간선철도(국유철도) 궤도의 이음에 사용선(레일과 레일 사이에 접속)
② 임피던스 본드 : 폐색 구간을 열차가 통과시 귀선전류를 흐르게 하는 장치(선)
③ 크로스 본드
　㉠ 좌·우 레일의 전압 분포를 균일하게 하기 위한 연결선(레일에 일정한 간격으로 설치)
　㉡ 귀전류 회로로서 궤도저항을 줄이기 위해 양 궤도간에 연결하는 본드(선)
④ 본드의 저항 측정 : 밀리볼트계로 궤도의 저항과 비교 측정한다.

제2절 전기운전설비 및 전기차량

1. 전기운전설비의 구성

※ 전차용 전동기의 대수를 2의 배로 하는 이유
① 제어 효율 개선 ② 속도 증감 ③ 소비전력 감소

(1) 전기집전장치

종 류	내 용
트롤리봉	홈이 패인 금속체에 바퀴를 달아서 접속 → 저전압, 저속도용에 사용
궁형 집진자(뷰겔)	저속도, 소용량 수송용에 사용
팬터 그래프	고속도, 대용량용에 사용(우리나라 채용 방식)

(2) 레일의 전식

레일의 전식	레일의 접속부분의 저항이 높으면 레일에 흐르는 전류의 일부가 대지로 누설하여 부근의 수도관, 가스관, 전력 케이블 등의 지중 금속 매설물을 통해 흐르기 때문에 전해작용이 일어나는 부식작용.
전식 발생 장소	지중관로의 전위가 높은 곳, 전류가 유출되는 곳

1) 전식 방지법

구 분	전철측 시설	매설관측 시설
전식 방지법	① 귀선 저항을 작게 하기 위하여 레일에 본드를 시설한다. ② 레일을 따라 보조 귀선을 설치한다. ③ 변전소간의 간격을 짧게 한다. ④ 귀선의 극성을 정기적으로 바꿀 것. ⑤ 대지에 대한 레일의 절연저항을 크게 한다. ⑥ 절연 음극 궤전선을 설치하여 레일과 접속한다.	① 배류법(매설 금속체에서 흙으로 직접 유출하는 전류를 적게 하는 방법) ㉠ 선택 배류법 ㉡ 강제 배류법 ② 매설관의 표면 또는 접속부를 절연하는 방법 ③ 도전체로 차폐하는 방법 ④ 저전위 금속법, 해수 이용법

2. 자동신호 설비

사용 모터 (motor)	① 직류 : 직류 직권 전동기 (DC : 1,500V → 토크 : $T \propto I^2 \propto \dfrac{1}{N^2}$) ② 교류 : 단상 정류자 전동기(AC : 25,000V)

(1) 스콧 결선(T결선) : 3상을 단상으로 변환 결선 방법(변압기 2대 사용)

→ 전압 불평형을 경감시킨다.

(2) 흡상 변압기

사용 목적	누설전류 흡수(전자유도 경감용 변압기)
시설 높이	5[m] 이상의 높이에 시설할 것

(3) 직류 변환 장치 : 회전 변류기 사용.(회생제동으로 전력이 절약된다.)

3. 전차선의 조가법

① 단식 커티너리 방식 ② 직접 조가식

(1) 직접 조가식(스팬선) : 소용량·저속도에 적합하다.

(2) 커티너리 가선식 : 대용량·고속도 전기철도에 적합하다. ★

구조	아연도금한 강연선을 애자로 지지한다.
종류	① 단식인 경우 : 조가용선(메신저 와이어) 1개 사용 ② 복식인 경우 : 조가용선(메신저 와이어) 2개 사용

(3) 이선율 : 주행중 집전장치가 전차선에서 이탈되는 것

식	이선율 = $\dfrac{\text{이선시간}}{\text{실운전시간}} \times 100 [\%]$ (이선율이 크면 → 아크·불꽃 발생 → 팬터 그래프 마모 및 손상 발생) 단, 일반 전철 3% 이하, 고속 전철 1% 이하 적용
대책	① 가선의 균일화(등고, 등장력) ② 전차선로 질량의 경량화

(4) 전차선의 마모 방지법

① 동합금선을 사용한다. ② 집전전류를 일정하게 한다.
③ 크레파이트를 전차선에 바른다.

제3절 견인 전동차와 열차 운전

1. 전기 철도용 주전동기에 요구되는 조건

주전동기 요구 조건	① 기동 토크가 클 것. ② 용량과 크기가 적을 것. ③ 병렬운전이 가능하고 전동기 상호의 부하의 불평형이 적을 것. ④ 속도 조정이 용이할 것. ⑤ 단자 전압이 변화하여도 전류의 변화가 적을 것. ⑥ 수리 점검이 쉬울 것. ⑦ 소형, 경량이어야 하며 방진, 방수, 방설, 방진형일 것.
전차용 전동기 (직류 직권 전동기 사용)	전차용 전동기의 대수를 2배 하는 이유 : ㉠ 제어 효율 개선 ㉡ 속도 증감 ① 전차용 전동기에 감속기어 사용 이유 : 전동기 소형화 때문에 ② 겨울에 비전력 소비량 증가하는 이유 : 열차저항 증가 때문에 ③ 열차 출발시 기동 견인력이 많이 필요한 이유 : 베어링에 유막이 생기므로 ④ 정거장 전차 정지시 : 공기압을 감압한다.

2. 열차 저항

(1) 구배 저항(오르막길 오를 때 저항) : **경사저항** R_g ★★

> 구배 저항 $R_g = W \tan\theta \, [\text{kg}]$ = 견인력[kg]과 동일 식
>
> (W : 하중[tan], $\tan\theta$: 기울기[‰])

(2) 곡선 저항 $R_c = \dfrac{600 \sim 800}{r} \, [\text{kg/t}]$ (r : 곡선 반지름[m])

(3) 가속 저항 : 가속에 필요한 힘과 반대방향이 되는 힘

구 분	가속저항 R_a 값
전동차인 경우	$R_a = 31a \, [\text{kg/t}]$ ★
객차인 경우	$R_a = 30a \, [\text{kg/t}]$ ★

3. 최대 견인력

> 열차의 최대 견인력 $F_m = 1,000\mu W [\text{kg}]$
>
> (단, μ : 점착계수(우천시=0.18 ▶ 암기 사항), $W[\text{ton}]$: 동륜상 무게)

※ 최대 구배 $= \dfrac{\text{최대 견인력}}{\text{전기기관차 전체하중}}$

(1) 가속력의 힘

구 분	가속력 힘 F 값	용 어
전동차인 경우	$F_a = 31aW[\text{kg}]$	무게 $W[\text{t}]$
객차인 경우	$F_a = 30aW[\text{kg}]$	가속도 $a[\text{km/h/s}]$

4. 표정속도 $= \dfrac{\text{주행거리(운전거리)}}{\text{주행시간(운전시간)}}$

(1) 표정속도 ★

> $$v = \dfrac{(n-1)L}{(n-2)t + T} = \dfrac{\text{주행거리}}{\text{주행시간} + \text{정차시간}} = \dfrac{\text{수송거리}}{\text{정차시분을 포함한 토털운전시간}}$$
>
> (n : 정거장수, L : 정거장 간격, t : 정차시간, T : 주행시간)

1) 표정속도를 높이는 방법

① 정차시간을 짧게 할 것.
② 주행시간을 짧게 할 것.(가감·감속도를 크게 할 것.)

2) **열차의 경제 운전 방법** : 타성에 의해서 가는 것

5. 전차용 전동기의 속도 제어법

(1) 직류 직권 전동기의 속도 제어 (속도 $N = \dfrac{V - I_a R_a}{K\phi}$ 적용)

① 저항 제어법
② 직병렬 제어(직렬에서 병렬로 바꾸는 것을 트리지션이라 한다.)

	• 차량에 미치는 영향이 적고 두 단계 제어 가능 : 브리지트랜지션 • 종류 : 개로도법, 단락도법, 교락 도법

③ 계자 제어 : 단락계자법, 계자분로법, 혼합법

④ 메타다인 제어법 : 직류 정전류 제어법

⑤ 초퍼 제어법(사이리스터 사용) : 고전압, 대용량 노면전차에 사용.

특 징	• 평활 제어 가능하다. • 가열부분이 없다. • 전력 회생 제동이 가능하다.	• 효율이 좋다. • 무접점 제어이다.

(2) 교류 전동기의 속도 제어 : 변압기의 탭전환 방식 사용.

6. 제동(공기 제동)

① 직통 공기제동	차량 1대를 사용하는 시가 전차 (단 열차인 경우)
② 자동 공기제동	차량 2대 이상 (장 열차인 경우)

7. 열차의 자동 제어 목적

① 안전성의 향상

② 열차 밀도의 증가

③ 경제성의 향상

④ 운전 조작의 단순화

⑤ 운전속도의 향상

제 7 장 자동제어

1. 제어계

종 류	내 용
① 개회로 제어계 (open loop)	부정확하고 신뢰성은 없으나 설치비가 저렴하다.
② 폐회로 제어계 (close loop)	피드백 제어계(꼭 필요한 장치 : 입력과 출력을 비교하는 장치) feedback [특성] ① 정확성 증가 ② 대역폭이 증가

• 폐회로 제어계

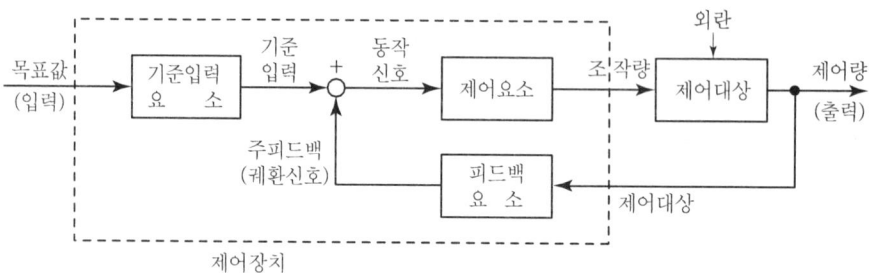

2. 자동제어의 분류

> ▶ 출제 유형 : 종류 구분

(1) 제어량의 종류에 의한 분류

종 류	내 용 및 예 제
서 보 기 구	물체의 방위, 자세, 위치, 방향 등의 기계적 변위를 제어량으로 하는 제어계. 예 대공포의 포신제어, 미사일 유도기구, 인공위성의 추적 레이더
프로세스 제어	농도, 유량, 액위, 압력, 온도 등의 공업 프로세스의 상태량으로 하는 제어계. ▶ 암기법 : 유, 압, 온, 농, 액 예 압력제어장치, 온도제어장치
자 동 조 정	전압, 속도, 주파수, 장력 등 제어량으로 하여 일정하게 유지하는 것. 예 AVR (자동 전압 조정기)

(2) 목표치에 의한 분류

종 류	내 용 및 예 제
정치 제어	목표치가 시간에 관계없이 일정한 경우.(프로세스 제어, 자동 조정) 예 프로세스 제어, 자동 조정, 연속적인 압연기용 전동기

추치 제어	목표치가 시간에 따라 변화할 경우.
	① 추종 제어 : 목표치가 임의의 시간적 변위인 경우
	   예 대공포 포신 제어, 자동 아날로그 선반
	② 프로그램 제어 : 목표치가 미리 정해진 시간적 변위인 경우
	   예 열차의 무인제어, 무인조종사의 엘리베이터 제어, 산업용 로봇, 열처리 온도 제어
	③ 비율 제어 : 목표치가 다른 어떤 양에 비례하는 제어
	   예 보일러의 자동연소제어, 암모니아의 합성 프로세스 제어

(3) 제어 동작에 의한 분류

1) 연속 제어 ★

> ▶ 출제 유형 : 종류, 특징 및 식 찾기

종 류	공 식 및 특 징
P 제어(동작)	비례 제어 • 특징 : 잔류편차(offset) 존재
I 제어(동작)	적분 제어
D 제어(동작)	미분 제어(rate 제어) : 오차가 커지는 것을 미연에 방지. • 특징 : 진동을 억제시키는 데 가장 효과적이다.
PI 제어(동작)	비례 적분 제어 : $y(t) = k_p \left\{ Z(t) + \dfrac{1}{T_I} \int Z(t)dt \right\}$ • 단점 : 응답의 진동시간이 길다.(진상요소)
PD 제어(동작)	비례 미분 제어 : $y(t) = k_p \left\{ Z(t) + T_D \dfrac{d}{dt} Z(t)dt \right\}$ (지상요소)　　　[T_D : 미분시간, $y(t)$: 조작량 　　　　　　　　$Z(t)$: 동작신호(편차), k_p : 비례감도(비례이득)]
PID 제어(동작)	비례 적분 미분 제어 : $y(t) = k_p \left\{ Z(t) + \dfrac{1}{T_I} \int z(t)dt + T_D \dfrac{d}{dt} Z(t)dt \right\}$ 　　　　　　[T_i : 적분시간, $y(t)$: 조작량 　　　　　　　$Z(t)$: 동작신호(편차), k_p : 비례감도(비례이득)] ＊ 가장 이상적인 제어

2) 불연속 제어(on-off 동작) → 사이클링 제어(전기 냉장고에 적용)

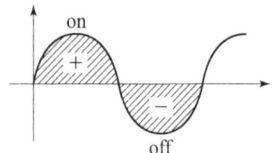

[폐회로 제어계 사용 용어]

① 피드백(feedback) 제어에서 반드시 필요한 장치 : 입력과 출력을 비교하는 장치.
② 제어량 : 제어된 제어 대상의 양이며 출력 의미.(예 회전수)
③ 조작량 : 제어 대상에 가해지는 양이며 입력 의미.
④ 목표값 : 외부에서 주어지는 값. 피드백 제어계에는 무관하다.
⑤ 외란(서지) : 외부에서 가해지는 바람직하지 않은 값으로 출력에 영향을 준다.
⑥ 제어요소(조절부⊕조작부) : 동작신호를 조작량으로 변화시키는 요소.
　㉠ 조작부 : 서보모터 기능
　㉡ 조절부 : 동작신호를 만드는 부분
⑦ 검출부 : 제어 대상으로부터 제어량 검출(예 열전 온도계)

전기공사기사·산업기사 요점정리 III

정가 ‖ 20,000원

지은이 ‖ 원 명 수
펴낸이 ‖ 조 상 범
펴낸곳 ‖ 도서출판 건기원

2012년 8월 6일 제1판 제1인쇄
2012년 8월 6일 제1판 제1발행

주소 ‖ 서울특별시 강서구 방화대로6나길 25 (공항동 1343-3)
전화 ‖ (02)2662-1874~5
팩스 ‖ (02)2665-8281
등록 ‖ 제11-162호, 1998. 11. 24

• 건기원은 여러분을 책의 주인공으로 만들어 드리며 출판 윤리 강령을 준수합니다.
• 본서에 게재된 내용 일체의 무단복제·복사를 금하며 잘못된 책은 교환해 드립니다.

ISBN 978-89-5843-777-2 13560